KB119174

생명공학의 윤리 1

나남
nanam

한국연구재단 학술명저번역총서
서양편 389

생명공학의 윤리 1

2016년 11월 15일 발행
2016년 11월 15일 1쇄

편저자_ 리처드 셔록 · 존 모레이
옮긴이_ 김동광
발행자_ 趙相浩
발행처_ (주) 나남
주소_ 10881 경기도 파주시 회동길 193
전화_ (031) 955-4601 (代)
FAX_ (031) 955-4555
등록_ 제 1-71호 (1979.5.12)
홈페이지_ http://www.nanam.net
전자우편_ post@nanam.net
인쇄인_ 유성근 (삼화인쇄주식회사)

ISBN 978-89-300-8892-3
ISBN 978-89-300-8215-0 (세트)
책값은 뒤표지에 있습니다.

'한국연구재단 학술명저번역총서'는 우리 시대 기초학문의 부흥을 위해
한국연구재단과 (주)나남이 공동으로 펼치는 서양명저 번역간행사업입니다.

생명공학의 윤리 1

리처드 셔록 · 존 모레이 편
김동광 옮김

나남
nanam

머리말

이 글을 쓰고 있을 때, 대통령이 인간배아 줄기세포 관련 연구에 대한 연방정부의 자금지원에 대해 이미 예견되었던 결정을 막 발표했다.* 언론에서 많은 토론이 이루어졌지만, 그 논쟁은 복잡한 주제를 부분적으로 조명하는 데 그쳤을 뿐이었다. 생명공학에 대한 그 밖의 많은 주제도 마찬가지이다. 유전자 조작작물에 대해 불만을 품은 시위자들이 시애틀과 이탈리아의 제노바에서 대규모 시위를 벌였을 때,** 그들의 항의는 별반 주목을 받지 못했다. 언론은 연

* 〔역주〕 부시 대통령은 2001년 8월, 기존에 보관 중인 배아 외의 다른 인간배아 연구는 사실상 생명파괴현상이기 때문에 연방 정부가 지원할 수 없다는 방침을 발표했다. 그 후 미국 상하 양원을 통과한 배아 줄기세포 연구지원 법안에 대해서도 같은 논거로 2006년 7월 19일 거부권을 행사했다. 의회를 통과한 법안에 대해 거부권을 행사한 것은 부시가 취임한 이래 처음 있는 일이었다.

** 〔역주〕 시애틀에서 세계화와 신자유주의에 반대하는 전 세계 농민, 생태주의자, 환경보호주의자 등이 모여 반대구호를 외치며 격렬히 벌였던 WTO

관 주제들에 대한 진정한 이해를 원하는 사람들에게 실질적 도움을 주지 못했다.

이 책은 생명공학(*biotechnology*) 분야에서 나타나는 관심과 지식 사이의 괴리를 부분적으로나마 해소하려는 시도이다. 여기에서 생명공학은 하나의 단위로 다루어진다. 그것이 해당 주제들을 가장 깊이 이해하는 데 필요한 방식이기 때문이다. 다른 책들은 인간복제나 사람을 대상으로 한 유전자 검사를 상세하게 다룰 것이다. 전문적 연구나 강좌를 위해서는 그러한 방식이 바람직할 것이다.

그러나 우리는 인간의 신 놀이(Playing God)에 대한 가장 근본적인 주장이 인간복제뿐 아니라 동물과 작물의 유전자 변형***에 대해서도 적용될 수 있다고 생각한다. 마찬가지로 생물 DNA에 근본적이고 항구적인 변화를 야기할 수 있다고 추정되는 위험 역시 식물, 동물, 그리고 사람에 대해 모두 제기되었다. 가령 유전자 변형 물고기에 대해 일부 생태학자들이 제기했던 주제는 복제가 가족에 미치는 영향에 대한 '사회 생태학'(*social ecology*)의 우려에 투영된다.

반대 시위를 뜻한다. 이후 반세계화 시위는 WTO 회의가 열리는 도시마다 확산되었다.

*** 〔역주〕 'genetically modification'은 '유전자 변형', 'genetic manipulation'은 '유전자 조작'으로 번역했다. 이 용어의 번역에는 여러 맥락이 있다. 일반적으로 유전자 조작에 대해 긍정적 집단은 부정적 이미지를 연상시키는 '조작'보다는 '변형'이라는 용어를 선호하는 경향이 있다. '원자력'을 지지하는 그룹들이 '핵'이라는 말을 꺼리는 것과 마찬가지로 수사(修辭)를 둘러싼 정치인 셈이다. 여기에서는 어느 한쪽으로의 편향을 막기 위해 두 가지 역어를 사용했다. 가장 많이 등장하는 'modification'은 관행에 따라 '변형'이라는 역어를 사용했고, 조작이라는 의미에 좀더 가까운 'manipulation'은 '조작'으로 번역했다.

지난 수년 동안 우리는 유타 주립대학에서 우리의 관점을 반영한 강좌를 개설했다. 그런데 목적에 맞는 적당한 교재가 없었기 때문에 책을 만들기로 했다. 이 책에 실린 글들은 우리가 강좌에서 성공적으로 사용한 것들이다. 우리는 유전학과 기본적 윤리학에 대한 짧은 개괄로 이 책을 시작한다. 이는 학생들에게 이후 구체적 주제들에 대한 토론을 이해하기 위한 일반적인 틀을 제공하기 위함이다. 유전자 조작을 이해하기 위해서는 반드시 유전자 자체에 대한 어느 정도의 이해가 필요하다. 마찬가지 맥락에서 형질전환 동물(*transgenic animal*)이 겪는 고난에 대한 우려 역시 최근 동물에 대한 도덕적 입장을 포괄한 공리주의보다 넓은 논의의 일부이다.

목차에서 알 수 있듯이, 이 책은 총 6부로 구성되며, 각 부는 생명공학의 폭넓은 분야 중에서 주요 영역을 다룬다. 각 부에서 가장 근본적인 문제들이 해당 주제의 관점에서 검토된다. 그리고 특정 주제와 연관된 일부 쟁점들도 언급된다. 예를 들어, 이익과 해악에 대한 일반적인 물음들은 유전자 변형식품의 문제에 특히 적절할 수 있으며, 농업 분야 토론에서 제기되지 않은 식품 표시제(*food labeling*) 문제도 마찬가지이다.

각 부는 해당 주제와 연관된 기본적인 과학과 윤리에 대한 논의로 시작된다. 이것은 학생들이 우리가 이 책을 집필한 맥락 속에서 각 부의 글들을 읽을 수 있도록 하려는 배려이다. 책의 말미에는 많은 사례연구를 항목별로 실었다. 이 사례들은 학생이나 교수들이 수업에서 토론된 주제들로서, 신중한 선택이 요구되는 실제 상황에 적용하는 데 유용할 것이다. 사례 중 일부는 소그룹을 위한 토론거리를 제공하기도 한다. 학급을 여러 소그룹으로 나누어 다양한 입장

중 특정 입장을 선택해 발표하도록 하는 것도 가능하다. 이 소그룹들은 학급 전체에 자신들의 토론 결과를 발표하거나 짧은 요약문을 쓸 수도 있다. 이 책에 실린 사례들은 생명공학에 대한 견해에서 균형을 이루도록 고려되었다. 이 사례들은 답이 아니라 사고의 도구를 제공한다. 이것은 편견의 강화가 아닌 진지한 성찰을 위한 기반이다.

또한 이 책의 주요 부분에 핵심적 연구의 향후 진전을 위한 짧은 권고를 담았다. 마지막으로, 책 전체에 유전학과 연관된 그림들을 실었다.

이 책에 수록된 글은 두 가지 원칙에서 선별했다.

첫째, 모든 주제에 대해 균형을 유지하려고 노력했다. 개별 논문은 어느 한쪽 입장으로 치우칠 수 있다. 즉, 과도하게 낙관적이거나 비관적으로 비칠 수 있다는 뜻이다. 그러나 책 전체로는 각각의 어려운 주제들의 다양한 측면을 드러내고자 시도했다.

둘째, 우리는 교육용 교재를 목표로 삼았다. 일부 글은 해당 이슈에 대한 개괄을 담고 있지만, 대부분은 그렇지 않다. 나머지 글의 필자들은 특정 관점을 적극적으로 주장하며, 그 입장을 잘 표현했다. 일부 필자들은 강한 주장을 펼쳐 깊은 우려를 드러내는 데는 상당히 성공해서, 종종 독자들로부터 사려 깊은 반응을 얻곤 했다. 대개 학생들은 사형, 낙태 등 논란이 되는 쟁점에 대해 강한 주장을 펼친 필자들의 글을 읽고 해당 주제에 관심을 갖게 된다. 우리의 경험에 따르면 적극적인 주장을 담은 몇몇 글들은 근본 쟁점을 분명히 드러내고, 토론을 촉발하는 데 도움이 되었다.

이 책에는 균형을 취하는 논문들도 포함되어 있다. 우리는 학생들에게 견실한 사고의 중심을 잡아 주기 위해 이런 유형의 글을 다수 포함했다. 그리고 행동주의자들의 글은 어디에서 의견이 갈리는지 그 불일치의 궁극적 지점들을 밝혀 주곤 했다.

우리는 거의 매년 이 강좌를 개설했고, 이 강좌에서 다룬 주제와 관련된 뉴스들이 매주 나왔다. 우리는 뉴스에 나온 관련 기사들을 강좌에 자주 소개했고, 학생들에게 다음과 같이 말했다.

"몇 주 동안 우리는 여러분에게 왜 사람들이 유전자 조작 물고기가 생태계에 미치는 영향에 대해 우려를 품고 있는지?"

"왜 동물-인간 장기이식에 대한 법률이 이런 식으로 기술되었는지 보여 주겠다."

이러한 사례들은 우리가 다루는 소재들을 학생들의 일상생활에 더 긴밀하게 연결시켜 줄 수 있을 것이다. 우리는 교수와 학생들에게 향후 수년 동안 정기적으로 등장할 가능성이 높은 사례에 관심을 기울이도록 촉구했다.

많은 사람의 도움, 지원, 충고, 그리고 비판이 없었다면 이 책은 빛을 볼 수 없었을 것이다. 유타 주립대학의 브렛 블랑크, 닉 앨런, 제닌 리친스, 메리 도나휴, 그리고 톰 셜록은 원고를 쓰고 그래프를 만들었다. 생명공학센터의 지원, 인문대학, 예술과 사회과학대학, 그리고 언어와 철학과 등이 원고를 작성하는 데 없어서는 안 될 역할을 했다. 커트니 캠벨, 래러 앤허트, 폴 톰프슨의 비평과 충고, 그리고 출판사의 편집자들은 우리 책을 그 이전보다 훨씬 발전된 모습으로 만들어 주었다. 그럼에도 불구하고 남아있는 약점은 모두 우리들의 책임이다. 로먼과 리틀필드(Rowman & Littlefield) 출판사의 편집자인 이브 데보라는 처음부터 우리 프로젝트의 지지자였으며, 착상에서 완성에 이르는 길고 험난한 과정 내내 많은 도움을 주었다. 그동안 도움을 준 많은 분들, 그리고 특별히 언급하지 않은 많은 분에게 감사드린다.

마지막으로 우리 학생들은 그들 스스로를 대상으로 하여 우리의 아이디어를 시도하고, 학급에서는 우리의 자료를 여러 차례 시험할 수 있게 한 훌륭한 상담자가 되어 주었다. 그들은 이 책이 나올 수 있도록 영감을 주었다.

리처드 셔록 · 존 모레이

생명공학의 윤리 1

차 례

제 2부
농업생명공학

제 2권 차 례. 생명공학의 윤리 2

제 3부
식품생명공학

제 4부
동물생명공학

제 3권 차례. 생명공학의 윤리 3

서론

이 책에 과학적 배경지식을 포함한 것은 비과학도인 독자들에게 생명공학의 윤리적·사회적 쟁점들을 평가하는 데 필요한 지식을 제공하여 이해력을 돕기 위함이다. 기초지식 없이는 독자들이 대중과 언론매체를 조작할 수 있는 특정 이해집단에 의해 좌지우지될 우려가 있다. 역으로 유전학과 그 윤리적 함축을 이해하는 사람은 '생명공학의 윤리적 문제'에 영향력을 행사할 수 있는 능력을 갖추게 되어 이들 문제에 대해 올바른 판단을 제공할 수 있을 것이다.

영화 〈쥬라기 공원〉(*Jurassic Park*)은 이러한 개념을 예증한다. 원작자 크라이튼(Michael Crichton)이 이 작품을 썼을 때, 생명공학계에서는 그의 소설이 기술의 발전에 나쁜 영향을 줄 것이라고 우려했다. 이런 우려는 스티븐 스필버그 감독이 소설을 영화화하기로 결정했을 때 한층 증폭되었다. 그러나 영화가 개봉된 후 여론조사 결과,

그 영화가 우려했던 것처럼 생명공학에 대한 여론에 나쁜 영향을 주지 않은 것으로 밝혀졌다. 영화에서 공원에 들어가기 전, 방문자들을 준비시키기 위해 보여 준 DNA 교육만화는 당시 대중들이 접할 수 있었던 유전공학에 대한 교육자료로 가장 훌륭한 것이었다. 영화를 본 관객들은 사실과 허구의 차이를 간파할 수 있는 지식을 얻을 수 있었기 때문에 오히려 그 기술을 더 잘 평가할 수 있었다.

'복제양 돌리'가 발표되자 대부분 사람들은 머지않아 사람까지 복제될지 모른다고 생각했다. 그러나 원숭이와 그 밖의 동물을 대상으로 한 실험은 그런 일이 수년 내로는 가능하지 않을 것임을 보여주었다. 보고서들은, 그것이 '돌리'를 탄생시킨 기술과 아무 관계가 없음에도 불구하고, 손, 심장, 그리고 그 밖의 신체 부위가 이식용으로 복제될 수 있다는 생각을 퍼뜨리기 시작했다. 더 주목할 만한 사실은 가까운 미래에 부자들이 불사(不死)의 수단으로 스스로를 복제할 수 있으리라고 믿는 사람들이 있었다는 점이다. 생식세포를 통한 복제는 돌리가 태어나기 약 10년 전에 이미 성공을 거두었다. 돌리가 가져온 중요한 발견은 신체 부위의 복제나 영생을 얻기 위한 복제가 아니라 다 자란 포유류를 한쪽 부모로부터 무성생식(*asexual reproduction*)으로 발생시켰다는 사실이다. 돌리 이전까지 무성생식은 포유류 외의 종(種)으로 국한되었다. 이 책은 잘못된 개념을 줄여 독자들이 돌리 탄생의 실제 과학적 함의를 이해하고 복제의 윤리적·사회적 함축을 좀더 잘 평가할 수 있도록 도울 것이다.

이 책에서 과학 개념을 소개하는 전략은 알베르트 아인슈타인(Albert Einstein)의 말에 잘 요약되어 있다.

모든 것을 가능한 단순하게 설명해야 하지만, 지나친 단순화는 안 된다.

우리는 독자들에게 불필요한 부담을 주지 않기 위해 꼭 필요한 과학 정보만을 제공할 것이다. 과학 용어와 그림들은 가능한 단순화했다. 정확성을 기하기 위해 지나치게 상세한 내용을 제공하는 것은 생명공학 또는 '새로운 생물학'(*new biology*)의 윤리적 이슈들을 통해 비판적 사고를 추구한다는 궁극적인 목적에 오히려 역효과를 일으킬 수 있을 것이다.

유전학의 기초

생명은 매우 복잡하기 때문에 초기 연구자들은 단백질이나 그 밖의 복잡한 구조가 생명의 유전적 설계도를 담고 있으리라고 예견했다. 오늘날 모든 사람이 DNA가 생명의 유전암호를 포함한다는 것을 알고 있다. 단백질에 비해 상대적으로 단순한 분자인 DNA가 어떻게 그런 기능을 할 수 있을까? 그것을 이해하려면 DNA의 구조를 알아야 한다.

DNA는 4가지 구성단위로 — A, T, C, G — 이루어졌으며, 이것들은 한데 결합해 매우 긴 가닥을 이룬다. 하나의 가닥을 이루는 4가지의 서로 다른 구성단위, 즉 뉴클레오티드(*nucleotide*)의 배열 또는 순서가 생명의 복잡성에 대한 열쇠이다. 다른 뉴클레오티드에 비해 A의 빈도가 높을 수 있다. 그러나 핵심은 그 배열순서*이다. 예를 들어, ATCGGACCTATA와 ATTCAAGCCTGGA는 구성단위의 빈

〈그림 1〉 DNA의 기본적인 구성단위의 구조: 뉴클레오티드

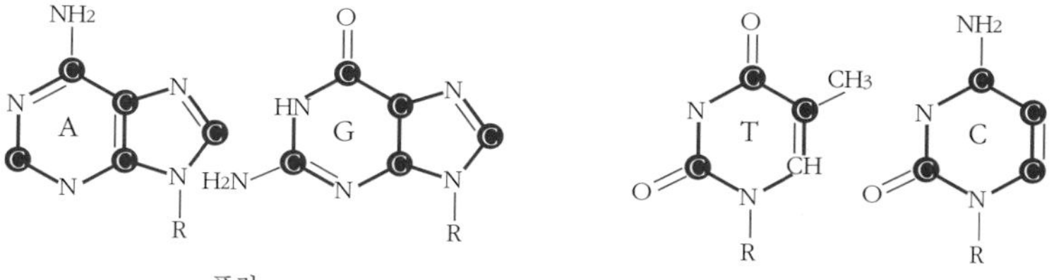

퓨린　　　　　피리미딘

도로는 두 가닥이 동일하지만 전혀 다른 특성을 나타내는 암호가 될 것이다.

구성단위는 '인산결합'이라는 화학결합으로 연결된다. 이 인산결합은 구성단위들을 한데 묶는 역할을 할 뿐만 아니라 유전공학에서 어떻게 한 가닥의 DNA가 다른 가닥과 연결되는지 설명해준다.

2개의 뉴클레오티드 가닥, 즉 DNA는 서로 결합해 2겹의 가닥, 이른바 '이중나선'(*double helix*)을 형성한다. 아데닌(A)과 구아닌(G)은 2개의 고리를 가진 구조(퓨린)이며, 티민(T)과 시토신(C)은 고리가 하나인 구조(피리미딘 염기)이다(〈그림 1〉).

뉴클레오티드들이 순서를 이루어 연결되면 가장자리를 형성하게 된다. 그 이유는 고리가 2개인 구조가 하나인 구조보다 더 많은 공간을 차지하기 때문이다(〈그림 2a〉). 세포에서 대개 DNA는 이중나선 또는 이중-가닥의 구조로 존재한다(〈그림 2b〉). 이중나선이 2개의 DNA 분자가 닥 사이에서 형성되기 때문에, 각 가닥의 순서는 가장자리를 따라 맞아 들어갈 수 있다. 2개의 고리를 가진 뉴클레오

* 〔역주〕 이것을 염기서열이라고도 한다.

〈그림 2a〉 외가닥 DNA의 구조

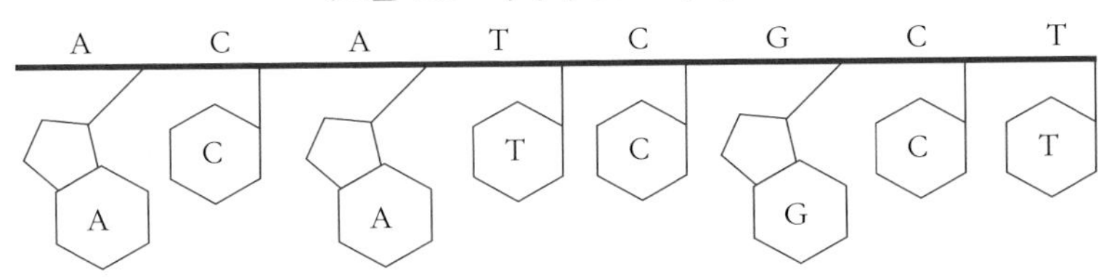

〈그림 2b〉 이중가닥 DNA의 구조

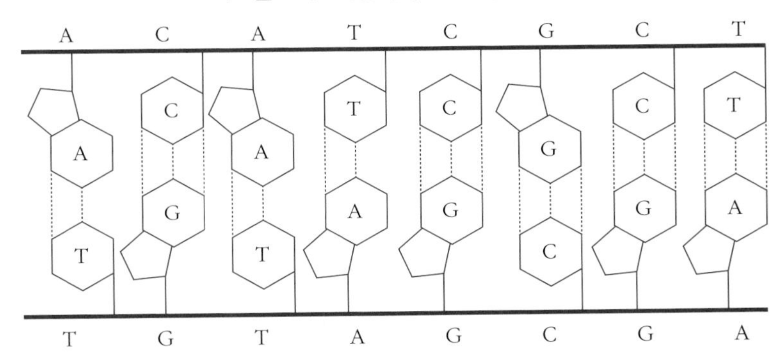

〈그림 2c〉 하나의 염기쌍이 일치하지 않는 이중나선 구조

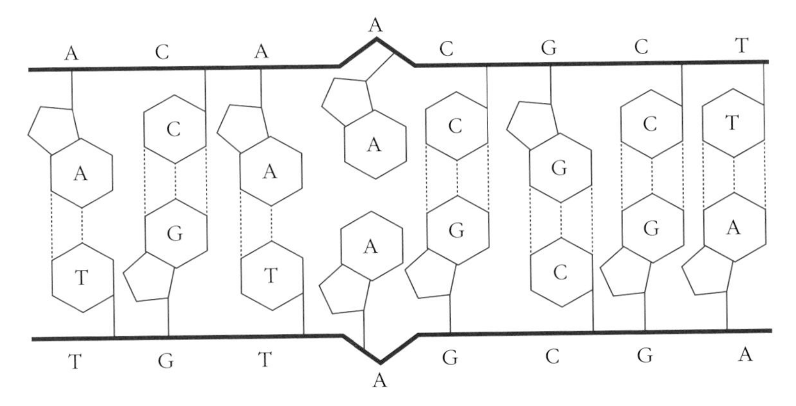

티드는 하나의 고리를 가진 구조와 반대되어야 하며, 따라서 DNA의 두 이중가닥 사이에는 훌륭한 접합부가 형성된다. 두 가닥이 잘 맞아 들어가서 이중나선구조를 형성할 때, 그것을 '상보적'(相補的)이라고 한다. 두 가닥이 서로 일치하지 않으면 이중나선구조는 불안정해진다(〈그림 2c〉). 이러한 불일치는 피리미딘(1고리 구조) 맞은편에 피리미딘이 오거나, 퓨린(2고리 구조) 맞은편에 퓨린이 오는 경우에 나타난다.

DNA의 또 다른 특성은 '수소결합'이라 불리는 약한 결합이 있다는 점이다. 이것은 2개의 잘 맞는 가닥을 서로 붙어 있게 하는 힘이 된다(〈그림 3a〉).

A와 T에는 이러한 수소결합이 2개 있고, G와 C에는 3개가 있다. 2-사슬 DNA 분자가 결합상태를 유지하기 위해 2개의 수소결합을 가진 뉴클레오티드의 맞은편에도 2개의 수소결합을 가지고 있는 뉴클레오티드가 와야 한다. 따라서 3-결합 뉴클레오티드 맞은편에도 3-결합 뉴클레오티드가 와야 한다. 그러므로 꼭 맞는 DNA 이중가닥을 결합할 정도의 수소결합을 위해서는 퓨린 맞은편에 다른 퓨린이 오고, A 맞은편에는 반드시 2개의 결합을 가진 T가 와야 하며, G의 맞은편에는 반드시 3개의 결합을 가진 C가 와야 한다. 따라서 A와 T, 그리고 G와 C로 이루어진 결합 외의 모든 염기쌍은 일치하지 않는다(〈그림 3b〉).

DNA 가닥 사이에 불일치가 너무 많으면, 2-사슬 DNA 분자가 형성되지 못한다. 이제 여러분은 '이중나선'이 안정적으로 형성될 수 있는 구성단위의 특성을 알게 되었다.

지금까지 우리는 뉴클레오티드(A, T, C, G)와 인산에 대해 이야

〈그림 3a〉 2개의 다른 DNA 가닥에서 나타나는
퓨린과 피리미딘 사이의 수소결합

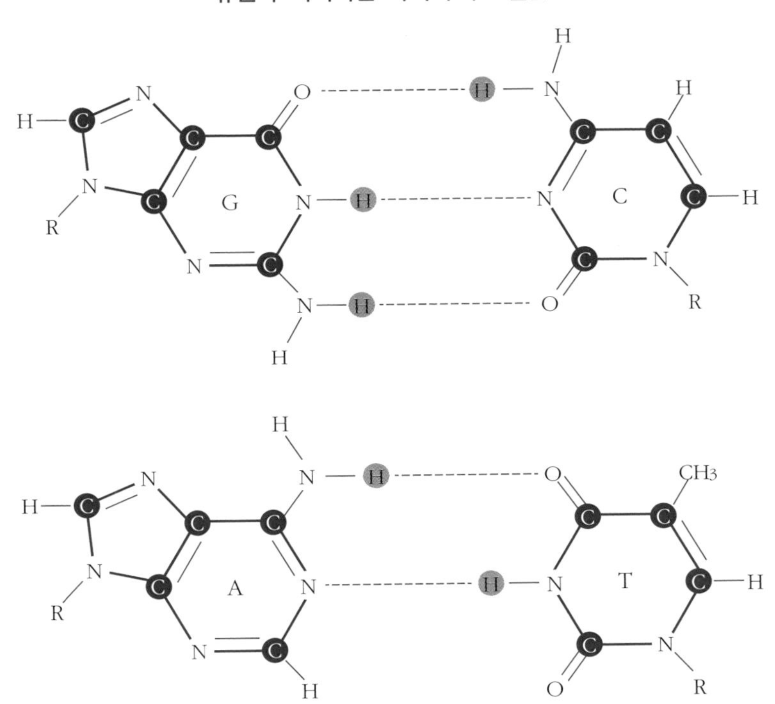

〈그림 3b〉 불일치:
2개의 다른 DNA 가닥에서 나타나는 불일치한 수소결합

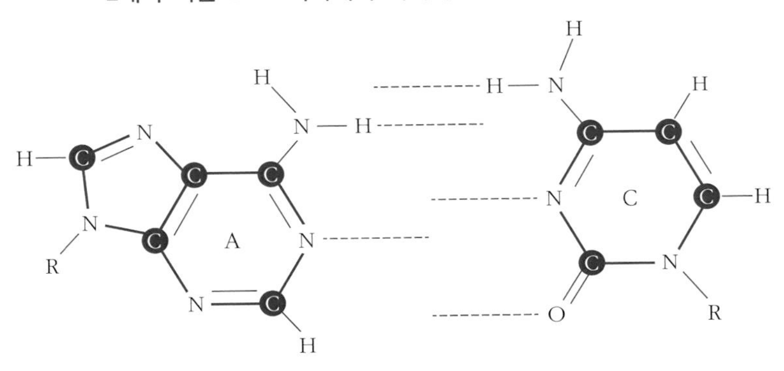

기했다. 그러나 〈그림 4〉에서 보듯이 DNA는 '척추 역할을 하는 백본(*backbone*)'이 있어야 한다. 당(糖) 분자가 이 역할을 하며, 뉴클레오티드와 인(燐) 분자 사이에서 결합물 역할을 한다. 당 분자에는 몇 가지 특성이 있으며, 이 특성들이 단일가닥의 DNA 분자의 모든 부분이 어떻게 결합되는지 설명해준다. 당에 있는 탄소 분자에 1~5까지 번호를 붙이면 그 사실을 쉽게 이해할 수 있다(〈그림 4〉).

〈그림 4〉 단일가닥 DNA 분자의 구조: 인 결합, 당 백본, 그리고 뉴클레오티드 염기

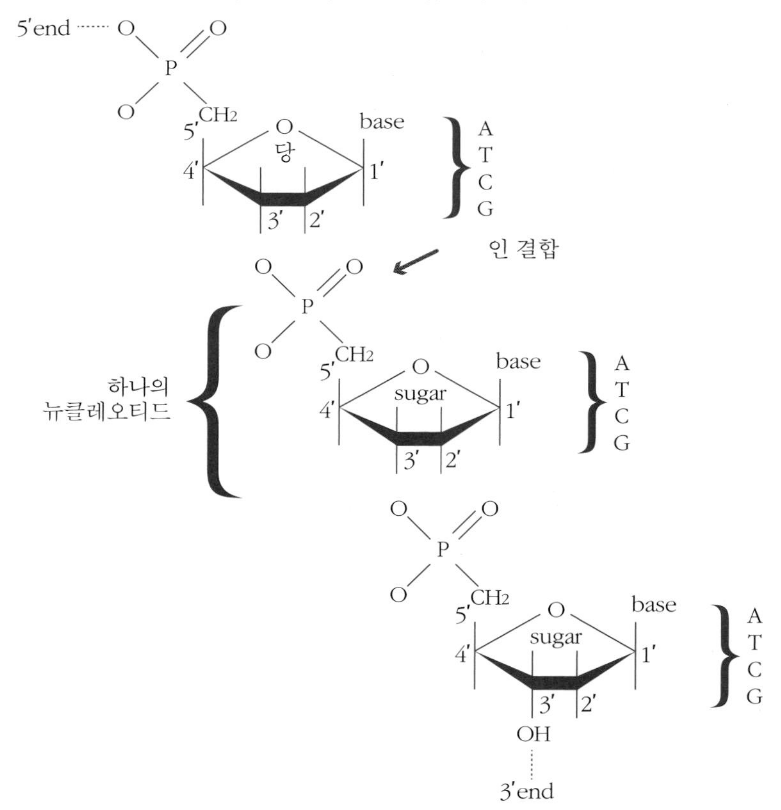

〈그림 5〉 DNA와 RNA의 구조 차이

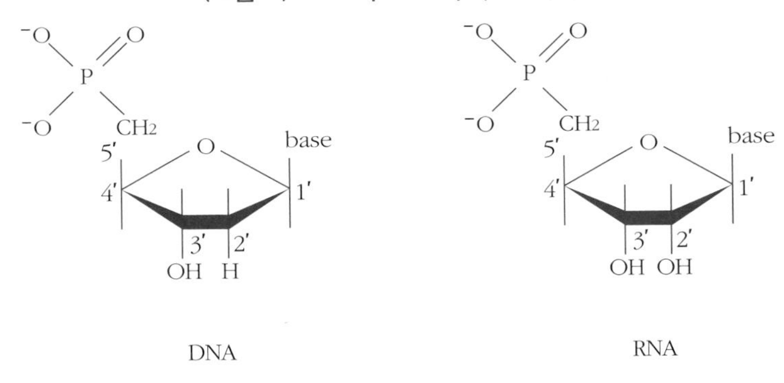

뉴클레오티드 또는 염기는 당 분자의 1번 탄소에 연결된다. 그것을 1′ 탄소라고 하자. 인산은 3′과 5′ 탄소에 결합되어 뉴클레오티드를 한 줄로 늘어세운다. 또한 당 분자는 DNA라는 이름의 기원을 이해하는 데에도 도움이 된다. DNA는 디옥시리보 핵산(*deoxyribonucleic acid*)*을 뜻한다. 그런데 2′ 탄소가 그것과 연결되는 산소가 없다는 점에 주목할 필요가 있다(〈그림 5〉). 여기에서 '디옥시'라는 말은 산소가 없다는 뜻이다. 따라서 '디옥시 뉴클레오티드'는 2′ 탄소에 산소가 없는 뉴클레오티드이다. 2′ 탄소에 산소가 있는 뉴클레오티드의 열을 '리보핵산'(*ribonucleic acid*) 또는 RNA라고 한다.

유전자 검사, 유전공학, 그리고 DNA로부터의 단백질 생산과 같은 주제에서 등장하는 또 하나의 중요한 개념은 이중가닥 DNA 분자의 가닥이 '역평행'(*antiparallel*)** 구조를 이루고 있다는 점이다. 여

---

* 〔역주〕 원서에는 'deoxynucleic acid'라고 되어 있으나 'deoxyribonucleic acid'의 오식이다.

** 〔역주〕 평행이며 방향이 정반대인 구조.

기에서 DNA 분자의 한쪽 말단이 동일한 DNA 분자의 다른 한쪽 말단과 다르다는 점에 주목해야 한다. 당 분자 백본의 5′ 탄소에 연결된 인산으로 끝나는 DNA 분자의 말단은 '5 프라임 말단'(5′ end)이라고 불린다(〈그림 4〉).

당 백본의 3′ 탄소에 있는 OH기로 끝나는 DNA 분자의 말단은 '3 프라임 말단'(3′ end)이라고 한다. 2개의 '상보' DNA 분자가 결합해 두 가닥 DNA를 형성할 때, 각각의 가닥은 서로에 대해 '역평행'이다. 즉, 한쪽 분자의 5′ 말단이 반대쪽 DNA 분자의 3′ 말단과 나란히 정렬하게 된다(〈그림 6〉).

이 구조를 쉽게 이해하려면 팔짱을 끼고 한쪽 손을 다른 쪽 팔꿈치 부근에 오게 하면 된다. 그러면 양팔이 서로에 대해 역평행이라는 것을 알 수 있다. 따라서 '역평행'이라는 용어는 이중가닥 DNA 분자의 2개 가닥의 방향을 가리키는 데 쓰인다. 앞으로 나오는 유전공학의 다른 방법들에 대한 설명을 이해할 때 이러한 역평행 방향성을 기억해두는 것이 중요하다.

DNA의 구조를 요약하면, 염기란 A, T, C, G라 불리는 뉴클레오티드이며, 인이 DNA의 개별 구성단위를 결합시키고, 백본의 당

〈그림 6〉 역평형

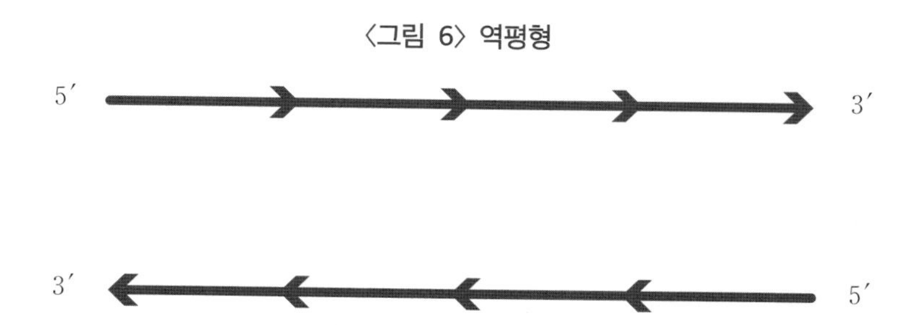

이 염기를 인산과 결합시키는 역할을 한다는 점을 기억해야 한다(〈그림 4〉).

A와 T 그리고 G와 C의 상보하는 염기쌍이 만들어지는 것은 다음과 같은 두 가지 특성에 기인한다. 첫째, 퓨린은 반대편에 피리미딘이 온다. 둘째, 뉴클레오티드는 적절한 숫자의 수소결합을 가진다. DNA와 RNA의 차이는 DNA가 당의 디옥시 2′ 탄소에 OH기를 갖지 않는 데 비해 RNA는 OH기를 가진다는 점이다. 마지막으로 이중가닥 DNA 분자의 2개 가닥의 방향은 역평행이다.

유전자 구조

DNA 구조는 어떻게 단순한 하나의 분자가 생명의 복잡성을 암호화할 수 있는지에 관해 보여 준다. 2개의 DNA 가닥 중 하나는 새로운 DNA 가닥이나 RNA를 합성할 때 〔각기 〈그림 7a〉와 〈그림 7b〉의 복제와 전사(轉寫)〕 부모 또는 주형(鑄型)과도 같은 역할을 한다.

이 과정에서 부모 가닥과 새롭게 합성된 가닥 사이에서 A는 T, 그리고 G는 C와 쌍을 이룬다. DNA의 두 가닥 사이의 상보적인 염기쌍 때문에 부모에 해당하는 주형DNA가 RNA나 DNA의 상보적인 가닥을 합성할 수 있는 것이다. DNA가 만들어질 때, 이 과정을 '복제'(*replication*)라고 부른다. 그 이유는 낡은 DNA가 새로운 DNA로 정확하게 복사되기 때문이다(〈그림 7a〉). 그리고 DNA로부터 RNA가 만들어지는 과정은 '전사'라고 부른다(〈그림 7b〉). 텍스트의 한 면을 다른 면에 그대로 베끼는 것을 전사라고 한다는 점을 상기하면, DNA라는 면에서 RNA라는 면으로의 전사에도 같은 용어가 사용된다는 것을 쉽게 기억할 수 있다. 이 두 페이지는 종이의 다른 면, 즉 DNA에서 RNA로 복사되었다는 것을 제외하고는 매우 흡사하다. 세포가 분열할 때 모든 DNA 또는 염색체도 함께 복제된다. 따라서 모든 세포가 같은 DNA를 가진다.

세포가 똑같은 DNA를 갖는다면, 피부세포와 간세포를 다르게 만드는 것은 무엇일까? 이 질문에 대한 답은 유전공학으로 생물을 어떻게 조작할 수 있는지 이해하는 데 중요하다. 그 차이는 유전자

〈그림 7a〉 부모 DNA로부터 새로운 상보 DNA 분자들이 합성되는 과정

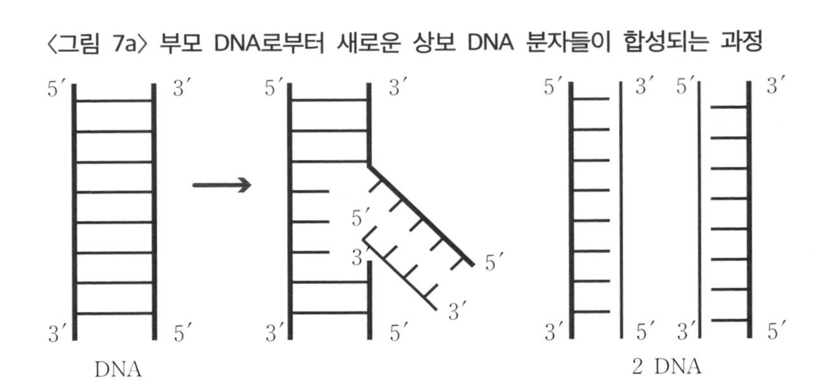

〈그림 7b〉 DNA에서 RNA 분자가 합성되는 과정

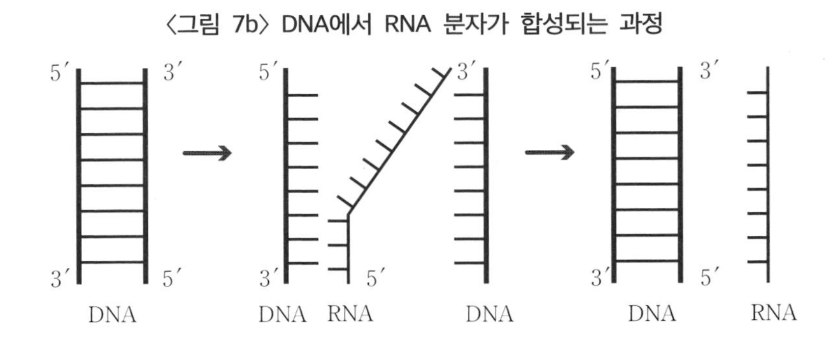

〈그림 8〉 프로모터와 단백질 암호화 영역을 포함한 유전자 구조

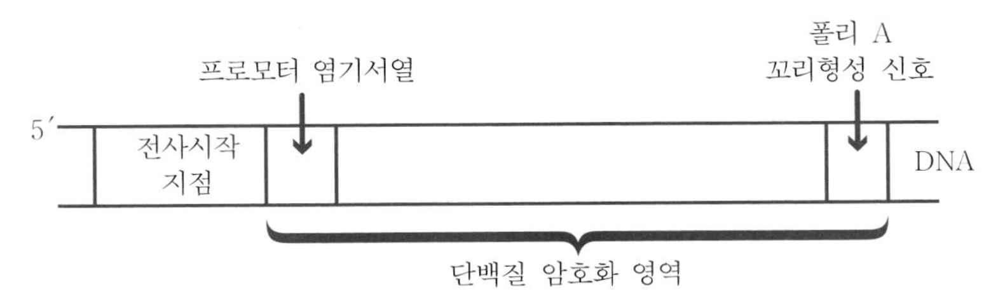

(*gene*)의 구조로 설명할 수 있다.

유전자는 DNA 중에서 개별 단백질을 암호화하는 부분이다. 우리는 유전자를 단백질 암호화 영역이라고 부른다(〈그림 8〉). 예를 들어, 알부민이라 불리는 간에서 만들어지는 특정 단백질에 대한 유전자 암호화가 있고, 피부 속에 있는 케라틴(각질) 단백질에 대한 유전자 암호화가 있다. 한 유전자가 다른 유전자들과 다른 것은, 특정 단백질을 암호화하는, 뉴클레오티드의 염기서열 차이에서 기인한다. 따라서 유전자의 염기서열이 다르면 암호화하는 단백질도 다르다는 것을 이해하는 것이 유전학 이해의 핵심이다. 유전자들이 서로 다른 단백질을 만드는 것은 유전자에 있는 단백질 암호화 영역의 염기서열 차이 때문이다.

각 유전자에는 단백질의 암호와 무관한 그 밖의 뉴클레오티드 배열이 있다. 그것을 프로모터(*promoter*)라고 부른다. 이 배열은 세포에 언제 그리고 어떤 조직에서 유전자가 단백질을 생산해야 하는지 알려 주는 역할을 한다(〈그림 8〉). 이러한 비단백질 암호화 DNA 배열들은 단백질 생성의 여부와 그 시기를 조절할 수 있다.

〈그림 8〉은 전형적인 유전자 구조를 보여 준다.

모든 유전자가 가지고 있는 프로모터는 왼쪽에서 시작하여 오른쪽으로 진행한다. 이 프로모터에 들어 있는 특정 DNA 염기서열 또는 뉴클레오티드가 인식되어 '전사', 즉 DNA에서 RNA를 복제하는 과정에 관여하는 세포 단백질과 결합한다. 예를 들어, 알부민을 생성하는 프로모터는 피부세포와 같은 다른 세포에서는 발견되지 않고 오직 간세포에서만 발견되는 단백질에 의해 인식되는 DNA 염기서열을 가지고 있다(〈그림 9a〉). 프로모터의 DNA 염기서열이 간 전사 단백질과 결합하면, 알부민 유전자로부터 RNA가 만들어지고 이 RNA가 알부민 단백질 생산을 지시한다. 알부민이 간세포에서 만들어지는 까닭은 간세포가 알부민 프로모터를 인식하기 때문이다.

그에 비해 케라틴은 피부에서만 발견되는 단백질이며, 간에서는 나오지 않는다. 케라틴 유전자가 모든 세포 속에서 발견되지만 간세포에서 만들어지지 않는 이유는 간 전사 단백질이 케라틴 프로모터를 인식하지 못하거나 결합하지 않기 때문이다(〈그림 9b〉).

따라서 케라틴 RNA와 단백질은 간에서 만들어지지 않는다. 케라틴 RNA가 피부 속에서 생성되는 이유는 피부 전사 단백질이 해당 프로모터와 결합하기 때문이다. 그로 인해 케라틴 RNA와 단백질이 생성되는 것이다(〈그림 9b〉). 세포 속에서 생성되는 하나의 단백질 집합이 그것을 간세포로 만들고, 다른 단백질 집합이 세포 속에서 생성되어 그것을 피부세포로 만든다. 이때 두 세포 집합이 동일한 유전자를 가지고 있음에도 불구하고 전혀 다른 세포가 만들어지는 것이다. 이러한 단백질의 차등발현(*differential expression*)이 서로 다른 기능과 구조를 가지는 세포들의 발생으로 귀결한다. 그 결과 우리는 똑같은 세포로 이루어진 공이 아니라 서로 다른 신체

〈그림 9〉 조직 특이적 프로모터들의 원리는
어떻게 서로 다른 조직에서 다른 종류의 단백질이 생성되는가?

a. 알부민 전사를 하는 간세포

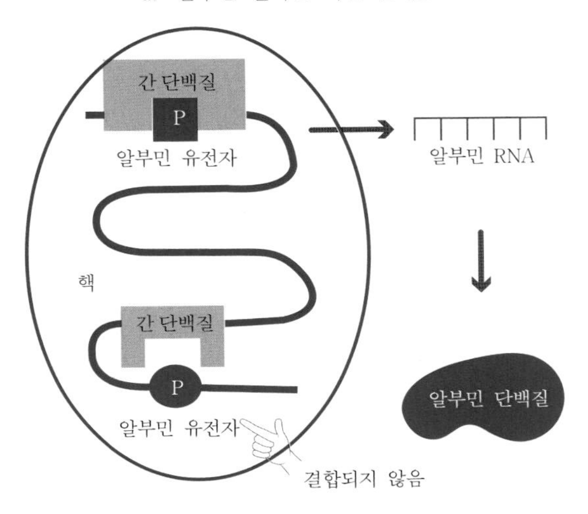

b. 케라틴 전사를 하는 피부세포 케라틴 단백질

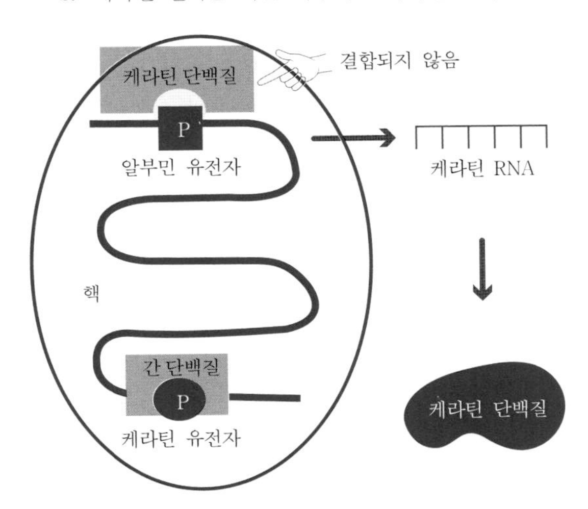

부위, 기관, 그리고 체내 기능을 갖게 된다.

이러한 '조직-특이적'(*tissue-specific*) 프로모터의 원리를 알게 되면서, 유전공학자들은 유전공학을 이용해 단백질을 특정 조직으로 만들기 위해 어떤 세포 유형이나 조직에 어떤 프로모터를 사용해야 하는지 알게 되었다. 예를 들어, 약으로 쓰일 수 있는 단백질이 농장동물의 젖에서 생산된다고 하자. 결국 이 동물은 젖을 분비해서 필요한 약품을 대량생산하는 공장으로 이용되는 셈이다. 이러한 동물을 유전공학적 방법으로 만들기 위한 핵심 열쇠 중 하나는 젖샘 조직의 세포에서 활성을 갖는 젖 샘-특이적 프로모터를 이용하는 것이다. 젖샘 세포에 있는 전사 조절 단백질은 젖샘-특이적 프로모터와 결합하여 그 유전자의 RNA와 단백질을 생성한다. 그런 다음 이 단백질이 젖을 통해 분비되는 것이다. 만약 약제적 단백질 생산에 관여하는 유전자가 적절한 젖샘-특이적 프로모터 없이 젖샘에 들어가면, 이 단백질은 생성되지 않을 것이다. 요약하면, 원하는 세포나 조직에서 단백질을 생성하려면 유전자 속에서 특정 DNA 프로모터를 사용해야 한다.

전사 과정에서 프로모터에 달라붙은 전사 단백질은 유전자 DNA를 따라 오른쪽으로 미끄러져 간다(〈그림 8〉). 이 전사 단백질이 프로모터에 부착돼 DNA 유전자의 뉴클레오티드를 인식한다. 그곳에서 RNA 합성이 시작된다(〈그림 8〉). 전사개시부위(*transcription start site*)라 불리는 이곳에서 RNA의 첫 번째 리보핵산분자가 상보적인 DNA 뉴클레오티드에 의해 지시된다. 따라서 전사개시부위도 유전자에서 필수적인 일부이다.

유전자의 다른 기능을 이해하려면 세포의 간단한 구조에 대한 지

〈그림 10〉 단백질 합성을 위해 RNA가 핵에서 세포질로 전송되는 과정에서 폴리A 꼬리형성(A'를 RNA에 더해주는 과정)의 중요성

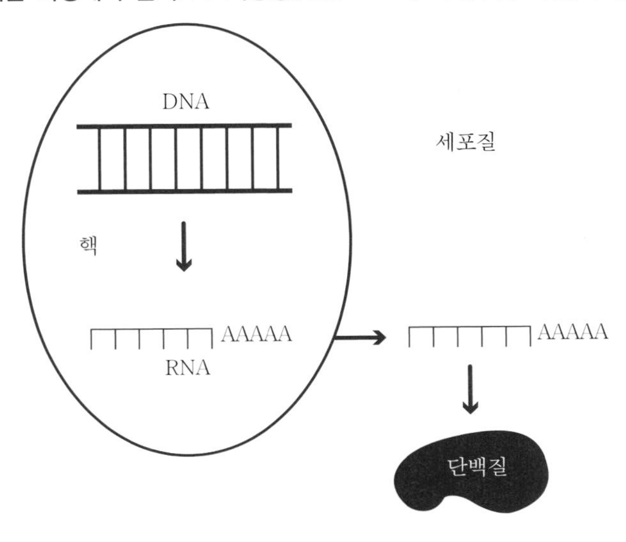

식이 필요하다. 생물세포는 자동차 생산공장에 비유될 수 있다. 자동차의 마스터플랜을 가지고 있는 공학 분과는 유전정보를 포함하는 세포핵에 비유된다. 공학 분과의 기능은 자동차를 설계한 후, 설계도의 사본을 공학 부서 외에 실제로 자동차가 제작되는 제조 설비들에 배부한다. 핵의 기능 또한 DNA로부터 유전정보를 복제하고 RNA를 만드는 것이다(〈그림 10〉). RNA는 세포질이라 불리는 세포의 생산부문에 전달될 때까진 아무런 역할도 하지 않는다. 생산은 세포질에서 일어난다 — 즉, 단백질과 그 밖의 구성요소를 만들어 세포가 원활히 기능하고 새로운 세포를 만들 수 있도록 하는 것이다.

〈그림 8〉에서 유전자의 오른쪽에 있는 것이 '폴리 A 꼬리형성(Poly-adenylation: PA) * 신호'라 불리는 DNA 배열이다.

DNA가 핵 속에서 상보적인 RNA로 전사되면, PA신호는 핵 속에서 많은 A가 RNA 분자의 끝에 덧붙도록 한다. 이러한 폴리 A의 작용은 핵에서 RNA가 효소에 의해 망가지거나 파괴되지 않도록 막아주는 동시에 RNA를 세포질로 전달하여 단백질 생산이 시작될 수 있게 한다는 점에서 중요하다(〈그림 10〉). 그러므로 RNA가 단백질이 만들어지는 세포질로 전송되려면 PA 신호가 유전자의 유전공학에 포함되어야 한다.

세포질 속의 RNA를 그것이 유래한 DNA와 비교하면, RNA가 더 짧다. RNA가 핵 속에 있을 때, RNA의 부분들은 핵 효소에 의해 정확하게 잘리거나 재접합된다(〈그림 11〉).

이렇게 제거된 염기서열을 '인트론'(*intron*)이라 부르고, RNA 속에 손상되지 않고 보존된 부분은 '엑손'(*exon*)이라고 한다. 엑손은 단백질을 만드는 리보뉴클레오티드를 가지고 있다. 인트론이 RNA에서 잘려 나가면, 단백질을 암호화하는 염기서열들이 끊기지 않고 연속되기 때문에 최종적으로 만들어지는 단백질에 단절이 발생하지 않는다. RNA가 정확하게 기능하는 단백질로 전사되려면 반드시 RNA 인트론이 제거되어야 한다. 과학자들은 DNA에 있는 인트론과 엑손이 모두 중요하다는 것을 알게 되었다. 유전공학으로 다루어진 유전자에 인트론이 없다면 그 유전자로부터 훨씬 적은 양의 단백질이 생산되기 때문이다. 그것은 인트론의 염기서열이 유전자 발현의 조절에 관여하기 때문이다.

---

* 〔역주〕 RNA의 물질로 아데닌을 함유한 뉴클레오티드 고리로 형성되는 것을 뜻하며 줄여서 폴리 A라고 부른다.

〈그림 11〉 RNA로부터의 절단접합(인트론의 제거) 그리고 엑손의 단백질 발현

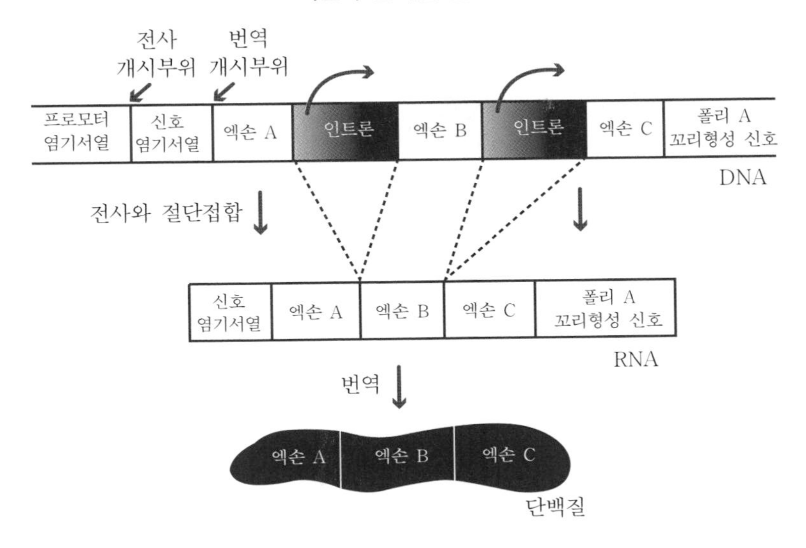

RNA에서 단백질이 만들어지는 과정을 '번역'이라고 부른다(〈그림 11〉). 그것은 한 언어로 된 메시지를 다른 언어로 번역하는 과정에 비유되기 때문이다. 스페인어가 영어와 다르게 보이듯이 RNA도 화학적으로는 단백질과 전혀 다르다. 그럼에도 불구하고, 그 메시지는 두 언어 모두에 존재한다. RNA를 만들기 위한 전사 개시부위가 있듯이 RNA에서 단백질을 만들기 위한 번역 개시부위(*translation start site*)도 있다. 적절한 단백질 합성이 이루어지려면 유전자 구성에 반드시 이 번역 개시부위가 포함되어야 한다(〈그림 12〉).

코돈(*codon*)이라 불리는 3개의 뉴클레오티드 배열이 하나의 아미노산을 만든다. 예를 들어, GGA라는 RNA 염기서열은 글리신(*glycine*)이라는 아미노산을 만든다. 단백질은 21개의 서로 다른 아미노

〈그림 12〉 리보솜 복합체를 이용한 RNA로부터의 단백질 합성

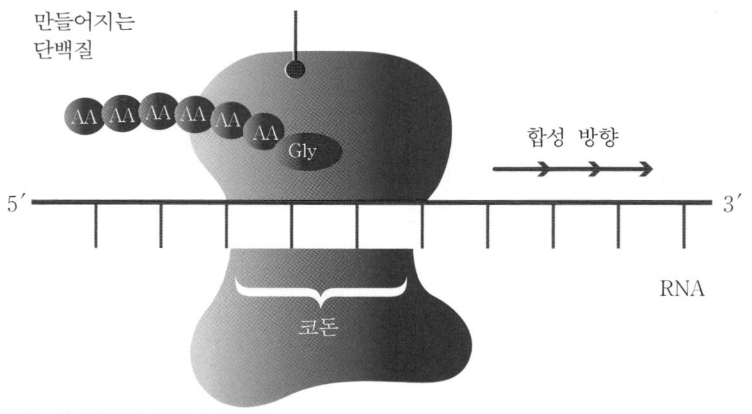

산의 조합으로 만들어진다. 뉴클레오티드가 DNA나 RNA의 기본 구성단위이듯, 단백질도 아미노산이라는 기본 구성단위들로 이루어진다. 리보솜 전사 복합체가 선형적인 RNA 분자를 따라 내려가면, 자라나는 단백질에 더 많은 아미노산이 더해진다(〈그림 12〉).

단백질에 더해진 이 특정 아미노산은 RNA 코돈 염기서열에 의해 만들어진다. 따라서 여기에서 생산된 특정 단백질은 특정 RNA에 연결된 다. 특정 RNA는 그 DNA 유전자에 대해 상보적이다.

단백질에서 RNA, 그리고 DNA로 이어지는 정보 연쇄는 DNA가 복잡한 생물의 유전암호로 작용하는 방식이다. DNA의 단순한 선형적 서열이 저마다 기능이 다른 3차원 분자인 단백질이 된다. 일부 단백질은 세포와 조직에 구조나 얼개를 제공하고, 다른 단백질은 효소가 되어 지방, 지질, 그리고 탄수화물과 같은 다른 분자합성에서 촉매 역할을 한다. 이들 분자에 의해서 방대한 기능이 제공된다

〈표 1〉 단백질의 기능

종류	예	기능
효소	글루쿠로니다아제	화학 합성과 반응을 돕는다
호르몬	인슐린	세포들이 기능을 수행하는 신호를 준다
항체	IgG*	면역반응의 일부
전송자	이온 채널	세포 안팎으로 분자들이 이동할 수 있게 한다
구조 단백질	근육, 머리카락, 눈 수정체, 손톱, 피부	몸을 지지하고 보호한다

(〈표 1〉). 아미노산 연쇄의 차이로, 크게 다른 구조 그리고 다른 분자들 간의 상호작용이 가능해진다. 그러므로 생물다양성이 기반으로 삼는 것은 핵산이 아니라 단백질의 수준이다.

유전자 구조를 요약하면, 기능하는 단백질을 만들기 위해 유전자의 특정 구성요소들이 있어야 한다. 조직-특이적 프로모터는 적절한 조직의 유전자 발현을 돕는다. DNA 유전자에 있는 개시부위의 전사 신호, 인트론과 엑손, 그리고 폴리 A 꼬리형성신호로 상보적인 RNA가 생성되고, 이 RNA는 절단되어 세포질로 전송된다. 세포질로 들어가면 리보솜 복합체가 개시부위에서 RNA를 번역하기 시작해 단백질의 특정 아미노산을 붙여 나간다. 그러면 이 단백질이 세포와 조직의 구조가 되고, 그 밖의 세포 구성요소들을 합성해 궁극적으로 생물체를 창조하게 된다.

---

* 〔역주〕 면역글로불린(Immunoglobulin) G.

염색체의 구조

DNA의 긴 가닥은 세포핵 속에 단단히 말려 있다. 여행을 떠나는 사람이 옷, 신발, 그리고 그 밖의 소지품들을 양손에 들고 공항에 갈 수는 없다. 그러다가는 물건들이 뒤엉키고, 이동하는 동안 잃어버릴 수도 있다. 이때 해결책은 여행용 가방이다. 세포 속에 있는 DNA의 경우도 마찬가지이다. 우리 머리로는 DNA 가닥의 길이가 얼마나 되는지 이해할 수 없다. 우리는 한 방 안에 30명 또는 서로 떨어져 있는 200명가량의 사람을 상상할 수 있을 것이다. 게다가 약 20만 명의 사람들을 숫자로 표현하는 것이 고작일 것이다(가령 210, 246명). 32억 4천만은 우리 머리로 이해하기엔 너무 큰 숫자이다. 그렇지만 이것이 사람의 유전체(*genome*)*에 들어 있는 뉴클레오티드의 숫자이다. 여하튼 엄청나다는 정도로 해두면 충분할 것이다! 그러면 이 엄청난 길이의 DNA를 세포핵 속에 넣기 위해 무엇이 필요한지 생각해 보자. 분명 DNA를 꾸려 넣기 위한 '여행 가방'이 필요할 것이다.

이 문제는 DNA 가닥을 특수화된 단백질 주변에 감아서 단백질/DNA 가닥을 매듭으로 만드는 방법으로 해결된다. 놀라운 것은, 이 매듭이 세포의 복제 주기가 시작될 때 DNA가 복제되고 유전자 전사와 단백질 생성이 이루어지도록 선택적으로 DNA의 부분들을 '풀어낼'(*unravel*) 수 있도록 질서정연하게 감겨 있다는 점이다. 더구나 사

---

* 〔역주〕 한 생물이 가지고 있는 DNA의 총체를 뜻하는 말. 게놈, 지놈 등으로 번역되기도 하지만, 여기에서는 일반적인 용어인 '유전체'를 역어로 사용한다.

람의 세포 하나 하나에 이러한 염색체가 23쌍이나 있다는 사실을 알게 되면 그 복잡성은 더욱 증폭된다.

세포 DNA가 무척 복잡하기 때문에, 유전공학, 즉 생명을 기술(記述)하는 일은 단순한 과정이 아니다. 우리는 그것을 정신적인 상이나 언어로 기술하려고 시도하지만, 일상적 대화나 뉴스에서 아무런 확인도 없이 사실인양 이야기되는 과학적 설명을 받아들일 때에는 세심한 주의가 필요하다. 〈쥬라기 공원〉에서는 공룡을 복원하는 데 사용된 방법이 간단하게 설명되었지만, 이러한 설명으로는 완전한 사실을 구성할 수 없다. 유방암 유전자를 발견했다고 해서 그것이 유방암을 일으키는 유일한 결정요소이거나 그 유전자를 갖지 않은 사람들은 유방암에 걸리지 않는다는 의미는 결코 아니며, 그 반대도 마찬가지이다.

사람들은 생명공학으로 얻을 수 있는 이익을 평가하기 위해 이러한 진전을 이해할 필요가 있다. 생명의 복잡성에 대한 인식을 통해 과학자들은 유전공학으로 생명을 조작하는 도구들을 고안해냈다.

윤리학의 기초

자연주의

일부 학문분야는 학생들에게 한 번도 생각해 보지 않은 탐구영역을 소개한다. 대부분 사람들에게 입자물리학이 그런 분야에 해당할 것이다. 또 다른 예는 약 2천 년 전의 산스크리트어와 인도의 역사일 것이다. 고급 논리학이나 언어철학과 같은 철학의 여러 분야도 대부분의 학생들에게는 즉각 이해되기 어려울 것이다. 내가 철학자들을 포함해서 한 방을 가득 채운 사람들에게 괴델의 정리가 뇌의 계산적 모형에 대한 결정적인 반박으로 받아들여야 할지에 대한 여부를 묻는다면, 아마도 철학자들 사이에서 여러 시간 동안 토론이 계속될 것이다. 그리고 철학자가 아닌 사람들은 모두 나가는 문을 찾을 것이다.

그러나 내가 전지전능한 신에 대한 믿음이 합리적인지에 대해 묻는다면, 방을 나가는 사람은 거의 없을 것이다. 철학자들은 흥미로운 주장을 제기하거나 자신들의 논점을 뒷받침하기 위해 멋진 언어를 구사할 수도 있을 것이다. 그리고 어쨌거나 모든 사람이 그 토론에 가담할 것이다. 그런 다음 신이 여러분에게 어떤 일을 하기 전에 이미 무엇을 할지 확실히 알고 있는지 묻는다면, 사람들은 격렬한 논쟁을 벌이게 될 것이다. 이 토론에서 멀뚱하게 앉아 있거나 조는 사람은 거의 없을 것이다.

그렇다면 두 주제 사이의 차이점은 무엇인가? 철학의 일부 분야는 우리가 방금 언급한 주제들을 다룬다. 나는 어떤 신도 믿지 않는 많은 학생과 그 밖의 사람들, 그리고 서구 문명에서 친숙한 전지전능한 신을 믿지 않는 많은 사람을 알고 있다. 그렇지만 "과연 신이 존재하는가?"라는 물음을 품지 않은 사람이 있는지 모르겠다. 또한 나는 이런 신을 믿는 많은 사람에 대해 알고 있다. 그러나 욥이 품었던 물음, * 즉 만약 전지전능한 신이 존재한다면 이 세상에 왜 그토

* 〔역주〕《구약성서》의 3번째에 들어 있는 "욥기"는 "의인이 왜 고통을 받아야

록 많은 고통이 있는가라는 의문을 한 번도 품지 않은 신자가 있을지는 잘 모르겠다.

학생들은 누구나 철학적 사고를 했을 것이다. 그들은 가장 큰 몇 가지의 문제들에 대해 생각했고, 그들을 만족하게 할 답을 찾으려고 노력했다. 윤리학(*ethics*)이라는 철학분야도 마찬가지이다. 학생들이 윤리학의 세세한 주제들을 모두 생각해 보지 않았을 수 있다. 그러나 그들은 윤리학의 몇 가지 큰 물음들에 대해서는 생각해 보았다. 그들은 모두 윤리학이 단지 개인적인 견해에 불과한지 의문을 품었다. 모든 학생이 옳고 그름의 판단근거를 궁금해 했고, 대부분은 도덕성 원리가 보편적인 것인지에 대해 의문을 가졌다. 우리는 항상 진리를 말하고 다른 사람들의 생명을 존중해야 하는가? 거짓말을 하거나 고의적으로 누군가를 살해하는 것은 옳은가?

학생들은 이런 문제들을 고려할 때마다 자신들이 '도덕철학'(*moral philosophy*)의 주제를 다루고 있음을 알게 된다. 물론 그들이 전문성에 기반을 두고, 엄격하고 정확한 판단을 내리지 않았을 수도 있다. 그러나 그들은 윤리학의 문제를 다루었고, 때로는 깊이 고찰했다.

하는가"라는 물음을 제기하면서 인과응보라는 기독교 신앙의 기본원리를 성찰하게 한다. 욥은 불행한 일을 겪은 신자들에게 그 또한 전지전능하신 하나님이 그들에게 허락하신 일이며 그리하여 이것을 신앙 안에서 받아들여야 한다고 사람들을 위로했다. 그러나 아무런 이유 없이 자신에게 닥친 여러 가지 불행, 그리고 그의 아들이 어린 나이에 조로증에 걸려 죽어 가는 것을 보면서 자신의 이러한 위로가 고통을 겪는 자에게 결코 위로가 될 수 없음을 깨닫게 된다. 그는 선한 사람들이 고통을 받는 일이 하나님께서 자신의 계획에서 의도적으로 벌이는 일이라고 더는 생각할 수 없었다. 욥은 사랑의 하나님을 위하여 전지전능하신 하나님을 포기하였다고 말하기까지 했다.

많은 독자가 1997년 2월 〈USA 투데이〉(*USA Today*) 지에 사진과 함께 실린 "안녕, 돌리"라는 제목의 기사를 기억할 것이다. 그 기사는 성수(成獸)의 체세포에서 복제된 최초의 포유류의 탄생을 알렸다. 당시 여러분은 어떤 반응을 보였는가? "우와, 인류가 거둔 엄청난 업적이구나" 또는 "아니, 신의 놀이를 하려는 셈인가? 뭔가 잘못된 일을 하는 것 아니야?"라고 생각했을 수도 있다.

유전 관련 질병을 앓는 사람들은 보험에 가입하지 못한다는 기사를 잡지에서 읽었을 때, 당신은 스스로 "이건 불공평하잖아"라고 말하지 않는가? 이것은 유전학 연구에서 이루어진 발전에 대한 도덕적 반응들이다. 10년이나 15년 전만 해도 아무도 이런 문제를 구체적으로 생각하지 않았다. 그러나 오늘날 모든 사람이 공정함의 일반 원리나 과학에 대해 가해질 수 있는 도덕적 제한 등에 대해 생각해 보았다.

여러분이 이 책에서 발견하게 될 것은 여러분이 한 번쯤은 생각해 보았을 다양한 주제에 관한 논의이다. 저자들은 다양한 관점에서 그 주제들을 다룬다. 이 서문은 여러분에게 유전학과 생명공학, 그리고 윤리학 이론에 대한 기초지식을 제공하여 여러분이 좀더 지적으로 생명공학을 둘러싼 문제들을 고찰할 수 있도록 하려는 의도에서 마련되었다.

이 책의 각 부에는 해당 주제와 (예를 들어, 유전자변형 식품과 같은) 연관된 과학적·윤리적 주제들을 개괄하는 도입부가 포함되어 있다. 이 책의 말미에 덧붙여진 토론 사례는 여러분의 이해를 돕고 여러분이 배우고 고찰했던 내용을 쉽게 적용할 수 있게 할 것이다.

윤리에 관한 진지한 사고의 긴 역사에서 두 종류의 의문이 가장 중요하게 부상했다. 지금까지 윤리에 대해 생각했던 거의 모든 사람은 이 물음들과 씨름을 벌였고, 복잡하고 고도화된 답변을 제공했다. 앞으로 이어질 내용은 이러한 물음과 이를 둘러싼 가장 중요한 개념들을 간략하게 개괄한 것이다. 이 논의는 이 책에서 다루어지는 주제들의 구체적인 맥락에 맞게 조율되었다.

도덕성의 기반은 무엇인가? 대부분 사람들이 어떤 행동이 옳고 그른지에 대해 물을 때(가령 여자 친구에게 당신이 어디에 있었는지 거짓말할 때처럼), 우리는 자주 규칙이나 원칙에 대해 언급하게 된다. 이 경우 우리는 '거짓말은 나쁘다'라는 규칙에 기댈 수 있다. 단순하고 흔한 상황에서는 공유된 원리에 호소하는 것만으로도 충분하다. '거짓말은 나쁘다'와 같은 일부 원칙이나 규칙은 널리 받아들여져 우리가 어떤 행동이 (가령 친구에게 거짓말을 하는) 나쁘다는 것을 인정하기 위해서는 그 규칙이 특정 사례에 적용된다는 데 동의하기만 하면 된다.

그러나 일부 매우 복잡한 도덕적 문제에 직면해서 여러분이 '네가 한 약속을 지켜라'와 같은 규칙에 호소했고, 누군가가 "왜 그것이 따라야 할 올바른 규칙인가?" 또는 "당신은 어떻게 이것을 규칙으로 정당화할 수 있는가?"라고 묻는 경우가 발생했다고 하자. 지금 우리는 최상의 규칙이 무엇인가가 아니라, 그것이 도덕규칙이 되기 위한 기반이나 근거는 무엇인가라는 물음을 제기하는 것이다. 우리는 왜 거짓말이 나쁘고, 약속을 지키는 것이 보편규칙으로 옳은지 그 이유에 관해 알고자 한다.

윤리문제를 고찰해온 오랜 역사 동안, 이 물음에 대해 서로 다르지만 때론 중첩되는 두 가지의 답이 주어졌다. 첫 번째, 가장 오래된 대답은 보편적으로 본성에 대해, 특수하게는 인간 본성(*human nature*)에 호소하는 것이다. 우리는 집단 속에서 함께 살고자 하는 욕구를 생존을 위한 일부 조건으로 해석한다. 이런 식으로 집단협동에 중요한 특정 규칙이 있다는 주장이 있을 수 있다. 어떤 집단이 유지되려면 집단구성원들 사이의 신뢰는 필수적인 것으로 간주될 수 있다. 이러한 신뢰는 집단성원들에게 약속 지키기나 거짓말하지 않기와 같은 기본 규칙의 준수를 요구할 수 있다. 예를 들어, 운전자가 교통법규를 지킨다는 약속에 의존하지 않는다면 우리의 자동차 사회는 중단되고 말 것이다. 운전자 간의 협력은 필수적이며, 이 협력은 우리 모두가 따르는 약속 및 준수사항과 같은 법칙을 통해 발전되고 육성된다.

우리는 인간생활이나 삶의 어떤 규칙성에 호소하여 인간 본성에 따라 도덕적 규칙을 정당화할 수도 있다. 사람들이 쾌락을 추구하고 고통을 피하는 것이 그런 예에 해당할 것이다. 이러한 인간 본성의 특성을 통해 우리는 '너 자신의 즐거움을 증진하고, 너와 다른 사람들의 고통을 줄이거나 피하도록 노력하라'는 도덕규칙을 개발할 수도 있다. 도덕철학의 가장 위대한 저작 중 하나인 제러미 벤담(Jeremy Bentham)의 《도덕과 법률의 원리》(*Principles of Morals and Legislation*)는 바로 이러한 인간 본성에 대한 호소에서 시작된다. 벤담은 1789년에 이렇게 썼다.

"인류는 두 주인을 섬기는 과정에서 탄생했다. 그것은 '쾌락'과 '고통'이다. 우리가 할 모든 것과 해야 할 모든 것을 결정하는 것은 바로 그들이다."

인간 본성을 규칙적인 행동패턴으로 관찰하면서 벤담은 도덕규칙을 발전시켰다. 그것은 항상 최대 다수의 최대 행복을 증진하라는 것이다. 저서 뒷부분에서 벤담은 그의 기본원리를 여러 방식으로 확장하고 제한했다. 그는 우리의 행동이 가져올 순전한 쾌락의 크기를 고려할 것을 요구했다. 그는 쾌락이 지속되는 시간과 오랜 기간에 걸쳐 영향을 주는 사람들의 숫자를 조사할 것을 요구했다. 그러나 이러한 도덕원리의 출발점은 인간 본성에 대한 최초의 주장이며 우리가 인간 본성에 부합되는 도덕원리를 채택해야 한다는 믿음이다.

마지막으로 우리는 인간 본성을 생존의 유리한 지점 또는 우리가 어떻게 행동하는가에 대한 관찰로서가 아니라 만약 우리가 특정 방식으로 행동했을 때 어떻게 될 수 있는지의 맥락에서 볼 수도 있다. 가령 사람이 아니라 나무를 생각해 보자. 여러분은 토양의 양분과 물에서 묘목이 생존하는 최소한의 요건이 어느 정도인지 검토할 수 있다. 여러분은 이 나무의 종(種)이 특정 토양과 기후에서 자란다는 것을 고려할 수도 있다. 그에 비해, 여러분은 만약 최적의 물과 비료, 그리고 완벽한 토양 조건이 갖추어진다면 그 나무가 어떻게 될 것인지도 고려할 수 있다. 다시 말해, 번성할 수 있는 조건이 주어졌을 때 나무의 본성이 무엇인가를 고찰한다는 뜻이다.

래브라도(Labrador)와 같은 사냥개 품종은 비좁은 축사에서도 생존할 수 있다. 그러나 좀더 트인 환경에서만 잘 자라고 번성할 수 있다. 대형 사냥개는 그들의 본성을 발휘할 수 있는 환경을 요구한다.

도덕원리는 사람의 번성과 번영을 표현하고 북돋을 수 있다. 사랑과 육성이 우리가 필요로 하는 모든 것이 아닐 수도 있다. 그러나 다른 사람에 대한 사랑과 육성은 사람이 지향하는 최선의 도덕원리의 예가 될 수 있다. 도덕규칙은 이러한 사랑과 육성이라는 품성을 계발하도록 우리를 고무할 수도 있다.

앞서 3가지 측면에서 고찰한, 인간 본성 또는 본성 일반에 대한 분석에서 실질적인 규칙을 끌어낸다는 생각은 생명공학에 대한 논의에서 널리 퍼져 있는 주제이다.

첫째, 많은 사람은 기술을 제한하고 전통적인 육종과 경작 방법을 사용하며 우리 주위의 자연과 조화를 이루고 살아가는 것이 인류 생존을 위해 필요하다고 주장한다. 기술 발달로 자연을 저해하는 것은 자연의 균형을 빼앗거나 무너뜨리는 위험한 과학 이용이라는 것이다. 이러한 주장은 지구에서 인간이 살아남고 번성하기 위해서는 자연이 '의도하는'(*intended*) 방식에 순응하며 살아가야 한다는 것일 수 있다.

둘째, 자연은 인간생활의 기술-이전 주기(*pretechnological rhythm*)의 관점에서 이해된다. 특정 동·식물은 자연의 생태환경에 따라 지구의 특정 영역에 서식하지만, 다른 지역에서는 살아남지 못한다. 벼는 앨버타(Alberta, 캐나다 서부의 주)에서 자라지 못하고, 연어는 인도양에서 잡히지 않는다. 우리는 생물들의 생활에서 나타나는 규칙성과 패턴, 다양성, 그리고 특정 장소의 생태학을 연구함으로써 그 규칙이 무엇인지에 관해 배운다. 이렇게 관찰된 규칙성의 관점에서 농업생명공학이나 형질전환 동물은 바람직하지 않는 것으로 간주된다. 이것들은 존재의 자연적 패턴에 관한 관찰에서 유래한 규칙에 어긋나기 때문이다.

마지막으로 인간은 자연과 조화를 이루며 (이 말이 도덕적으로 적극적인 의미를 띤다는 점에 주목하라) 살아갈 때에만 번성한다고 이야기한다. 사람은 보다 큰 자연의 일부로서만 온전한 전체가 될 수 있다. 우리는 자연의 일부이며 자연과 떨어져 있지 않다. 유기농 식품이 더 좋은 것으로 여겨지는 까닭은 그것이 '더 자연적'이고, 덜 기술적이며, 화학적 오염의 가능성과 알레르기 반응을 일으킬 확률이 상대적으로 낮기 때문이다. 따라서 인간복제 역시 우리의 궁극적인 행복을 위해 유지되어야 하는 관계인 섹슈얼리티와 부모성(*parenthood*) 간의 자연스러운 상징적 관계에 대한 위협으로 비쳐진다.

이 3가지 측면에서 인간 본성이나 본성 일반에 대한 호소는 생명공학에 적용돼야 하는 원리나 규칙의 기반으로 생명공학에 널리 퍼져 있다.

도덕의식

가령 여러분이 대학신문에서 다른 나라의 대학원생이 사람과 같은 온혈 포유류가 얼어 죽는 온도를 연구하기 위해 새끼고양이를 얼음물에 넣었다는 기사를 읽었다고 가정해 보자. 그 학생은 고양이가 얼어 죽는 일은 늘 있기 마련이므로 자신의 행위는 본성에 어긋나지 않는다고 말했다고 하자. 이 연구결과는 인명구조요원이나 의사들에게는 중요한 의미를 가질 것이다. 더구나 동물들에게는 아무런 권리도 없다. 따라서 이 연구는 잘못된 것이 아니다.

여러분의 첫 반응은 "그것은 본성에 어긋나기* 때문에 틀렸다"

---

* 〔역주〕 이 말의 원문은 'unnatural'로, 이 글에서 필자는 'nature'와 'human nature'를 도덕원리의 기반으로 삼아 설명하고 있다. 후자가 인간 본성으로 국한된다면, 전자는 인간 외의 동물 등 자연 전체의 본성을 뜻한다. 따라서

또는 "그 연구는 인류에게 도움을 줄 것이기에 우리는 박수를 쳐야 한다"는 아닐 것이다. 또한 "그건 그 나라에서 하는 방식이기 때문에 그들을 비난해서는 안 된다"고 말하지도 않을 것이다. 우리는 여러분의 첫 반응이 다음과 같을 것이라고 생각한다.

"그것은 불쾌하고 역겨운 일이다" 또는 좀더 부드럽게 "그건 잘못된 행동이다"라고 말할 것이다. 만약 그 학생이 이 실험으로 학교에서 쫓겨나거나 범죄행위로 고발당했다면, 즉시 '잘못이다' 혹은 그 역으로 '옳다'는 느낌이 들 것이다.

이 사례는 도덕원칙을 정당화하는 또 하나의 중요한 전통을 생생하게 보여 준다. 그것은 도덕의식 또는 도덕적 직관에 대한 호소이다. 우리는 이 원칙을 늘 사용한다. 예를 들어, 우리는 자신의 위험을 감수하면서 타인의 생명을 구하는 사람들에게 박수갈채를 보낸다. 우리는 가족을 버리는 아버지에 대해서는 분개하지만, 아내와 이혼한 남편에 대해서는 그런 느낌을 받지 않는다. 마지막으로 우리는 아동학대나 아동에 대한 성도착(性倒錯) 행위로 유죄판결을 받은 사람들에게 혐오감을 느낀다.

이 책이 다루는 주제들을 통해 우리는 이러한 종류의 주장이 매우 중요한 의미가 있다는 것을 알게 된다. 동물과 인간을 다루는 핵심적인 주제에서는 특히 그러하다. 예를 들어, 많은 사람이 지각력 있는 생물(*sentient creature*)에게 일부러 고통을 주는 행위에 대해 강한 도덕적 감정을 느끼는 경향이 있다. 가령 앞에서 언급한 고양이 실

여기에서는 비자연적이라는 말 대신 저자의 의도를 살리기 위해 '본성에 어긋나는'이라고 번역했다.

험사례가 그런 예이다. 나치가 죄수들을 대상으로 비슷한 실험을 했다는 이야기를 듣거나 읽을 때, 사람들은 종종 도덕적 거부감과 같은 감정을 느낀다.

마찬가지로 많은 사람이 죄수나 노숙자에게 사전동의 없이 에이즈 백신을 실험하는 것이 잘못이라는 느낌을 받는다. 우리는 초기 시험을 인체실험으로 하는 편이 백신을 더 빠르게 비용-효율적으로 개발하는 방법이라는 말을 들었을 때에도 이 그릇됨이라는 도덕의식이 지속될 것이라고 생각한다. 마지막으로, 그릇됨이라는 도덕의식에 대한 호소가 인간복제를 둘러싼 논쟁에서도 종종 사용된다. 이 책에 글을 실은 레온 카스와 같은 저자들은 처음에 카스가 인간복제라는 개념에 대해 '강한 반감'(*repugnance*) 이라고 표현한 것에 호소하는 것처럼 보인다. 우리는 이 책에 실린 글들을 관통하는 도덕원리의 토대로서 도덕의식에 대한 호소를 고찰할 것이다.

도덕의식이론(*moral sense theory*) 은 윤리학에서 영예롭고 오랜 역사를 가진다. 여러 미묘한 차이를 가진 버전이 데이비드 흄(David Hume), 아담 스미스(Adam Smith) 와 같은 뛰어난 사상가들에 의해 개진되었다. 또한 '도덕의식'을 윤리의 기반으로 삼았던 많은 사상가는 우리의 도덕의식이라는 데이터가 체계화되고 구조화된다면 거짓말이나 인간에 대한 물리적 폭력에 맞서는 단순한 원칙들에 대해 광범위한 합의가 이루어질 수 있을 것이라는 믿음을 가지고 있다. 그 원칙들은 여러 방식으로 발전해, 저마다 다른 토대를 제공하는 다양한 윤리체계로 발전할 수도 있다.

우리는 '거짓말은 나쁘다'와 같은 원칙에 대해 옳다는 기본적인 느낌에서 출발할 수 있을 것이다(실제로도 종종 그렇게 논의를 시작한다). 그런 다음 옳고 그름이라는 기본적인 느낌을 보충하기 위해 생존이나 번성과 같은 조건들에 기반을 둔 좀더 정교한 주장을 도출할 수 있을 것이다.

내 견해는, 다윈이 표현했듯, 인간이 이러한 '도덕적 감정'(*moral emotions*)을 가지고 있으므로 그 감정이 집단을 이루고 사는 인간 종(種)의 유지와 번영에 어떤 역할을 하리라는 것이다. 예를 들어, 우리는 '약속을 지켜라'와 같은 규칙의 근거를, 사람이라면 폭넓게 공유하는, 도덕적 직관이나 옳음에 대한 느낌에서 구한다. 나아가 우리는 인간 존재의 어떤 특징들이 이러한 규칙에 관한 도덕의식을 지속하고 발전시키는지에 대해서도 탐구할 것이다.

다시 말해, 왜 특정한 '도덕적 감정'이 오랜 시간에 걸쳐 인간이라는 종에서 살아남은 것인가? 이것은 카스가 인간복제에 대한 논의에서 제기한 물음이다. 그는 인간복제의 전망에 대해 사람들이 가지는 일반적인 거부감이 보통 사람들의 도덕적 지혜의 출발점이라고 믿는다. 이러한 직관은 우리의 도덕의식에서 수집된 데이터들을 발전 및 증폭시키기 위해 인간 본성으로부터 끌어낸 주장들을 통해 한층 강화될 수 있다.

옳고 그름의 원리

유전자 변형식품(*genetically modified food*)에 대한 표시제를 시행할 것인가?, 한다면 그 시기는 언제인지와 같은 실질적인 도덕문제를 처음 생각할 때, 대개 우리는 맨 처음으로 우리가 받아들이고, 다른 사람들도 수용할 것으로 희망하는 도덕규칙과 원칙에 호소한다. 유전자 변형식품의 경우, 우리는 '사람들은 자신이 구입하는 물건에 대해 알 권리가 있다'는 원칙에 호소할 것이다.

이러한 방식으로 우리는 유전자 변형식품의 사례를 토대로 판매자와 구매자를 필요로 하는 다른 사례들을 유추할 것이다. 가령 내가 자동차를 구입한다면, 내가 판매자로부터 그 차의 연식, 주행거리, 수리 여부, 연비 등에 대해 설명을 들을 권리가 있다는 점에 대해 이론을 제기할 사람은 거의 없을 것이다. 판매자는 자신의 매물에 대해 내게 설명해야 하며, 이때 우리는 흔히 우리에게 '알 권리'가 있다고 말한다.

유전자 조작식품의 경우, 많은 사람이 같은 원칙을 주장한다. 식품의 성분과 첨가물에 대한 표시를 붙여야 한다는 것이다. 내게는 구입하는 식품에 소금, 설탕, 그리고 방부제가 들어 있는지의 여부를 알 권리가 있다. 그렇다면 유전자 조작식품에 대해 같은 권리를 요구하지 못할 이유가 어디 있단 말인가?

사람들 사이, 심지어는 사람과 자연의 다른 부분들 사이에서 이루어지는 도덕적 실천에 대한 고찰의 오랜 역사 동안, 다음의 3가지 종류의 원칙이 폭넓게 발전했다.

공리주의

바람직한 도덕규칙에 대한 첫 번째 유형은 공리주의(*utilitarianism*)라고 알려진 이론이다. 이 이론은 윤리의 근본 원리는 오직 하나라고 주장한다. 물론 그 원리를 채택하여 우리가 사용하는 실용적 규칙은 여럿 있을 수 있지만 말이다. 이 원리는 다음과 같다. 항상 최대 다수의 사람들에게 최대 행복을 주는 일을 하라. 이 관점에서 '선'(善)은 일반적으로 쾌락이나 고통의 부재와 일치한다.

공리주의 이론에 따르면, 우리는 도덕적 판단을 내릴 때 가능한 행동의 경로로, 얼마나 많은 사람이 혜택이나 피해를 입을 것인지 고려해야 한다. 각 개인에게 미치는 영향은 어느 정도인가? 만약 5명이 약간의 이익을 얻는 데 비해 한 사람이 큰 손해를 입는다면 우리는 그 일을 해서는 안 될 것이다. 왜냐하면 설령 그 비율이 5 : 1이라 하더라도 실질적 손해가 매우 크기 때문이다. 또한 그 영향이 얼마나 오래 지속되는지도 고려해야 한다. 치과 치료처럼 아주 짧은 고통을 겪는 것이라면 그로 인해 얻게 될 오랜 기간의 이익의 가치가 더 클 것이다. 우리는 숫자, 지속시간, 그리고 강도 등의 관점에서 비용이나 손해를 더하고 같은 방식으로 손익(損益)을 비교한다.

공리주의는 미래지향적이고 결과론적인 도덕이론이다. 공리주의자에게는 어떤 행동의 결과가 모든 도덕적 평가의 열쇠이다. 이런 식의 도덕적 추론의 고전적 예는 사형을 둘러싼 논의에서 찾아볼 수 있다. 사형제도를 찬성하는 사람들은 흔히 사형이 범죄, 특히 살인을 억제하므로 인명을 구할 수 있다고 주장한다. 누군가 사람을 죽였을 때, '사형은 그 결과가 그들에게 어떻게 돌아오는지 교훈을 준다'는 것이다. 죽고 싶은 사람은 아무도 없다. 따라서 살인자가 줄어든다는 것이다. 이 주장은 사형이 그 이로운 결과〔즉, 살인사건을 줄여 최대 다수의 최대 선(善)을 가져온다〕 때문에 도덕적으로 정당화된다는 것이다.

그러나 많은 비평가는 여러 부작용이 있다는 이유로 사형제도에 반대한다. 그들은 사형이 살인 범죄를 억제한다는 주장을 부인하고, 나아가 수많은 항소와 상고가 이어지기 때문에 종신형보다 사형에 더 많은 비용이 들어간다는 점을 지적한다. 마지막으로 그들은 확률의 문제이지만 무고한 사람이 죽음에 내몰릴 가능성도 제기한다. 그것은 엄청난 손해이다. 그러나 비평가들도 여전히 이 문제를 공리적 관점에서 보고 있는 것 같다. 그들도 최대 다수의 최대 선을 고려하고 있다. 다만 그들은 사형이라는 맥락에서 사실들이 어떻게 특정한 방식으로 이해되는지에 관해 다른 견해를 가지고 있다.

공리주의는 실용적 도덕규칙들 중에서 가장 큰 이론 중 하나이다. 그 영향력은 엄청나며, 생명공학 분야에 폭넓게 적용된다. 유전자 변형식품이 '믿을 수 없'고 '위험하'기 때문에 금지해야 한다고 공격하는 사람들은 누구나 공리적 분석을 하고 있는 것이다. 농부들에게 라운드업(*round up*)* 내성 콩을 사용했을 때 입을 수 있는 해로운 결과에 (예를 들어, 유전자 전이로 '슈퍼 잡초', 즉 라운드업에 대해 저항성을 가진 잡초가 발생해 이후 라운드업을 사용하는 것은 농부들에게 돈 낭비가 되는 사태) 대해 언급하는 것은 공리주의적 추론 형태에 해당한다.

적절한 검사를 거치지 않은 식품은 다른 식품에 비해 건강에 더 많은 해를 입힐 수 있다. 따라서 공리주의자는 모든 유전자 변형식품을 대상으로 안전성 검사를 해야 하며, 그럼으로써 우리의 건강에 주는 해를 피할 수 있다고 주장한다. 유전자 변형식품을 지지하

* 〔역주〕 미국의 다국적 농업생물공학 몬산토가 개발한 제초제로, 자사가 개발한 라운드업에 대해 저항성을 가지는 곡물을 개발해, 이 곡물을 구입한 농부는 제초제를 라운드업으로 사용하게 되었다.

는 사람들이 이런 식품을 통해 낮은 비용으로 영양 공급을 증대시킬 수 있다고 주장한다면, 그들 역시 공리주의자이다.

넓은 의미에서 공리주의 이론은 도덕적 추론과 실질적 문제를 다루는 정책분석의 형태에서 폭넓게 채택된다. 실질적 문제를 다른 방식으로 고려할 때에도, 최소한 우리가 내려야 하는 결정과 그것이 가져오는 좋은 결과와 나쁜 결과의 연관성에 대해서는 아무도 부인할 수 없다. 이것은 무수한 토론이 이루어진 문제이다. 그러나 인간복제가 가져올 수 있는 손익이 인간복제의 발전으로 이어지게 될 실험들을 계속 수행할 것인지를 결정하는 중요한 요인이라는 점을 부인하는 사람 역시 거의 없다. 공리주의자들이 종종 대중 토론에서 가장 호소력이 강한 입장을 취하는 것을 관찰하기란 어렵지 않다. 어떤 입장에서든 그것이 중요하다는 것에 모두가 동의한다.

공리주의 이론은 도덕적 결정에서 중요한 모든 특징이 그 결정에 수반되는 행복과 고통에 대한 계산으로 환원될 수 있다고 주장한다는 점에서 매우 중요하다. 분명 이러한 계산은 신중하게 이루어져야 한다. 앞에서도 언급했듯이, 장기적 결과에 — 즉, 영향을 받는 사람들의 숫자, 다양한 효과들의 강도 등 — 대해서도 반드시 주의를 기울여야 한다. 그러나 이것은 어떤 결정을 내리는 데 있어 모든 행복과 고통이 고려되는 것을 보장하는 방식일 뿐이다. 이러한 보조 규칙 중에서 어떤 것도 정신적·육체적 쾌락이 아닌 근본적인 선이나 정신적·육체적 고통이 아닌 악에 대해 고려할 것을 요구하지 않는다. 이 개념이 설득력을 가진다면 그것은 다른 식으로는 처리하기 힘든 도덕적 문제를 해결하는 여러 가지 방법을 제시한다.

우리는 모든 행동의 모든 결과를 공통의 단일 특징으로 환원할 수 있다. 그렇게 되면 다양한 행동의 결과를 이 단일척도에 견주어 비교할 수 있으며, 우리는 무엇이 최선의 행동경로인지 판단할 수 있게 된다.

이해를 돕기 위해 영양섭취의 예를 한 가지 들어보자. 음식에서 비타민 C를 섭취하는 가장 효율적인 방법을 결정하려면, 섭취하는 과일의 (가령 사과, 오렌지, 포도 등) 금액 당 비타민 C 함유량을 비교하거나 과일과 비타민 정제(錠劑)를 비교할 수 있다. 이 계산에 대해서는 이견이 없다. 왜냐하면 우리는 판단기준이 단위 금액 당 비타민의 단위임을 알기 때문이다. 일단 판단의 척도나 규칙이 동의되면, 이제 결정은 시간과 계산의 문제일 뿐이다.

생명공학의 경우, 신경과민적인 예민한 반발이 없을 때, 유전자 변형식품에 대한 근본적인 우려가 금액 당 영양분의 양이라는 것을 수용한다면, 우리는 생산비용을 계산하고 수확물의 양을 분석하며, 알레르기 반응가능성을 검토하고, 그다음 우리 앞에 놓인 가능한 선택들에 대해 숙지된 판단(*informed judgment*)을* 내릴 수 있다.

마찬가지로 죄수들의 DNA 데이터베이스에 관한 결정을 내릴 때도, 우리는 유전자 검사와 그 결과의 저장비용을 계산하고 얼마나 많은 사람이 유죄 판결을 받거나 무죄로 방면되는지 살펴보며 잘못된 결과로 얼마나 큰 고통이 초래되는지 알 수 있을 것이다.

그러나 이러한 예는 비평가들이 공리주의 이론에서 발견하는 문제점을 시사한다. 그들은 공리적 관점이 모든 도덕적 우려를 즐거

---

* 〔역주〕 이것은 충분한 정보가 제공된 상태에서 숙의를 거쳐 판단에 도달하게 되는 것을 뜻한다.

움과 고통이라는 단일척도로 너무 쉽게 환원한다고 생각한다. 이러한 데이터베이스를 구축할지 결정하는 데 관여되는 다른 우려들도 있지 않은가?

가령 검사를 받는 사람들의 프라이버시에 대해 생각해 보자. DNA는 지문보다 훨씬 많은 정보를 포함하며, 그중 일부는 교도소에서 복역했던 사람들의 차별에 이용될 수도 있다. 또한 질병이나 특정 유전자가 치명적인 조건과 연결될 수 있는 소인(素因)을 식별하는 데 사용될 수도 있다. 그 결과는 관련자들이 건강보험이나 생명보험에 가입할 수 없도록 할 수 있다. 또한 개인과 연관된 사적인 정보를 정부에 항구적으로 노출하는 결과를 초래할 것이다.

비평가들은 형사 사법의 효율성, 즉 비용-효율적 행정도 중요하지만, 개인의 프라이버시권(權)도 중요하다고 주장한다. 그중 하나가 다른 하나를 위해 희생될 수 없다는 것이다. 형질전환 동물의 경우, 판단을 내릴 수 있는 한 가지 방법은 특정 형질전환을 적용하는 데 드는 비용은 얼마이고, 형질전환 동물을 탄생시키는 데 드는 비용은 어느 정도이며, 그 과정에서 그 동물이 받을 고통이나 생명의 손실은 어느 정도이고, 형질전환 동물로부터 기인하는 이익은 무엇인가를 고찰하는 것이다.

그러나 우리는 형질전환 인간을 창조할 것인지에 대해 결정하는 데 이런 식의 문제들을 고려하지는 않을 것이다. 우리는 그러한 연구 결과, 인류 전체가 얻게 될 잠재적 이익과 무관하게 형질전환 인간을 실험하는 과정에서 생명의 손실이 걱정된다면 분명 그 실험을 거부할 것이다. 동물의 권리에 대해 관심을 갖는 많은 사람은 동일한 고려사항이 동물에 대해서도 적용되어야 한다고 주장한다.

그들은 동물들이 인간의 조작을 받지 않고 생존하고 번성할 권리를 존중해야 한다고 주장한다. 그들은 동물들도 원하고, 느끼며 믿음을 가진다고 말한다. 그들 역시 삶의 계획을 가진다는 것이다. 만약 어떤 사람의 계획이나 희망을 위해 다른 사람의 삶의 계획과 희망을 희생시키는 것이 도덕적으로 잘못된 것이라면 그러한 행위를 동물에게 하는 것 또한 잘못이라는 것이다.

지각능력이 있는 고등동물에 대해 이런 결론을 내리는 것이 합당하든 아니든 간에, 그것은 도덕적 진리를 인간적 관점에서 투영하는 것처럼 보인다. 우리는 자유나 평등과 같은 일부 가치들을 최대 다수의 최대 선이라는 원리를 위해 희생시키기를 원치 않는다.

공리주의 이론에 대한 비판은 다음 두 가지 방식으로 제기되었다.

하나는 우리가 공리주의를 특정한 결정을 내려야 하는 이론으로서가 아니라 우리의 결정을 인도하는 도덕규칙의 집합들 사이에서 어떤 것을 결정해야 하는지에 대한 이론으로 재정립하는 것이다. 이 관점에 따르면, 우리는 앞서 채택했던 규칙들, 가령 '항상 사실을 말해야 한다' 또는 생명공학에서 '종(種)의 유전적 온전성을* 존중해야 한다' 등의 규칙에 따라서 여러 상황에서 무엇을 할지 구체적인 결정을 내려야 한다.

그러나 먼저 우리가 어떤 종류의 규칙을 채택할 것인지 물었을 때, 우리는 특정한 규칙이나 규칙의 집합을 정당화하는 폭넓은 효용성 원리에 의지할 수 있다. 특정 상황에서 내가 진실을 말해야 하

* 〔역주〕 이 개념은 모든 종이 가진 유전적 특성은 인간을 위한 효용성이 아닌 그 자체로 가치가 있으므로 온전하게 보전되고 존중받아야 한다는 관점을 기반으로 한다. 이 번역에는 'integrity'를 '온전성'으로 번역했다.

는 이유는 그것이 내가 합의한 규칙이기 때문이다. 그러나 내가 왜 이런 규칙을 따라야 하는지 묻는다면, 나는 효용성의 원칙에 호소한다. '규칙 공리주의'(*rule utilitarianism*)*라 불리는 이론이 그러한 원리를 많이 천거했고, 지난 수십 년간 널리 토론되었다. 이 접근의 장점은 분명하다. 이 이론은 우리가 포기하고 싶지 않은 인간의 자율성과 공정한 행동 등이 설 자리를 마련해 주는 것처럼 보인다. 다른 한편 이러한 접근방식은 규칙을 정당화하는 절차로써 공리주의의 장점을 보전한다.

이 이론의 문제점도 잘 알려졌다. 만약 우리가 특정 상황에서 나타나는 결과와 무관하게 항상 이 규칙을 따른다면, 우리는 공리주의 이론의 상당 부분을 유지할 수 없게 된다. 우리는 완전히 다른 이론을 필요로 할 것이다. 반면, 우리가 효용성 이론으로 판단할 때 좋은 결과로 이어지지 않는 모든 경우에 특정 규칙을 희생한다면 '최대 다수의 최대 선'을 제외한 다른 규칙을 가져야 할 필요가 어디에 있단 말인가?

형식주의

정의나 자율성의 원리나 규칙들에 대한 고려는 또 다른 실용적 이론을 가져온다. 여기에서 이런 개념들은 정확히 공리주의와 동의어가 아니다. 이 이론은 공정함 그리고 타인에 대한 공평한 존중을 강조

---

* 〔역주〕 정규 관행으로 어떤 규칙을 따르는 것을, 가령 행복을 얼마나 증진시키는가와 같은 유용성의 원리로 판단하는 것을 뜻한다.

한다. 그 이론은 우리가 도덕적 선택을 할 때 공리주의가 권고하는 방식으로 그들을 이롭게 하는 것 외에도 다른 사람들의 자유와 평등한 지위를 신중하게 고려할 것을 주장한다. 이 관점에서 우리는 단지 더 많은 사람을 위해 더 많은 선을 얻을 수 있다는 이유로 개인의 자유나 평등권을 희생시킬 수 없다.

예를 들어 낙태 문제를 생각해 보자. 이 주제는, 이 책에서도 다루어졌듯이, 인간복제와 줄기세포 연구 모두와 연관된다. 낙태를 보는 하나의 관점은 어떤 낙태 사례가 효용성 원리를 만족시키는지 묻는 것이다. 우리는 아직 태어나지 않은 아이가 출산된 후 충분한 보살핌을 받을 수 있을지에 관해 물어야 한다. 산모가 아기를 키울 것인가 아니면 입양이 현실적 선택인가? 일부 경우에 최선의 판단이 아기의 미래 전망과 사회에 지워질 부담으로 차라리 낙태가 나은 선택이 될 수 있다는 것이다.

또한 어떤 사례에서는 아기를 키우거나 입양시키는 쪽이 효용성 원리를 만족시킨다고 판단하게 될 것이다. 예를 들어, 연관성이 매우 높은 한 가지 요인은 그 아기가 장애를 가지고 태어날지의 여부이다. 대부분 장애는 유전적 이상에 의해 발생한다. 이러한 장애는 공리주의적 계산에 큰 영향을 줄 것이다. 왜냐하면 아기의 미래 행복과 입양 전망에 나쁜 영향을 줄 것이기 때문이다.

낙태 문제를 보는 근본적으로 다른 방식은 아기나 임산부의 권리를 가장 중요하게 고려하는 것이다. 지당한 권리를 가진 사람들의 자유를 최우선으로 생각하면, 공리적 계산이 우리를 어떤 결론으로 이끌든, 임산부의 선택이 가장 중요하다는 결론을 내리게 된다.

다른 한편, 아직 세상에 나오지 않은 태아가 보통 사람과 동등한 지위를 가진다고 확신한다면, 우리는 낙태란 나쁜 것이고 좋은 가정으로 입양시키는 것이 도덕적으로 올바른 선택이라고 결론지을 수 있을 것이다. 마찬가지 방식으로 인간복제도 (태어나지 않은) 인간에 대한 비도덕적 실험으로 간주될 것이다. 이 실험은 태아의 동의를 받지 않았고, 태아에게 어떤 이익도 주지 않을 것이기 때문이다.

농업 소출을 증가시키기 위한 유전 기술의 사용도 효용성 이론이나 그 대안적 관점에 의해 검토될 수 있다. 효용성 이론의 관점에서 우리는 에이커 당 산출량이 어느 정도의 비용으로 증가했는지 물을 수 있다. 정의나 공정함의 관점에서는 형질전환 농업이 빈부격차를 크게 벌일지에 관해 알고자 할 수 있다. 과연 그 농업이 모든 농부와 모든 나라에게 이익을 줄 것인가?, 아니면 그 이익이 세계의 부유한 지역이나 그런 기술을 사용할 경제적 능력이 있는 농부들에게만 주어질 것인가?

앞으로 살펴보겠지만, 자율성과 공평성에 대한 이러한 관심사는 생명공학에 대한 논의에서 결정적 중요성을 가진다. 생명공학이 미치는 불공평한 사회적 영향은 농업생명공학과 식품생명공학에 대한 많은 비평가에게 중요한 관심사이다.

정의에 대한 관심 역시 사람을 대상으로 한 유전자 검사 및 치료에 관한 논의에서 중요한 주제이다. 유전자 검사는 건강보험 가입에서 사람들을 차별하는 데 이용될 수 있다. 어떤 사람들은 이미 알려진 유전적 장애에 대해 보험의 대상이 될 수 없다는 뜻이다. 검사결과로 그들이 건강문제와 상관관계가 높은 유전자 염기서열을 가지고 있다는 것이 밝혀질 경우, 그들은 그 문제와 관련된 보험에 가입할 수 없게 될지도 모른다. 보험이란 위험 분담을 기반으로 하기 때문이다. 즉, 거의 확실하게 알려진 위험의 경우 그 질병에 걸릴 위험이 있는 사람이 모든 치료비용을 지급해야 함을 의미할 수도 있다.

여러 사례에서 이것은 해당 사람의 지급가능한 능력을 넘어선 정도까지 보험료 상승을 초래하거나 해당 보험이 유전과 연관된 문제를 특정해서 포함하지 않게 되는 것을 뜻할 것이다. 어떤 여성이 BRCA-1* '유방암' 유전자 검사에서 양성 반응이 나왔다면, 그 여성은 유방암을 제외한 모든 질병에 대해서만 보험을 들 수 있을 것이다.

정의의 문제도 유전자 치료와 연관해 제기되었다. 특히 유전자 치료가 자손들을 '향상시키는'** 목적으로 사용되는 경우가 그러하다. 이러한 기술은 오직 부유층에게만 혜택이 돌아갈 것이라고 지적되었다. 나아가 이러한 경향은 좋은 조건을 '부여받은' 사람과 그렇지 않은 사람들 사이의 격차를 더욱 벌어지게 할 것이다.

이러한 사례에서 공리주의적 고려는 우리의 결론을 한 방향으로 이끌 것이다. 그리고 정의와 공평성에 대한 고려는 다른 결론을 도출한다. 따라서 도덕적 의사결정의 대안적 원리에 따라 우리는 도덕적 선택을 해야 하는 모든 상황에서 우리의 행동이 가져올 결과가 생명의 부담과 이득의 공평한 분배에 그리고 자신이 선택하는 삶을 살 수 있는 개인의 자유에 어떤 영향을 초래할지 물어보아야 한다.

---

* 〔역주〕 유방암과 연관된 결함 유전자로 알려진 BRCA-1, BRCA-2는 각기 유전에 의한 유방암의 40~50%와 30~40%를 차지하는 것으로 알려졌다.

** 〔역주〕 유전자 치료는 크게 소극적 치료와 적극적 치료로 분류된다. 소극적 치료는 결함이 있는 유전자를 제거/치료하는 경우를 뜻하며, 적극적 치료는 질병 외의 특성을 향상시키는 목적으로 사용되는 경우이다.

덕성이론

우리가 방금 살펴본 실질적인 도덕적 판단에 대한 두 가지 접근방식은 인간행동에 초점을 맞춘 이론들이다. 각 사례에서 우리는 개인의 행동이 그 자신과 다른 사람들에게 미치는 영향이 무엇인지 알고자 한다. 어떤 행동이 타인에게 이로운가? 또는 그 행동이 오히려 사람들의 고통을 증가시키는가? 아니면 자원의 불공평한 배분이나 가난한 사람과 부유한 사람의 격차를 더욱 증가시킬 것인가?

그러나 우리가 이 책에서 궁극적으로 관심을 가지는 것은 우리의 행동이 아니다. 주된 관심사는 우리의 행동이 아니라 우리의 행동을 통해 우리가 무엇이 되는가 하는 것이다. 그것은 단지 이익이 아닌 덕성에 초점을 맞추는 도덕이론이다. 이처럼 품성에 대해 관심을 가지는 도덕이론은 기원전 4세기의 아리스토텔레스까지 거슬러 올라간다. 그의 《니코마코스 윤리학》(*Nicomachean Ethics*)은 지금까지도 많은 사람에 의해 단일 저서로서 가장 위대한 윤리학 저서로 간주되고 있다.

최근 이 이론은 정의 규칙에 기반을 둔 윤리학과 구별되어 배려의 윤리학을 수립하는 데 관심을 가지는 많은 학자에 의해 부활하고 있다. 이러한 접근방식의 윤리적 강조는 정의 규칙이 요구하는 것보다 여러분 자신에게 부여하는 품성의 특성이나 자비심의 덕성에 초점을 맞춘다.

덕성(德性)이론은 거의 항상 '인간'에 대한 이해를 기반으로 한다. 가장 전형적인 주장은 인간 본성이란 그것을 완벽하게 하거나 풍부하게 만드는 어떤 품성(品性)이라는 것이다. 이 관점에 따르면 인간은 긍휼(*compassion*), 용기 또는 자제심과 같은 특정한 품성을 채택할 때 번성할 수 있다. 따라서 무절제나 극단적 이기심과 같은 관행을 받아들이면 번성할 수 없다.

덕성의 정확한 의미가 무엇인지는 아직도 논쟁 중이다. 그러나 우리는 그것을 품성의 특징이나 행동 습관으로 받아들일 때 가장 잘 이해할 수 있다. 어떤 선택을 해야 하는 순간, 우리는 타인을 먼저 배려하는 식으로 행동하는 습관을 가져야 한다는 말을 듣곤 한다. 덕성이론과 정의와 효용성 이론의 차이를 이해하기 위해 다시 한 번 낙태의 사례를 생각해 보자. 공리주의 이론가들은 여성이나 아직 세상에 나오지 않은 태아의 권리가 우선한다고 주장할 것이다. 덕성이론가들은 낙태에 대한 손쉬운 접근의 관행이 그와 연관된 사람들(즉, 당사자인 여성, 그녀의 남자 상대자, 의사 등)의 품성에 어떤 영향을 주는지를 물을 것이다. 덕성이론가들은 특정 상황에서 낙태가 옳은지의 문제보다는 낙태라는 실행이 우리에게 어떤 영향을 미치는지에 더 관심을 갖는다.

앞에서 검토한 다른 두 가지의 실질적 윤리이론처럼 분명하지는 않지만, 덕성이론에 내재된 개념들은 생명공학을 둘러싼 논쟁에서도 찾아볼 수 있다. 줄기세포 연구에 대한 토론의 경우가 가장 두드러진다. 이 주제는 낙태와 연관되며, 덕성의 문제를 포함할 수도 있다. 그러나 동물과 인간복제뿐 아니라 농업생명공학도 품성 문제와 연관된다. 생명공학 비평가들 중 상당수는 농업 분야의 생명공학을 세계에 대한 인간의 지배 과정으로 본다 — 그것은 그들이 좋아하지 않는 품성의 특징이다. 그들은 항구적인 유전적 변화가 인간의 일부가 다른 인간과 자연에 대한 권력 의지를 명백히 드러내는 것이라고 믿는다. 인간성에 대한 유전적 향상 또한 권력과 지배에 관한 위험한 문제이다. 이러한 방식으로 덕성의 윤리이론은 생명공학의 문제와 연관된다.

실질적인 도덕문제에 대한 분석

이 책은 인간 삶의 구체적 영역에서 나타나는 실질적 주제들에 초점을 둔다. 여기에 실린 글들은 여러분에게 이러한 실질적 문제들에 관해 생각하고 그와 연관된 주장과 반론을 분석하도록 요청할 것이다. 실질적인 도덕문제에 대한 불일치와 잠재적 일치가 무엇인지 분석하기 위해서는 그 불일치의 근원을 세심하게 살펴볼 필요가 있다. 하나의 불일치는 특정 사례에 적용할 가장 바람직한 도덕규칙이나 이론이 무엇인가를 둘러싸고 빚어질 수 있다. 한 저자는 공리주의자일 수 있고, 다른 저자는 인권이나 인간의 존엄성을 주장하는 이론가일 수 있다.

그러나 이러한 불일치가 반드시 도덕이론에 대한 불일치일 필요는 없다. 논의하는 문제나 사례의 사실을 둘러싼 의견 차이일 수도 있기 때문이다. 두 사람 모두 공리주의를 받아들이지만 특정 상황에서 어떻게 행동해야 할지를 놓고 심한 논쟁을 벌일 수 있다. 그들은 이 사례에 공리주의가 적용되는 사실은 무엇인가에 대해 의견을 달리 할 수 있다. 또한 어떤 행동에 의해 비롯되는 고통의 강도나 지속되는 시간에 대해 의견을 달리할 수도 있다. 예를 들어, 의학연구에 동물을 사용하는 문제는 이 책의 후반부에서 다루어질 주제이다.

어떤 사람은 동물이 앞으로 자신에게 일어날 일을 예상하면서 고통받고 자신이 상실한 것에 대해 슬퍼한다고 믿을 수 있다. 일반적으로 사람은 익숙지 않고 비좁은 환경에서 공포를 느끼며, 어떤 조건에서 자신의 삶에 대한 계획이 좌절되거나 지연될 때 오는 좌절감으로 고통을 받는다. 그러나 낯선 환경에 대한 공포와 계획이 좌절된 데 따른 낙담은 그 사람이 처한 상황에 대한 복잡한 인지적·정서적 반응으로 보인다. 이러한 반응은 고통에 대한 단순한 물리적 반응보다 훨씬 복잡하다. 낙담은 주관적으로 가치가 부여되는 '삶의 계획'이라는 개념을 미리 가정하는 것으로 보인다. 설령 그 계획이 널리 공유되지 않고, 그것을 추구하는 데 상당한 노력이 경주된다고 하더라도 말이다.

공리주의를 철저하게 받아들이는 사람들 중에는 동물이 이런 식으로 고통을 느낄 인지적 능력을 가지는지에 대해 다른 사람들과 견해가 다를 수 있다. 어떤 사람은 고등한 인지능력을 가진 동물이 고통을 느끼며, 따라서 쾌락도 느낄 것이라는 데 쉽게 동의할 것이다. 또 어떤 사람은 동물이 성취의 즐거움이나 실연의 슬픔을 느낀다는 데 대해 강하게 반발할 것이다. 따라서 두 저자는 의학실험을 통해 인간이 면하게 되는 고통과 그 과정에서 동물이 받는 고통의 상대적 비중에 대해 심한 의견 차이를 낳는다. 한 저자는 동물의 고통은 정신적 번민이나 상실에서 비롯된 것이 아니라 단지 물리적 통증의 결과라고 본다. 반면 다른 저자는 의견이 다르며, 고등동물의 복잡한 의식을 그 근거로 제시한다.

또 다른 저자는 영장류가 이러한 의식을 가지고 있으며, 따라서 어떤 실험에서든 고등동물을 사용하는 것은 잘못이라는 주장에 동의한다. 반면 이 저자는 쥐는 그런 신경구조를 갖지 않기 때문에 공리적 목적으로 쥐를 실험에 사용하는 것은 받아들일 수 있다고 주장할 것이다.

이러한 의견 차이는 그에 수반되는 도덕이론에 대한 것이 아니라 그 이론이 사용되는 세계에 대한 관점 차이에서 기인한 것이다.

마지막으로 실질적인 사례나 문제에 대한 불일치의 근원은 우리가 의사종교적(*quasi-religious*) 신념이라 부르게 될 무엇에 들어 있다. 그 신념을 지칭할 더 나은 용어가 필요하지만, 많은 사람은 종교적 전통의 충실한 구성원이 됨으로써 그것을 받아들인다. 누구나 그런 신념을 가지며, 그것을 종교적 전통에서 이끌어 낼 필요도 없다.

예를 들어, 나는 건강이나 복지의 특정한 척도가 부모가 모두 있는 가정의 아이가 한 부모 가정의 아이보다 더 낫다는 것을 시사하는지 물을 수 있다. 이 물음에 대한 답을 찾으려면 나는 다양한 경험 근거들에서 나오는 데이터를 연구해야 할 것이다.

그러나 가령 우리가 여성은 아내, 어머니, 그리고 가정주부가 되어야 하고 나머지 모든 일은 남편에게 맡겨야 한다고 주장한다고 가정하자. 이러한 주장은 사실적 반대를 둘러싼 논쟁이나 도덕적 원리에 대한 호소가 아니다. 우리는 여성이 집을 벗어나 일을 하지 않으면 더 행복해지거나 아이들에게 문제가 덜 발생할 것이라는 주장을 하는 것이 아니다. 더구나 우리는 어떤 도덕원리가 특정 행동방식을 요구한다고 말하는 것도 아니다. 우리는 아이들이 일하는 어머니를 갖지 않을 권리가 있음을 주장하려는 것도 아니다. 단지 우주적(*cosmic*)* 근거들을 기반으로 특정 생활양식이 선호된다는 것을 말하고 있다.

또 다른 사례는 영혼재래설(*reincarnation*)에 대한 믿음에서 찾아볼 수 있을 것이다. 이 믿음을 가진 사람들은 영혼을 복제할 수 없다는 이유로 복제에 반대하고, 복제를 본질적으로 불완전하고 제한된 것이라고 생각한다. 영혼재래설은 도덕원칙이 아니라 믿음이고, 누군가가 복제를 승인할지의 여부에 영향을 주지 않는다.

일반적으로 우리는 이러한 의사(疑似)종교적 신념이 자연을 구성하는 것이 무엇인지, 그리고 위해가 무엇인지에 대한 우주적이고 비경험적인 관점을 준다고 말한다. 자연의 도덕원리 근거는 자연이란 무엇인가에 관한 견해를 수반할 것이다. 일반적으로 자연은 우리 자신과 주변에서 세계에 대해 경험적으로 관찰되는 모든 것을 지칭한다. 그러나 그것은 흔히 경험적인 자연을 우리가 관찰할 수 있는 것 이상의 무엇인 우주적 전체와 연결하는 초경험적 신념들과 밀접하게 연관된다. 모든 도덕적 결정에 포함되는 이 3가지 요소는 여러분이 특정한 주제를 둘러싼 실제 논쟁과의 의견 불일치가 무엇인지 밝혀내는 데 도움을 줄 것이다.

예를 들어, 유전자가 변형된 생물체를 농업에 이용하는 문제에 대한 논쟁을 살펴보자. 이 주제 일반과 특정 상황에서의 문제들에 대해 결정을 내리려면, 유전학의 사실들과 그것이 특정 상황에서 이용될 특정 생물체에 관한 사실에 관해 이해할 필요가 있을 것이다. 그리고 우리는 자연에 내재한 선에 대한 이론이나 공리주의 이론과 같은 특정 도덕이론을 채택할 필요가 있다. 또한 우리는 실질적 판단에서 자연과 인간의 궁극적 특성에 대한 의사종교적 관점을

* 〔역주〕 경험적 근거가 아닌 의사종교나 종교의 우주관에 기초한다는 의미다.

전제하게 될 것이다.

구체적 사례를 들면 다음과 같다. 특정 상황에서 식물의 성장을 돕기 위해 토양에 유전자 변형된 박테리아를 도입하는 계획을 세운다고 가정하자. 그 박테리아는 질소고정을 늘려 식물 성장을 촉진할 것이다. 결정을 내리기 위해 우리는 우선 이 특정 박테리아에 대한 사실을 평가할 필요가 있다. 또한 우리는 그 박테리아가 흙에서 어떻게 기능하는지 그리고 그것이 도입될 토양과 영향을 줄 식물을 대상으로 한 실험실 테스트에서 어떻게 기능하는지에 관한 얼마간의 데이터가 필요할 것이다.

둘째, 우리는 어떤 도덕이론을 적용할 필요가 있을 것이다. 아마도 이 사례에서는 공리주의 이론이 가장 적용하기 쉬운 이론일 것이다. 이 사례에서 우리는 토양 속의 생물체에 미치는 장기와 단기 영향에 대해 알 필요가 있을 것이다. 그것이 식물의 성장, 동물의 섭식, 농부들, 해당 영역의 방목자들에게 어떤 영향을 주는가? 장기와 단기의 영향은 어떠한가? 그 박테리아를 사용하지 않는 재배자들에게 어떤 문제를 유발할 우려는 없는가? 그것이 소출은 증대시키지만, 물의 사용과 제초제나 살충제 사용량을 증가시키지는 않는가? 이런 종류의 데이터들은 생명공학의 농업적 이용을 위한 효용성 계산에서 중요할 것이다.

세 번째, 자연과 자연에 미치는 해에 대한 배경 신념(*background belief*)에 대해 태도를 분명히 할 필요가 있을 것이다. 자연은 정지해 있는가? 자연은 움직이는가? 누군가가 우리 주변의 자연이 신이거나 최소한 신의 거처라고 믿는다고 가정해 보자. 우리는 생명공학의 특정한 이용에 대한 사실을 두고 다른 사람과 의견이 일치할 수 있다. 또한 우리는 어떤 도덕이론의 채택에 대해서도 동의할 수 있다. 그러나 만약 우리가 살아 있는 자연이 신이라고 믿는다면, 생명공학을 이용해 그것을 의도적으로 변화시키는 것은 옳지 않은 일이거나 어리석거나 불가능한 일이 될 것이다. 신을 변화시킬 수는 없기 때문이다. 따라서 비도덕적 근거에서 농업생물학에 반대하는 사람도 있을 수 있다.

여러분은 이 책에 실린 글을 읽으면서 마음속에 실질적인 의사결정의 이 3가지 요소를 상기하면 많은 도움이 될 것이다. 논쟁의 지점이 어디인가? 다양한 주제에 대해 의견 불일치가 나타나는 원천은 무엇인가? 그것은 사실에 대한 것인가, 아니면 도덕이나 형이상학을 둘러싼 것인가? 그 논쟁은 형이상학이 좀더 명료해지면 해결될 수 있는가, 아니면 그 문제에 대해 좀더 다양하고 나은 정보를 얻음으로써 풀릴 수 있는가?

제 1 부

윤리와 생명공학의 근본 주제들

생명공학이 주는 손익

서문에서 언급했듯이, 모든 인간행동에 유관한 것처럼 보이는 물음은 무척 단순하다. 그것은 "그 결과가 무엇인가?"이다. 만약 우리가 어떤 행동을 하거나 하지 않는다면 무슨 일이 일어난다고 믿는가? 그리고 우리는 어떻게 이 측면에서 미래에 대한 우리의 예측에 관해 확신할 수 있는가? 이것은 결과론적이며, 우리가 앞에서 살펴본 윤리에 대한 공리주의적 접근방식이다.

생명공학처럼 새롭고 낯선 기술과 연관하여 긍정적·부정적 결과에 대한 평가는 흔히 우리가 이 세계에 대해 가지고 있는 그 밖의 더 일반적인 믿음에 크게 의존한다. '나를 받아들이라'고 적힌 녹색 깃발과 함께 갑작스레 나타나는 신념이란 없다. 우리가 세계에 대해 가지는 모든 신념은 다른 신념들에 의존한다. 우리는 보통 이런 물음을 제기하지 않는다.

"내가 이 세상에서 유일한 사람인가?"

"왜 우리 주위의 세계는 단지 꿈이 아닌가?"

특정한 타인에 대한 우리의 신념은 우리 외에 다른 사람들이 존재한다는 그 밖의 일반적 신념에 의존한다. 우리가 유전자 변형식품과 같은 생명공학의 특정 분야나 생명공학 일반과 같은 새로운 인간 활동을 평가할 수 있게 하는 것은 일반적인 종류의 신념과 그 밖의 다른 신념이다. 가령 어떤 사람에게 닥칠 수 있는 위해(危害)의 가장 기본적인 종류가 무엇인지 그리고 이 세계가 얼마나 위험한지 등이 그런 예에 해당한다.

최근 들어 생명공학과 같은 여러 가지 신기술이 유발할 수 있는 결과들에 대한 논의는 기술영향평가(*technology assessment*)에 대한 공통된 공리주의적 접근방식(어떤 행동이 최대 다수에게 최대 행복을 가져다줄 것인가)에 의해서만이 아니라, '사전예방 원칙'이라고 알려진, 행위의 결과에 대한 새로운 고려에 의해서도 영향을 받았다. 이러한 원칙은, 국제조약에서까지, 생명공학에 폭넓게 적용되어 왔기에 우리는 이 서문의 말미에서 그 원칙에 대해 살펴볼 것이다.

배경 신념

생명공학과 같은 활동의 결과에 대한 평가가 진공 속에서 이루어지는 일은 없을 것이다. 우리 모두는 인간 본성, 세계 전체, 그리고 우주적 기획 속에서 인간이 차지하는 자리에 대한 여러 가지 믿음을 가지고 있다. 우리는 회의적인 무신론자일 수도 있지만 무신론 역시 더 넓은 우주에서 인류가 차지하는 위치에 대한 하나의 신념 집합이다. 생명공학에 대한 공공 평가를 고려하기 위한 목적이라면, 다른 생물들의 세계 또는 여러분이 원한다면, 자연 세계와의 관계에서 인간에 대한 신념과 가장 연관성이 클 것이다.

정치학자 아론 윌더브스키(Aaron Wildavsky)는 인간과 자연 세계에 대해 매우 유용한 유형학을 개발했다. 이 유형학은 생명공학에 대한 우리의 관점에 강한 영향을 미치는 우리의 신념을 분류하는 데 사용될 수 있을 것이다. 넓은 맥락에서 이 배경 신념들은 다음의 4그룹으로 분류될 수 있을 것이다.

기술낙관론*

이 관점을 채택한 사람들은 절반 남은 물잔을 보고 '아직 절반이나 차 있다'고 보는 낙관적인 사람들이다. 그들은 자연을 미래에도 계속 유지될 수 있을 만큼 풍부한 곳으로 본다. 석유가 고갈되면 청정한 석탄기술이 개발될 것이다. 석탄마저 희귀해져 값이 치솟고 불안해지면, 그때에는 다시 태양력과 같은 다른 기술이 개발될 것이다. 이런 사람들은 인류가 번성하기 위한 수단으로 개인의 천재성을 믿는 경향이 있다. 생명공학에 대해 그들은 더욱 나은 세상을 만드는 과학적 창조성에 관해 강한 낙관론자들이다.

관용론

이들은 자연과 기술에 대해 약한 낙관론의 경향을 띤다. 그들은 자연이 번성을 위한 인간들의 노력에 관용적이라고 본다. 우리는 번성할 수 있지만, 다만 신중하고 조심스럽게 행동할 때에만 그러하다는 것이다. 이런 생각을 가진 사람들은 박애(博愛)라는 약속으로 문제를 속이려 들지 않는다. 그러나 그들은 신기술도 회피하지 않는다. 그들은 문제를 신중하게 연구하고 어떤 종류의 기술이 장려되어야 할지에 관해 전문가들에게 판단을 의뢰하기를 좋아한다. 생

---

* 〔역주〕 환경사회학자 스티븐 코트그로브(Stephen Cotgrove)가 사용한 표현으로 기술만능주의나 기술낙관주의를 지칭하는 말이다. 그는 환경문제가 과학기술의 발전으로 충분히 극복될 수 있을 것이라고 말했다.

명공학과 관련해서 개인적 창조성을 원하는 사람들은 대중에게 책무를 지는 전문가들에 의해 신중하게 감시되어야 한다고 주장한다.

취약함

이 입장을 취하는 사람들은 약한 비관론자들이다. 그들은 이 세계가 인간 문명과 생태계 사이에서 취약한 균형을 이루고 있다고 본다. 그들은 신기술에 대해 기술안전 평가만으로는 불충분하다고 주장한다. 기술이 어떻게 인간 세계를 변화시키는지 알 필요가 있다는 것이다. 즉, 기술이 삶의 패턴을 어떻게 바꾸고, 공동체를 어떻게 파괴하며 세계의 자원에 대한 불평등한 접근을 초래하는지 그리고 그것을 어떻게 지속시키는지 등에 대해 알아야 한다는 것이다. 예를 들어, 기술이 초래하는 심각한 불평등은 인구 증가의 핵심적 요인 중 하나일 것이며, 그것이 다시 생태계에 더 큰 압박을 가하고 그로 인해 더 큰 빈곤을 낳는 악순환이 반복된다는 것이다.

생명공학에 대한 관점에서 이들은 다음과 같은 특징을 가진다. 그들은 토착 농업의 사회적 붕괴, 그리고 지역 공동체의 통제가능성을 넘어선 거대기업 구조를 통한 생산 등을 깊이 우려한다. 그들은 단지 생명공학이 물리적으로 안전한지에 대해서만이 아니라 그것이 식량과 농업의 공평한 배분과 지역적 통제로 이어질 것인지에 대해서도 알고자 한다.

파국론

이들은 생명공학에 대해 가장 적대적이다. 흔히 그들은 신기술의 영향을 파국적인 것으로 본다. 그것은 생물, 무생물, 그리고 인간 세계 사이의 심층적인 자연적 균형에 대한 좀더 보편적 관점에서 기인한다. 물리적 · 사회적 그리고 심지어는 영적 요소들로 이루어지는 '심층 생태'는 깨지기 쉬운 균형을 이루고 있으며, 우리는 지극히 작은 부분만을 이해하고 있을 뿐이다. 생명공학처럼 항구적으로 생명을 변화시키는 기술은 이러한 균형을 깨뜨릴 수 있으므로 위험하다.

우리는 이 책에 실린 여러 편의 글에 투영된 4가지 입장을 살펴볼 것이다. 1부에 포함된 두 편의 글은 이 점에서 사뭇 다른 입장이다. 헤타 헤이리는 분명 온건한 낙관론자다. 그녀는 신중하고 전문적으로 이용된다면 생명공학이 인류에게 혜택을 주리라고 믿는다. 반면 론 엡스테인은 생명공학에 대해 그녀보다 훨씬 적대적이다. 어떤 문장에서는 온건한 비관론자처럼 보이지만, 다른 곳에서는 훨씬 더 비관적 색조를 띤다. 가령 '지구상의 생명에 대해 유전공학이 가하는 치명적 위협'과 같은 표현이 그런 경우이다.

우리의 분석에서 이 두 가지 입장이 — 온건한 낙관론과 심각한 비관론 — 생명공학에 대한 필자들의 태도에서 지배적인 것처럼 보인다. 비판적인 글에서 생명공학에 대한 심각한 우려가 표현되는 한 가지 방식은 '사전예방 원칙'이라고 불리는 결과론의 수정판을 통해서이다. 사전예방 원칙은 국제연합(UN)을 비롯해서 유럽공동체와 같은 그 밖의 기구들이 발표한 여러 차례의 국제환경선언에서 폭넓게 채택되었다. 특히 생명공학과 관련해서 '바이오 안전성 의정서'*라 불리는 국제조약에서 다음과 같은 문구로 채택되었다.

> '유전자변형 생물체'(LMOs)가 수입 당사국의 생물다양성 보존과 지속 가능한 사용에 미치는 잠재적 악영향과 연관된 과학정보와 지식의 불충분함으로 인해 과학적 확실성이 부족하더라도, 그와 아울러 사람의 건강에 미치는 위험까지 고려할 때, 당사국이 … 그러한 잠재적 악영향을 피하거나 최소화하기 위해 유전자변형 생물체의 수입에 대해 적절한 입장을 취하는 것을 방해해서는 안 된다.

다시 말해, 설령 특정 정부가 유전자변형 생물체에 어떤 위험이 있다고 판단하는 것만으로도 그 생물체(예를 들어, 식물)의 수입을 금지할 수 있으며, 그 조치가 일반 자유무역규정을 위배하지 않는다는 뜻이다. 이러한 원리를 주창하는 사람들은 '유비무환'(有備無患)이라는 일상적인 속담을 형식화한 것이라고 본다. 그들은 많은 기술의 잠재적 악영향 때문에 설령 해당 기술과 위해 간의 인과관계가 충분히 밝혀지지 않더라도 '사전예방 조치들'이 충분한 근거를 가진다고 믿는다. 생명공학에 포함되지만 생명공학에만 국한되지 않는 분명한 정식화가 1998년의 윙스프레드 선언**에 잘 나타난다.

> 어떤 활동이 환경이나 인간 건강에 심각한 위해를 초래할 위험이 있다면,

---

* 〔역주〕 Cartagena Biosafety Protocol. 2000년 1월 생물다양성 협약 특별당사국 회의에서 채택된 것으로 유전자조작 생물체의 안전성을 확보하기 위한 당사국들의 의무를 규정했다. 우리나라는 2000년 9월 서명했다.

** 〔역주〕 Wingspread Statement. 1998년 미국의 보건·환경에 관한 NGO 활동가 및 과학자 등이 참여한 회의에서 채택된 사전예방원칙에 관한 선언이다.

비록 일부 인과관계가 과학적으로 충분히 밝혀지지 않더라도 사전예방 조치를 취해야 마땅하다.

윙스프레드 선언에 기초한 사람들의 입장에 따르면, 사전예방 조치는 잠재적으로 위험한 활동을 제안하는 사람들에게 그것이 실제로 안전하다는 것을 증명하거나 그 방도 외에 더 안전한 대안이 존재하지 않음을 입증하도록 요구해야 한다. 이것은 위험에 반하는 결과론으로 간주될 수 있을 것이다. 즉, 그로 인해 얻을 수 있는 이득보다 발생가능한 위험을 더 중시하는 관점인 셈이다. 생명공학의 경우, 생명체에 가해지는 변화가 항구적이거나 되돌릴 수 없기 때문에, 일부 사례에 적용될 수 있다. 특히 열려 있는 생명계에 변화가 가해지는 농업생명공학이나 식품생명공학의 경우가 그러하다.

일반적으로 사전예방 원칙의 옹호자들은 지구 온난화, 오존층 파괴, 그리고 과거에 화재 절연재로 사용되었던 석면처럼 장기적이고 그로 인한 위해가 분명히 드러나지 않은 위해를 그 사례로 생각한다. 그들은 어떤 기술을 받아들이기 전에 훨씬 세심한 검토가 이루어질 것을 요구한다. 어떤 학자가 말했듯이, 사전예방 또는 '위험회피'는 불완전한 정보에 직면해 신기술에 접근할 때 반드시 채택되어야 하는 '의무사항'이라는 것이다.

그렇다면 이것은 표준 공리주의적 판단과 다른가? 다를 수 있다는 생각이 과연 옳은 것인지 의문을 품을 수 있다. 만약 위해가 충분히 크고 항구적이라면, 공리주의적 분석은 타당하다. 그러나 위해가 치명적이고 되돌릴 수 없는 것이라면 왜 굳이 그 위해를 회피하고 완화시켜야 하는가? 왜 그것이 신기술에 대한 합당한 공리주의적 판단의 일부가 되지 말아야 하는가?

과거에는 우리가 생명공학의 잠재적 위해를 충분히 신중하게 고려하지 않았을 수도 있다. 그렇다면 불가능한 안전 입증을 요구하는 원리를 채택하거나 이익의 전망보다 심한 위해가능성을 고려하는 것처럼 보이는 원리를 채택하는 것이 그에 대한 답일까? 우리는 기술평가를 할 때, 그 위해를 좀더 신중하게 고려해야 한다. 그러나 그 기술이 줄 혜택보다 부정적 영향을 더 중시하는 식으로 편향된 평가를 하는 것은 합당하지 않을 것이다.

사전예방 원칙을 주장하는 사람들은 흔히 신기술의 이용을 회피하거나 지연시켜, 발생하는 부정적 영향을 간과하는 경향이 있다. 만약 형질전환 작물이 에이커 당 수확량을 증대시킨다면, 그 기술의 사용을 늦추는 것은 기아와 영양실조에 대한 해결책에 부정적 영향을 미칠 것이다. 형질전환 돼지의 장기가 사람에게 이용될 수 있다면, 그 기술의 사용을 지연시키는 것은 장기이식자 명단에 올라있는 대기자들에게 심각한 부정적 영향을 미칠 것이다. 이러한 부작용들은 신기술에서 빚어질 수 있는 위해의 위험과 균형을 이루어야 한다.

이 점은 유럽공동체가 채택한 '사전예방 원칙에 대한 통신문'*에 잘 강조되어 있다.

장기적 · 단기적 측면에서 공동체 전체의 관점으로 예견된 활동과 비활동

* 〔역주〕 Communication on the Precautionary Principle. 2000년 2월 유럽공동체위원회는 위험관리정책에 사전예방원칙을 통합시키기 위한 작업의 일환으로 이 통신문을 채택, 유럽차원의 논의를 본격화했다.

이 초래할 수 있는 가장 가능성이 높은 긍정적 · 부정적 결과 사이에서 모든 비교가 이루어져야 한다.

우리는 이것이 가장 합리적인 입장이며, 고전적인 공리주의 이론과 거의 구분할 수 없음을 발견하게 된다.

제 1 장

유전공학의 결과를 어떻게 평가할 것인가•

헤타 헤이리*

생명공학과 유전공학을 비난할 본질적인 윤리적 근거가 없다고 가정한다면,[1] 이런 활동의 도덕적 지위는 예견되는 결과에 대한 평가와 사정에 의해서만 결정될 것이다. 이론상으로 이러한 평가는 적용이 너무 어렵기 때문에 안 된다. 유전자접합기술의 이익과 손실이 이미 충분히 알려졌기 때문이다.[2] 그러나 실제 상황은 다르다.

• 이 글의 출전은 다음과 같다. 저자들의 허락을 얻어 재수록했다. J. Harris and A. Dyson, *Ethics and Biotechnology* (London: Routledge, 1994). 논문 형식을 개선해 준 데 대해 헬싱키대학 강사 마크 쉐클턴에게 감사드린다.

* 〔역주〕 Heta Hayry. 헬싱키대학 철학과 교수로 연구분야는 의료윤리학과 생명윤리이며, 《의료부권주의의 한계》(*Limits of Medical Paternalism*) 등의 저서가 있다.

1) 다음 문헌을 참고하라. M. Hayry, "Categorical Objections to Genetic Engineering: A Critique", in J. Harris and A. Dyson eds., *Ethics and Biotechnology* (London: Routledge, 1994).

첨단 분자생물학의 적용에 따른 실제 결과는 그 적용이 이루어지는 사회적 · 정치적 배경에 따라 달라진다. 인간 집단마다 사회적 · 정치적 삶의 구조와 그 동역학에 대해 저마다 다른 견해를 가지고 있어, 이 집단들이 재조합 DNA 기술의 발전이 야기하는 결과에 대해 다른 의견을 가지는 것은 불가피하다.

이 글을 쓰는 의도는 먼저 유전공학의 주요 결과들을 분류하고 그것을 분석하며, 그것이 차지하는 비중을 둘러싸고 많은 논쟁이 벌어지는 주요 이념 요인들을 살펴보는 것이다. 나는 생명공학 지지자와 반대자들이 주장한 생명공학의 다양한 이익과 손해를 개괄하면서 이 글을 시작하려고 한다. 그런 다음, 유전공학이 미치는 영향이 평가될 수 있는 여러 가지 방식들을 고찰할 것이다. 그것은 판단자에 내재한 낙관론이나 비관론의 강도에 따라 달라질 것이다.

유전공학이 주는 이점

생명공학 지지자의 관점에서 그 이익은 의학, 약학, 농업, 그리고 식량 산업에 대한 실질적이고 잠재적인 기여 그리고 우리의 자연환경 보전에 있을 것이다. 의학과 보건의 영역에서 가장 광범위한 영

---

2) 이익과 불이익에 대한 균형 잡힌 설명에 대해서는 다음 글을 보라. P. Wheale and R. McNally, *Genetic Engineering: Catastrophe or Utopia?* (Hemel Hempstead: Wheatsheaf, 1988); P. Wheale and R. McNally eds., *The Bio-Revolution: Cornucopia or Pandora's Box?* (London: Pluto, 1990).

향은 인간유전체의 물리적 지도작성(*mapping*)에서 시작된 것으로 보인다. 그것은 아직도 유아기를 벗어나지 못하고 있지만, 이후 여러 가지 발전을 가능하게 할 수 있는 열쇠이다.[3] 유전자에 대한 정확한 지식은 진단과 치료에서 이루어지는 여러 가지 예측가능한 진전의 전제조건이며, 유전 질병의 예방을 위한 중요한 요인이기도 하다. 또한 인간의 전반적인 유전적 향상을 위해서도 반드시 필요하다. 이러한 지식을 얻을 수 있다면, 미래에 부모가 될 사람들은 결함 유전자를 철저히 조사해, 그 결과에 따라 유전적 후손을 낳을 것인지에 대해 조언을 얻을 수 있을 것이다. 또한 태아 진단의 여러 가지 혜택에 대한 정보도 얻을 수 있을 것이다.

이러한 이점 중 하나는 적절한 진단을 통해 태아에게 나타나는 단순한 단일 유전자 질병을 찾아낼 수 있다는 것이다. 이런 질병은 당사자가 평생 동안 언제든 체세포 유전자로 치료 가능하다. 또 다른 가능성은 조기 진단으로 배아(*embryo*) 생식세포 유전자 치료가 가능한 좀더 복잡한 질병을 발견할 수 있다는 점이다. 이런 종류의 태아 치료는 이들 질병이 후손에 이어지지 않을 것임을 의미하기도 한다. 설령 고칠 수 없는 유전적 결함이라도, 그 정보는 미래의 부모들에게 선택적 낙태를 할 것인지 아니면 의도적으로 장애아를 출산할 것인지에 관한 숙지된 선택을 가능하게 한다.

미래에 실현가능한 유전공학의 의학적 적용은 태아 진단과 치료에 그치지 않는다. 체세포 치료는 단일 유전자 이상으로 인한 유전

---

3) 다음 문헌을 참고하라. S. Kingman, "Buried Treasure in Human Genes", *New Scientist*, July 8, 1989; reprinted in *Bioethics News* 9(1990) : 10-15.

병으로 고통받는 성인 환자들에게 도움을 줄 수 있을 것이다. 또한 복수의 유전자가 관여하는 유전병도 발병 위험이 높은 집단에 속하는 사람들에게 건강 교육을 실시해서 발병 위험을 줄여 줄 수 있을 것이다. 나아가 유전자 지도작성이 고용주나 보험회사뿐 아니라 시민 개인에게도 유용함이 입증될 것을 고려한다면 유전공학이 주는 순전한 의학적 이득은 더욱 커질 것이다. 많은 비용을 초래하는 고용과 보험 정책의 시행착오는 최종 결정 이전에 입사지원자나 가입희망자들의 발병과 조기사망가능성을 면밀히 검토함으로써 극복될 수 있을 것이다.

유전자 치료와 유전상담* 은 사람의 유전자 구조에 관한 고도의 지식을 요하는 활동이다. 그러나 인간 이외의 다른 생물에 대한 유전자 조작도 사람에게 이익을 주기 위해 채택될 수 있다. 예를 들어, 유전자접합기술을 약학과 결합시킬 경우, 미래에 새로운 진단법과 암이나 에이즈처럼 아직 불치병으로 분류되는 질병의 백신이나 치료제를 개발할 수 있을 것이다. 생명공학의 농업적 이용에는 스스로 살충제를 생성하는 식물 개발이 포함된다. 낙농가의 경우에는 유전자 조작된 암소로 보통 암소보다 더 많은 양의 우유를 생성하고, 적절한 조작을 통해 젖당 불용성으로 고통받는 사람들도 우유의 단백질을 소화할 수 있게 해줄 것이다. 그 밖의 식량 생산에서도 생명공학은 바닐라, 코코아, 야자유, 팜유, 그리고 설탕의 대체

* 〔역주〕 유전성 질환이나 선천성 이상, 그 외의 유전자 연구 및 검사 분야에서 환자나 그 가족에게 적절한 의학정보를 제공하고, 그와 연관된 사회적 · 윤리적 · 심리적 문제 등을 상담해 환자나 그 가족이 자율적으로 의사결정을 할 수 있도록 지원하는 임상실천과정이다.

물과 같은 식품에 적용될 수 있을 것이다.

그리고 생명공학은 날로 증가하는 환경문제에 대한 해답도 제공해 줄 수 있을 것이다. 가령 유전자가 조작된 박테리아가 독성화학물질이나 그 밖의 산업폐기물이나 도시쓰레기를 중화시키는 데 이용될 수도 있다.

유전공학이 초래하는 불이익

반대자들의 관점에서, 생명공학의 폐해는 여러 사례에서 그 이익으로 추정되는 지점들과 긴밀하게 연관되어 있다. 유전공학에 반대하는 효과적 전략은 이 분야의 거의 모든 발명 및 개발과 결부된 비용과 위험 요인에 관심을 집중시키는 것이다.

일반적인 비판은 재조합 DNA 기술의 적용에 엄청난 비용이 들어간다는 것을 지적하면서 시작될 수 있다. 매년 각국 정부와 다국적 기업들이 생명공학 연구와 개발에 쏟아 붓는 비용은 수백만 파운드에 달한다. 이 기술에 반대하는 사람들은 가령 이러한 자원이 제 3세계에 대한 국제적 지원과 같은 분야에 할당된다면 인류를 위해 훨씬 큰 역할을 할 수 있을 것이라고 주장한다. 또 다른 문제는, 설령 과학자들의 좋은 의도에서 시작되었다는 데에는 의심의 여지가 없더라도, 유전공학의 실질적 적용이 종종 매우 위험하다는 것이다.

질병에 내성(耐性)을 가지거나 스스로 살충제를 분비하는 식물의 예를 들어보자. 이처럼 매우 가치 있는 물질을 생산하는 데 이론적으로는 아무런 장애가 없지만, 화학살충제도 판매하는 기업의 경우, 해충에는 무방비 상태이지만 독성화학물질에는 높은 저항력을 가진 또 다른 유전자조작 식물을 시장에 내놓는 것을 선호할 것이다. 이러한 정책은 농업, 특히 제 3세계 농업에 위험한 화학물질 사용을 증가시키는 결과를 초래할 것이다. 따라서 그 결과는 이 기술을 지지했던 사람들의 예상과는 정반대가 될 수 있다.

그뿐 아니라 유전자조작 작물은 현재 재배 중인 작물에 비해 영양분을 적게 함유할 수 있다. 그것이 사실로 밝혀진다면, 이 기술의 채택은 제 3세계에서 기아를 줄이기는커녕 오히려 심화시킬 것이다. 게다가 유전자조작 식물은 발암성 인자를 포함할 수 있으므로 개발도상국에서 암 발병률을 높일 가능성이 있다.

농업생명공학에 대해 가장 흔히 제기되는 비판은 유전자조작 생물체를 자연환경에 도입할 경우 생태적 파국을 초래할 수 있다는 점이다. 응용 생물학 분야의 과학자들은 스스로 이러한 위험에 주목하고, 자체적으로 특정 위험을 최소화하기 위해 마련된 윤리적 가이드라인을 정하고 있다. 그러나 유전공학 반대자들은 다른 대안이 경제적으로 큰 이득을 가져올 경우, 모든 연구팀이 이러한 윤리적 가이드라인을 따르지 않을 것이란 문제점을 지속적으로 지적했다.

생명공학에 의해 야기되는 과도한 비용과 물리적 위험의 증가 외에도, 유전자 접합에 반대하는 사람들은 또 다른 불이익에 호소할 수 있다. 그것은 효율성과 연관된 직접적인 추정이라기보다는 널리 공유된 도덕적 이상과 연관된 문제이다. 그들은 유전공학이, 국가적으로나 세계적으로, 경제적 불평등과 사회적 부정의를 심화시킬 수 있다고 주장한다.

풍족한 서구사회에서조차 유전자 치료는 너무 많은 비용을 필요로 하기 때문에 모든 계층이나 연령에게 확대 적용되기 힘들다. 그 결과 이러한 치료법은 엘리트층의 특권이 될 가능성이 높고, 더 기본적인 보건 분야에 충당되어야 할 부족한 자원을 고갈시킬 것이다. 개발도상국에서는 훨씬 불합리한 상황이 벌어진다. 애초에 민주주의의 결핍, 교육의 부족, 맑은 물 부족, 인구 과잉, 낡은 토지 소유제도 등의 문제에서 비롯된 의학적 문제들은 서구의 첨단기술로는 해결할 수 없다. 그것은 가장 민주적이고 부유한 나라들에서나 간신히 작동할 수 있기 때문이다.

또한 시장에서 여러 개발도상국의 토산물들이 다국적 기업의 생명공학 상품들에 의해 대체되면서 다른 불공평이 야기된다. 예를 들어, 설탕을 대신하는 유전공학 산물은 설탕 재배에 종사하는 제 3 세계의 약 5천만에 달하는 노동자들의 삶에 부정적 영향을 미칠 수 있다. 생명공학으로 만들어진 바닐라는 마다가스카르, 레위니옹, 코모로 제도, 인도네시아에 수천 명의 실업자들을 양산할 수 있다. 그리고 팜유를 유전자 조작해서 코코아를 만들려는 계획은 가나, 카메룬, 코트디부아르처럼 가난에 시달리는 나라들의 수출시장을 위협한다. 이 모든 사례에서, 서구의 다국적 기업들이 얻는 이득은 개발도상국들의 국가 수입에서 직접 뽑아내는 것임이 자명하다.

마지막으로 의료 생명공학에 관해 언급하기로 하자. 사람의 유전체 분야에서 진전된 지식이 유전자 프로그래밍(*genetic programming*)의 도구가 되고, 이 유전자 프로그래밍이 다시 교묘한 형태의 인종 근절과 전반적인 불공평으로 이어질 것이라고 믿는 사람들이 있다. 유전자 접합에 반대하는 사람들은 유전병을 근절시키려는 시도를 통해 사람들이 알아차리지 못하는 사이에 이러한 일들이 벌어질 수 있다고 주장한다. 그러나 '소극적' 우생학(優生學)이라 불리는 이러한 시도는 앞으로 인간유전체를 바꾸려는 좀더 '적극적인' 시도들을 수반하게 될 것이다. *

미래의 개인들이 갖추게 될 천부적 특성은 일차적으로 그들 자신에게 이익이 될 것으로 예상되는 기준에 따라 향상될 것이고, 그 다음에는 사회 전체의 이익에 따라 향상될 것이다. 이러한 양상이 충분히 전개되면, 과학자들은 보통 사람들이 하기에는 너무 위험하고 지루한 일을 도맡게 될 하층-인간의 특수 계급을 설계하라는 요청을 받게 될 것이다. 그 결과는, 생명공학 반대자들의 주장에 따르면, 올더스 헉슬리의 《멋진 신세계》[4]와 비슷한 무엇이 될 것이다.

기술자원론 대 기술결정론

생명공학에 대한 긍정적 관점과 부정적 관점을 비교할 때, 우리는 현재 널리 퍼져 있는 견해 차이가 순전히 사실에 입각한 것이 아님을 쉽게 알 수 있다. 유전공학이 질병의 근절에 사용될 수 있다는 것은 부정할 수 없는 사실이다. 그러나 유전공학이 끔찍하고 위험한 생물 형태를 만들어낼 수 있다는 것 역시 부인할 수 없는 사실이다.

---

* 〔역주〕 이것이 윤리학에서 이야기하는 '미끄러운 경사길' 논변이다. 처음에는 소극적 형태로 시작했다가 마치 미끄러운 경사길에 빠진 것처럼 알게 모르게 적극적인 유전자 향상을 위한 시도가 시작된다는 것이다.

4) Aldous Huxley, *Brave New World* (Harlow, Essex, 1983; first edition 1932).

마찬가지로 농업생명공학은 제3세계의 기아를 해결할 수도 있지만, 반대로 그것을 더욱 악화시킬 수도 있다.

재조합 DNA 기술의 옹호자와 반대자 간의 한 가지 이념적 차이는 문헌에서 '기술적 명령'(*technological imperative*)[5]이라 불리는 것에 대한 그들의 태도에서 기인한다. 유전공학을 지지하는 사람들은 암묵적으로 신기술의 개발과 그 적용이 항상 인간의 의사결정에 의해 궁극적으로 제어가능하고 그 방향을 바꿀 수 있다고 가정한다. 이러한 관점을 '기술자원론'이라고 한다. 반면 유전공학 반대자들은 기술발전이 사실상 그 자체의 내적 법칙과 논리를 가지고 있으며, 그것은 사람의 선택이나 인간행동에 의해 변경 혹은 점검될 수 없다고 주장했다. '기술결정론'이라고 부를 수 있는 이러한 견해는 모든 신기술이, 아무리 위험하고 도덕적으로 비열하더라도, 결국은 실행되리라는 것을 함축한다.[6]

기술결정론을 믿는 사람들은 과학과 기술의 역사에서 끌어낸 현실적인 사례들을 언급하면서 자신들의 견해를 뒷받침할 수 있다. 예를 들어, 원자의 분열은 핵무기를 고안할 수 있게 했다. 그리고 그 끔찍한 결과를 예측할 수 있었음에도 불구하고, 기술적 어려움이 해결되자마자 원자폭탄이 제조되었고 실제로 투하되었다.[7]

---

5) I. Niiniluoto, "Should Technological Imperatives Be Obeyed?", *International Studies in the Philosophy of Science* 4(1990): 181-189.

6) 다음 문헌은 기술결정론과 자원론의 친기술적 버전과 반기술적 버전에 해당한다. Niiniluoto, "Technological Imperatives", pp. 182-184. 이후 나는 반기술적 결정론과 낙관적인 친기술적 자원론에 대해서만 논의를 국한하겠다.

7) J. Ellul, *The Technological Society*(New York: Alfred A. Knopf, 1964).

의학의 경우, 1950년대 이래 생명을 유지시키는 치료법이 극적인 발전을 거듭하면서 회복불가능한 무의식 상태에 빠지거나 감내하기 힘들 정도로 고통스러운 경우조차 모든 합당한 제한을 넘어 생명을 연장시키는 상황으로 이어졌다. 여기에서 유일한 경계는 의학기술에 의해서만 설정된다. 이러한 사례들은 모든 기술적 가능성이 그것이 인간의 복지에 어떤 영향을 주든지 간에 궁극적으로는 적용되리라는 것을 보여 주는 듯하다.

그러나 기술자원론을 신뢰하는 사람들은 과학적 노하우에 의해 만들어진 '명령'이 언제든 기각될 수 있음을 지적한다. 원자폭탄은 추상적인 기술시스템이 아니라 정치적 의사결정자들에 의해 투하된 것이다. 병원의 환자들은 그들의 의지와는 무관하게 그리고 의료기술에 의해 회복될 아무런 가망성도 없는 상태에서 무작정 생명을 부지하는 것이 아니다. 그것은 의사와 의료진의 결정에 의한 것이며, 그들의 행동은 민주적으로 선출된 입법부에 의해 허가를 받는다. 설령 기술적 해결책들이 주요 의사결정자들에게 스스로 '제안'을 내놓기도 하지만, 이러한 제안은 그것을 수용함으로써 발생할 결과가 해롭거나 바람직하지 않을 경우 무시되거나 기각될 수 있다. 기술자원론자에 따르면 기술명령이 관철되지 않을 수 있다는 사실은 우리가 인류에 유익한 형태의 기술을 보존하면서도 해로운 기술형태를 철회하는 것을 가능하게 한다.

기술결정론과 기술자원론은 모두 나름의 진실을 내포하는 것처럼 보인다. 인류가 특정한 과학과 기술의 발명에 의해, 최소한 어느 정도까지, 이끌려 간 것처럼 보이는 사례가 여럿 있다. 그러나 과학지식과 그 응용이 개발 중인 상황에서 그 시대의 정치가와 군부가 미리 독가스 사용을 결정한 사례 또한 존재한다. 이러한 많은 실례는 결정론과 자원론 간의 논쟁이 일반적 수준에서 해결될 수 없음을 시사한다. 그러나 다른 한편, 이런 사례들은 결정론적 해석을 지지하는 사람들과 자원론을 지지하는 사람들 사이에서 기술이 분리될 수 있음을 시사하기도 한다.

이렇듯 기술이 서로 다를 수 있다는 것을 고려하면, 현재 우리 맥락에서 중요한 물음은 유전공학이 어떤 범주에 위치할 수 있는가이다. 유전공학은 우리의 활동을 통제하는 기술적 진보에 속하는가 아니면 우리가 스스로의 이익을 위해 통제가능한 기술의 부류에 속하는가?

현재 우리가 입수가능한 경험적 증거는 대부분 우리를 안심케 한다. 즉, 생명공학의 통제가능성에 대해 온건한 낙관론을 가능하게 해준다는 뜻이다. 지금까지 재조합 DNA와 연관해 승인되지 않거나 잠재적으로 위험한 실험들이 여러 차례 이루어졌지만, 처음에 과학자들 자신에 의해 수립되었고 나중에 정부기구에 의해 만들어진 가이드라인이 대다수의 연구팀들에 의해 준수되고 있다.[8] 지난 20년 동안, 유전자 접합은 발명에서 산업으로 변화했다. 그러나 오늘에 이르기까지 인간의 결정은 이 기술의 개발과 적용에 분명 중요한 역할을 수행했다.

---

8) 1980년대 말까지의 미국 상황에 대해서는 다음 문헌을 참고하라. D. M. Koenig, *The International Association of Penal Law: United States Report on Topic II: Modern Biomedical Techniques* (Lansing, Mich.: Thomas M. Cooley Law School, n.d.). 현재 많은 유럽 국가가 유전자 접합에 대해 법적 규제를 준비하고 있다.

기술발전의 3단계

생명공학이 아직 사람과 관련된 문제들을 완전히 지배하지 않는다는 사실을 인정하더라도, 비관론자들은 가까운 미래에 상황이 완전히 달라질 수 있다는 주장을 할 수 있다. 비관론자의 이러한 견해는 신기술이 점차 개발되면서 기업과 일반 대중 간의 매 단계에서 특정한 반응을 불러일으킨다는 생각을 기반으로 한다.[9]

기술발전의 첫 단계는 새로운 기술적 도구나 공정의 이론적 발명 단계이다. 이 단계는 발명의 성격에 따라 소수 전문가 외에는 아무도 알아차리지 못하고 지나갈 수도 있고, 널리 공표되어 많은 사람에 의해 평가받을 수도 있다. 후자의 경우에는 문제의 신기술이, 아무리 멀더라도, 사람의 성이나 생식과 연관되는 경향이 많다.

기술발전의 두 번째 단계에서 새롭게 창안된 도구나 공정은 실제 혁신에 의해 산업적 산물이나 생산수단으로 변형된다. 따라서 이 단계는 상대적으로 오랜 기간에 걸쳐 확장되며, 대중적 관심은 초기에 새로운 장치에 의해 야기되었던 두려움과 함께 사라질 수 있다.

세 번째, 즉 마지막 단계에서 완성된 산물은 시장에 나와 소비자들에게 배포된다. 선행 혁신 단계가 충분히 길었다고 가정한다면, 이 산물은 종종 신기술의 도입에 수반될 수 있는 반응과 무관하게 별다른 저항 없이 시장에 진입하기도 한다.

기술발전의 3단계 모형은 유전공학 반대자들에 의해 과학적·산

---

9) 이후 글은 다음 문헌을 토대로 한 것이다. Niiniluoto, "Technological Imperatives", p. 185. 그는 조셉 슘페터의 사상을 폭넓게 인용하고 있다.

업적 유전자 접합에 반대하는 담론을 생산하는 데 사용될 수 있다. 1970년대에 재조합 DNA 기술이 처음 발견되었을 때, 그 잠재적 응용가능성이 공개적으로 토론되었고 폭넓은 비난을 받았다. 그 반응은 대부분 종교적 금기와 20세기 과학소설(SF)이 만들어낸 공포스런 이미지에서 비롯된 것이었다. 그러나 이러한 저항의 실질적 결과는 과학자들 스스로 신중하게 연구를 수행할 것을 결정하고, 더는 대중적인 충격을 주지 않도록 노력하게 했다. 전문적 윤리 규약에 따라서 생명공학은 점차 현재의 혁신적 단계로 발전했다. 그리고 이 단계에서 실질적이고 잠재적인 산업적 응용의 숫자가 늘어났고 다양해졌다. 이러한 전개과정에서 유전자 접합에 대한 태도는 알게 모르게 좀더 허용되었다. 그 주된 이유는 그동안 큰 파국이 없었기 때문이었다.[10]

기술 비관론자들에 따르면, 대중적 태도가 누그러진 것이야말로 유전공학에서 더욱 위험한 새로운 시기가 시작되었음을 나타내는 것이라고 한다. 과학자들이 더는 일반 대중에 의해 통제되지 않자, 자발적으로 가이드라인을 따르지 않는 경향이 증가하고, 그들 자신의 규약도 점차 느슨해질 것이라는 주장이다. 처음에는 과학자들이 주장하는 연구 자유가 예상되는 위험과 이익에 대한 분석으로 제약받을 것이다. 유전자 접합은 대부분 허가되겠지만, 특히 위험한 것으로 간주된 유전공학의 형태들은 가장 철저히 감독받게 될 것이

---

10) 다니엘 칼라한의 말 중에 이런 구절이 있다. "10년 동안 일정한 관심과 주의를 기울였는데도 골치 아픈 사건이 벌어지지 않는다면, 이 문제에 대해 많은 우려를 지속하기 힘들 것이다." 이 구절은 다음 문헌에서 인용했다. Koenig, *International Association*, p. 29.

다. 그러나 얼마 지나지 않아 이러한 제한은 사라질 것이다.

생명공학의 발전이 완전히 3단계에 — 완성된 상품이 시장에 등장하고 배포되는 단계 — 도달하게 되면, 소비자들은 유전공학자들이 추구하는 모든 형태의 시도에 익숙해질 것이다. 생명공학 반대자들은 이 시점에서 인류가 '멋진 신세계'에서 불과 한 걸음 떨어져 있을 뿐이라고 주장한다.

비관론의 타당성을 의심할 두 가지 이유가 있다.

첫째, 경험적 사실의 측면에서 대부분의 서구 국가는 이미 1990년대에 유전공학이 법률에 의해 규율되는 단계에 진입했다. 법적 규율의 출현은 대중들의 태도와 자발적인 가이드라인의 중요성을 훼손하는 문제점이 있다. 그리고 비관론자들이 예상한 것처럼 검증된 허가에서 검증되지 않은 허가로의 이행은 일어날 수 없다.

둘째, 설령 비관론자들의 예견이 옳다고 밝혀져도, 유전자 접합의 규제되지 않은 실행이 실제로 헉슬리가 기술했던 유전자 전체주의에 이르게 될 것인지는 여전히 불확실하다. 생명공학이 스스로 현재의 민주적 제도들을 파괴하고 그것을 권위주의적 제도로 바꾸어 놓을 것이란 가정은 합당하지 않다. 오늘날 유전공학의 발전에 대한 의사결정이 민주적으로 선출된 정부보다는 다국적 기업에 의해 지배되는 것은 사실이다. 그러나 이러한 사실로 인해 인류가 인종학살과 전체주의를 향한 길로 나아가지는 않을 것이다.

내 관점은 이 문제에 대해 두 종류의 비관론이 있는 것처럼 보인다. 하나는 다른 하나에 비해 좀더 직접적 입증이 가능한 것처럼 보인다.

첫째, 적절한 비관론은 생명공학에 기아나 오염과 같은 전 지구적 문제를 해결할 수 있는 능력이 있는지에 관해 우려한다. 제 3세계에 대한 국제적 지원을 조직하는 것은 다국적 기업의 관심사가 아니기 때문에 실제로 가까운 미래에 유전자접합기술을 실천함으로써 인류가 겪는 고통이 경감될 가능성은 없는 듯하다. 그러나 이것이 유전공학이 금지되어야 한다거나 미래에도 상황이 바뀔 가능성이 없다는 뜻은 아니다.

둘째, 적절하지 않은 유형의 비관론은 냉소적으로 이러한 상황이 바뀔 수 없다고 보고, 미친 과학자들과 거대 기업이 우리를 밀어 대는 미끄러운 경사길에서 인류를 구해낼 유일한 방도는 유전자 접합 기술의 전면적 금지뿐이라고 주장한다. 이러한 태도에는 아무런 근거가 없다. 또한 두 번째 부류의 비관론자 주장은 자칫 자기실현적 예언이 될 수 있다는 점에서 매우 위험하다. 만약 보통 시민들이 생명공학의 이익을 모든 사람에게 분배하도록 거대 기업을 제어하려고 노력하지 않는다면, 그들이 이러한 통제력을 갖지 못하게 될 것은 자명하다. 이런 의미의 비관론은 우려하는 지적 회의주의가 아니라 일종의 이념적 패배주의인 셈이다.

결과가 무엇인가?

그러면 유전공학의 결과와 그 평가라는 주제로 다시 돌아가 보자. 이제는 생명공학을 둘러싸고 서로 상충하는 관점들이 왜 서로 타협하지 않고 그토록 적대적인지 쉽게 이해할 수 있을 것이다. 사실을 둘러싼 논쟁은 경험적 관찰을 통해 조정될 수 있으며 논쟁에서 상대적으로 사소한 역할만을 담당한다. 실질적인 의견 불일치의 원인은 낙관론 대 비관론, 자원론 대 결정론에 대한 몰입에서 그 뿌리를 찾을 수 있다. 게다가 이러한 몰입은 피할 수 없는 것처럼 보인다. 다시 말해 유전공학의 결과에 관해 진정한 의미에서 편견 없이 평가하기란 불가능하다는 뜻이다. 따라서 생명공학에 대한 평가가 이루어지려면 우선 그 밑에 내재하는 관점들이 타당한지에 관해 평가해야 한다.

기술자원론과 기술결정론에 대해서 현재 가용한 경험증거는 유전공학이 대체로 인간의 의사결정에 의해 통제가능하다는 것을 시사하는 것 같다. 기술적 가능성에 의한 유혹은 무시되거나 완화되기 힘들지만, 그렇다고 해서 지나치게 과장되어서도 안 된다. 모든 첨단기술 혁신과 마찬가지로 유전자 접합도 많은 가능성을 제공하며, 그중 일부는 그 속에 내재된 위해에도 불구하고, 그리고 좀더 책임감 있는 과학자들이 합의한 자발적 규약에도 불구하고 부도덕한 연구자 집단에 상당한 호소력을 발휘할 것이다. 그러나 1990년대에 걸쳐 대부분의 서구 국가에서 효력을 발휘한 생명공학에 대한 법적 규제는 이러한 비윤리적 행동을 막을 수 있는 적절한 장치를 제공하고 있다.

낙관론과 비관론의 주제는 좀더 복잡하다. 생명공학의 맥락에 따라 두 관점의 다양한 변혁이 받아들여지거나 그렇지 않을 수 있기 때문이다. 먼저 좀더 비관적인 견해부터 살펴보자. 인식론적 비관주의는 신기술이 가져올 이익에 대한 유전공학자들의 주장을 비판 없이 받아들이지 않도록 한다는 점에서 정당화될 수 있다. 그러나 더욱 암울한 이념적 비관주의(*ideological pessimism*)는 용인될 수 없다. 왜냐하면 그런 관점은 자기실현적일 수 있기 때문이다. 즉, 체념과 패배주의가 만연하기에 사람들이 좀더 희망적이었다면 결코 일어날 수 없었을 결과가 초래될 수 있다는 뜻이다. 낙관론의 변형에 대해서도 마찬가지로 비슷한 관찰이 가능하다. 현재 생명공학의 개발을 지배하는 다국적 기업들이 자발적으로 보편적 복지와 전 지구적 발전의 책임을 떠맡을 것이라고 믿는다면 지나치게 순진한 발상이다. 그러나 경제와 정치 생활에서 변화가 가능하고 미래에 유전공학이 지금보다 더 폭넓은 사람들의 이익을 위해 봉사할 수 있을 것이라고 믿는다면, 그것은 더는 순박한 신념이 아니다. 실제로 이념적 낙관론은 이념적 비관론을 기각시키는 데 사용된 것과 같은 특성에 의해 지지된다.

만약 더 나은 세상에 대한 믿음이 어떤 식으로든 자기실현적이라면, 절망이나 파멸보다는 희망과 번성이 더 낫다는 것은 자명하다. 민주적 의사결정이 점차 생명공학으로까지 확장될 수 있다고 가정하면, 그리고 유전공학자들이 자발적인 합의나 법적 규율에 의해 계속 통제된다면, 유전자 접합의 결과는 분명 선하고 바람직할 것이다. 생명공학계 안팎의 민주주의는 잘못된 사회적 실험이나 악의적인 전제적 체제의 결과로 '멋진 신세계'가 빚어지지 않을 것임을 보증한다. 그리고 감시와 규제는 생물전, 자연환경의 조작, 그리고 동물의 새로운 육종이나 잡종을 만들기 위한 의도적 설계와 같은 분야에서 이루어지는 무모하고 비인도적인 연구를 방지할 안전장치를 제공한다. 이러한 위험이 배제된다면, 그 밖의 유전공학 형태들은 의심의 여지없이 수용가능할 것이다.

그러나 재조합 DNA 기술을 전격적으로 용인하기 전에 우리를 당

혹하게 만드는 점들을 밝힐 필요가 있을 것이다. 이 주제 핵심에 있는 도덕적 문제는 유전공학의 채택을 통해 얻는 모든 이득이 그것을 가장 필요로 하는 사람들에게 돌아가지 않으리라는 점이다. 의학의 발전은 부유하고 경제적으로 풍족한 서구사회에 배타적 혜택을 부여할 것이며, 산업적 응용은 주로 다국적 기업들에게 이윤을 가져다줄 것이다. 그리고 그 이득은 때로 빈곤한 제 3세계의 희생을 기반으로 취해진다. 어떤 사람은 그것이 아무리 바람직한 결과를 가져온다고 하더라도 국가와 개인 사이에서 평등하게 분배되지 않는다면 생명공학을 추구할 가치가 없다고 주장할 수도 있다.

그러나 유전자 접합기술의 적용에서 나타나는 불평등의 사례를 지적하는 것은 쉽지만, 이러한 불평등 중 어느 것도 그 일차적 원인이 유전공학에서 비롯된 것은 아니다. 부족한 자원의 할당은 의학과 보건 분야에서 날로 심각하게 대두되는 문제이다. 그러나 이 문제는 현대 사회에서 처음 시작된 것도 아니고 최근 들어 심각한 정도로 악화된 것도 아니다. 그리고 다국적 기업들이 수출시장을 장악할 경우 제 3세계 일부가 지금보다 형편이 더 어려워지는 것은 사실이지만, 그들이 겪는 참상의 뿌리는 훨씬 깊은 곳에 있을 것이다.

결국 재조합 DNA 기술의 발명은 수세기에 걸친 서양의 제국주의와 식민주의에 비교한다면 상대적으로 사소한 악에 불과하다. 이들 나라의 국민경제를 세계시장에서 일어나는 급작스러운 변화에 극도로 취약하게 만든 주범은 서구의 식민주의와 제국주의이다.

지금까지의 논의를 요약하면, 유전공학은 그 실행과 연관된 불평등으로 비난받아서는 안 된다는 것이다. 만약 인류가 일반적 수준에서 공정한 분배 문제를 해결할 방도를 찾는다면, 생명공학의 혜택도 모든 개인과 국가에 공정하게 배분될 것이다. 내가 제기했으며 이 글에서 옹호한 온건한 낙관론에 따르면, 우리가 할 수 있는 최선의 선택은 이것이 가능하다고 믿고, 우리 자신의 행동을 통해 그것이 실현될 수 있도록 지속적으로 노력하는 것이다. 만약 그렇게 될 수 있다면, 그리고 민주주의와 적절한 통제에 대한 요구가 충족된다면, 최종분석에서 유전공학의 예상된 결과가 수용을 지지한다고 결론지을 수 있을 것이다.

제 2 장

세계를 재설계하다

유전공학을 둘러싼 윤리적 물음들

론 엡스테인*

1991년 소련이 붕괴하기까지 우리는 인류와 생물권 전체를 소멸시킬 핵무기에 의한 대학살의 일상적인 위협 속에 살았다.[1] 오늘날 총체적 파국을 막을 가능성은 높아졌지만, 원자력 발전소와 노후한 핵잠수함, 그리고 각국 정부나 테러리스트들에 의해 제한적으로 사용될 수 있는 전술 핵무기 등의 방사능 유출사고에 의한, 치명적이지는 않지만, 포괄적인 피해는 계속 일어날 것이다.

그동안 대체로 간과되어온 사실은 유전공학이 지구상의 생물체

---

* 〔역주〕 Ron Epstein. 버클리에 있는 세계종교연구소 연구교수로, 주요 관심분야는 생명공학의 사회적·윤리적 측면이다.

1) 이 논문과 연관된 더 많은 정보는 다음 웹사이트에서 얻을 수 있다. "Genetic Engineering and Its Danger"(http://online.sfsu.edu. 이 주소는 다음으로 이전되었다. http://online.sfsu.edu/~rone/gedanger.htm)

에 미치는 전대미문의 치명적 위협이다. 빠른 시기에 국제 정책에서 심대한 변화가 일어나지 않는 한, 생물권을 지탱하는 주요 생태계들은 돌이킬 수 없이 붕괴될 것이고, 유전공학으로 탄생한 바이러스들은 전 인류의 궁극적 종말을 부를 수 있다. 현재 진행 중인 주요한 변화를 통해 인류는, 의도적이든 그렇지 않든 간에, 자신을 오늘날 우리가 사람으로 간주하는 것과는 다른 무엇으로 만들어가며 점차 변모할 것이다.

이러한 위험에도 아랑곳하지 않고 우리는 거의 모든 전선에서 최고 속도로 오로지 앞을 향해 질주하고 있다. 가장 막강한 다국적 화학, 제약, 그리고 농업 기업들 중 일부는 자신들의 재정적 미래를 유전공학에 걸었다. 이미 엄청난 액수의 돈이 투자되었고, 오늘날 미국 정부는 다른 국가들이 유전공학 연구 및 마케팅과 연관된 이들 기업의 요구를 조속히 수용하도록 몰아대고 있다.

유전공학이란 무엇인가?

유전자란 무엇인가?

유전자는 흔히 우리 몸을 비롯하여 모든 생물의 '청사진' 또는 '컴퓨터 프로그램'으로 묘사된다. 유전자가 단백질 생산에서 중요한 역할을 담당하는 DNA(디옥시 리보핵산)의 특정 배열인 것은 사실이지만, 통상적인 믿음이나 시대에 뒤진 표준적인 유전 모형과는 달리 유전자가 직접 한 생물체의 '특성'을 결정하는 것이 아니다.[2] 유전자는 여러 가지 요인 중 하나일 뿐이다. 유전자는 '구성 성분들'의 목록을 제공하며, 그런 다음 생물의 '동역학적 체계'에 의해 조직된다. 그 생물이 어떻게 발생하게 될지 결정하는 것은 바로 이 '동역학적 체계'이다. 다시 말하면, 대부분의 경우 하나의 유전자가 우리 몸의 어떤 특성이나 행동의 한 측면을 배타적으로 결정하는 것이 아니라는 뜻이다.

재료의 조리법만으로는 한 접시의 음식을 만들 수 없다. 요리사가 이 재료들을 가져가서 복잡한 과정을 거쳐야 한다. 최종 산물이

---

2) Ho를 비롯한 동료 연구자들은 과거의 유전자 모형과 새로운 유전자 모형을 다음과 같이 요약했다. 과거의 표준 모형 또는 '센트럴도그마'(*central dogma*) 모형은 다음과 같다. ① 유전자는 선형적인 인과연쇄에 의해 특성을 결정한다. 즉, 하나의 유전자가 하나의 특성을 발생시킨다. ② 유전자는 환경의 영향을 받지 않는다. ③ 유전자는 안정적이며 항구적이다. ④ 유전자는 생물체 속에서 계속 유지되며, 놓인 위치에 남는다.

그에 비해 새로운 유전학의 유전자 모형은 다음과 같다.

① 고립되어 활동하는 유전자는 없으며, 극도로 복잡한 유전자들의 그물망 속에서 작동한다. 각각의 유전자 기능은 유전체 속의 다른 모든 유전자의 맥락에 따라 달라진다. 따라서 같은 유전자라도 개인에 따라 전혀 다른 결과를 낳을 수 있다. 그것은 그 밖의 유전자들이 다르기 때문이다. 인간 집단 내의 유전적 다양성이 매우 크기 때문에 개인은 저마다 유전적으로 고유하다. 특히 유전자가 다른 종으로 전이될 때, 전혀 예측할 수 없는 새로운 결과가 나타날 가능성이 매우 높다.

② 유전자 그물망은 다시 그 생물체의 생리학적 측면에서 기인하는 피드백 규제의 다양한 층위에 의해 영향을 받는다.

③ 이 피드백 규제의 층위들은 유전자의 기능을 변화시킬 뿐 아니라 재배열하고, 복제를 증식하며, 순서에 돌연변이를 일으키고, 이동시킬 수도 있다.

④ 그리고 유전자들은 원래 생물체 밖으로 빠져나가 다른 생물체를 감염시킬 수 있다. 이것을 '수평적 유전자 전이'라고 부른다.

Mae-Wan Ho, Hartmut Meyer, and Joe Cummins, "The Biotechnology Bubble", *Ecologist* 28, 3(1998): 148

평범한 음식이 될지, 아니면 미식가들이 찾는 산해진미가 될지는 이 과정에 달려 있다. 유전자 역시 생물의 자기조직적(동역학적) 체계를 통해 처리되기 때문에 유전자들의 복잡한 조합은 다양한 환경적 요인들에 따라 달라진다. 그리고 체세포든 행동이든 간에 최종결과는 이러한 요인들에 의해 도출된다.[3)]

… 유전자는 쉽게 식별할 수 있는 실체적인* 대상이 아니다. 생물 내에서 유전자의 기능을 결정하는 것은 DNA 염기서열만이 아니라 염색체상의 구체적 위치와 생리적·진화적 맥락 등에 따라서도 달라진다. 따라서 복잡한 생물의 몸을 구성하는 수만에 달하는 모든 구조와 과정들의 고도로 제어되고, 통합되고, 균형 잡힌 기능에 유전물질의 전이가 어떤 영향을 미치게 될지 예측하기 힘들다.[4)]

유전공학은 생물 유전암호에 인위적 조작을 가하는 것을 뜻한다. 유전공학은 그 생물의 기본적인 신체적 성격을 바꾼다. 때로는 그 변화가 자연에서 한 번도 나타난 적이 없는 방식이 되기도 한다. 이 과정에서 한 생물의 유전자가 다른 생물에게 삽입되며, 대개는 자

---

3) Stewart A. Newman, "Genetic Engineering As Metaphysics and Menace", *Science and Nature* 9-10(1989): esp. pp. 114-118. 다음 문헌들도 참조하라. Richard C. Strohman, "Epigenesis and Complexity: The Coming Kuhnian Revolution in Biology", *Nature Biotechnology* 15(1997): 194-200; Mae-Wan Ho, *Genetic Engineering: Dream or Nightmare. The Brave New World of Bad Science and Big Business*(Bath, U.K.: Gateway, 1998).

* 〔역주〕 여기에서 '실체적'은 'tangible'의 역어이다. 이것은 유전자를 실체로 보는 관점을 뜻한다. 물리과학이 원자를 물질의 기본 구성단위로 보았듯, 오늘날 생명공학은 유전자를 생명의 실체로 인식하려는 강한 경향성을 내재한다.

4) Vanaja Ramprasad, "Genetic Engineering and the Myth of Feeding the World", *Biotechnology and Development Monitor* 35(1998): 24.

연종(種)의 경계를 뛰어넘는다. 그 영향 중 일부는 알려졌지만, 대부분은 밝혀지지 않았다. 우리가 알고 있는 유전공학의 영향은 대개 단기적, 구체적, 그리고 신체적인 것이다. 반면 우리가 알지 못하는 영향은 장기적, 일반적, 그리고 정신적이다. 장기적 영향은 구체적일 수도[5] 있고 일반적일 수도 있다.

생명공학과 육종의 차이

동·식물의 육종(育種)은 인간의 특정 용도에 맞는 새로운 종을 선택하기 위해 자연에서 일어나는 돌연변이와 유전자 선택의 자연적 과정을 가속시키는 것이다. 이러한 종 선택은, 그렇지 않았으면 일어났을, 자연적 선택과정을 방해하는 것임에도 불구하고, 여기에 이용된 과정들은 자연에서 찾아볼 수 있다. 예를 들어, 말은 순종의 말이 야생에서 어떻게 살아남을 수 있었는지에 대한 고려 없이 오로지 빠르게 달리는 방향으로 육종된다. 양식된 물고기의 방류는 토착종을 몰아낼 수 있고, 질병에 대한 저항력을 약화시키며, 야생종에게 질병을 퍼뜨릴 수 있다는 문제점이 있다.[6]

루서 버뱅크와 같은 사람의 육종 작업은 전혀 새로운 맛의 과일을 도입했다. 데이비스 스퀘어에 있는 캘리포니아대학에서는 포장과

5) 장기적 영향의 구체적 예로는 특정 종의 사멸이나 새로운 질병 생물체의 도입을 들 수 있다.

6) 1991년 캘리포니아주 던스뮤어에서 대규모 살충제 누출사고가 있고 난 뒤, 물고기의 하천 방류에 대한 상당한 반대의 목소리가 나왔다. 왜냐하면 방류가 토착 어류종 개체군 복원을 크게 저해했기 때문이다.

운송에 적합하도록 단단한 껍질을 가진 토마토를 개발했다. 때로는 육종도 잘못되는 경우가 있다. 살인벌(*killer bee*) *이 대표적인 예이다. 또 다른 예로는 1973년 한 해 동안 미국 옥수수의 3분의 1을 황폐화시켰던 옥수수 깨씨무늬병(*corn blight*) **이다. 이 질병은 새롭게 육종된 옥수수 재배변종에 의해 발생했는데, 이 종류는 흔한 잎 균류의[7] 드문 변종에 매우 취약했다.

흔히 생명공학자들은 자신들이 단지 자연선택의 과정을 가속시키고 오래된 육종 기술을 좀더 효율적으로 만들었을 뿐이라고 주장한다. 물론 부분적으로 그 말이 사실일 수 있지만, 대부분의 사례에서 유전공학이 일으킨 유전자 변화는 자연종의 경계를 뛰어넘는 것이기에 자연에서는 결코 일어날 수 없을 것이다.

오늘날 유전공학은 어떻게 이용되고 있는가

이 절에서는 최근 유전공학에서 이루어진 좀더 중요한 발전들 중 일부를 간략하게 소개한다.[8]

---

* 〔역주〕 공격성이 강한 아프리카산 유럽 꿀벌의 한 종류.

** 〔역주〕 감염된 옥수수 계통은 모두 '세포질로 유전하는 웅성불임' 기술을 사용해 육성된 잡종이었다.

7) 다음 문헌을 보라. Vandana Shiva, *Monocultures of the Mind*(London: Zed, 1993); Shiva, *Biopiracy: The Plunder of Nature and Knowledge*, pp. 87-90(Boston: South End, 1997). 유전공학의 농업적 이용은 단일경작 패러다임의 새롭고 급격한 확장이다. '터미네이터 유전자'라 불리는 기술에 대한 아래의 논의도 참고하라.

① 오늘날 상업적으로 이용되는 유전공학은 대부분 농업 분야에 적용된다. 식물은 제초제나 살충제에 내성을 갖거나 토양에서 직접 질소를 변환시킬 수 있도록 유전적으로 처리된다. 곤충은 작물을 해치는 해충을 공격하도록 유전자 조작된다. 현재 유전적으로 처리된 박테리아를 이용하는 실험실에서 작물을 직접 재배하는 실험이 진행 중이다. 또한 유전적으로 처리된 식물을 화학공장으로 활용하는 방안이 상업적으로 큰 부분을 차지할 것으로 예상된다. 예를 들어, 유기 플라스틱은 이미 이러한 방식으로 생산되고 있다.[9]

② 유전공학으로 탄생한 동물들은 약제 생산을 위한 살아 있는 공장 혹은 인간을 위한 이식용 장기의 제조원으로 개발되고 있다. 〔종을 뛰어넘는 유전자 전이과정을 통해 만들어진 새로운 동물들을 이종이식동물(*xenograft*)이라고 부른다. 종의 경계를 넘는 장기이식은 이종장기이식(*xenotransplantation*)이라고 한다.〕 유전공학과 복제의 결합으로 지방이 적은 고기를 제공하는 동물의 개발이 가능해졌다. 물고기 역시 몸집이 더 크고 빨리 성장하도록 유전적으로 조작된다.

③ 인슐린을 비롯한 많은 의약품이 이미 실험실에서 유전공학으로 생산되고 있다. 치즈 생산에 사용되는 레닛(*rennet*)*을 비롯해 식품산업에 이용되는 많은 효소가 유전공학으로 제조되어 널리 사

---

8) 이 절의 대부분 내용은 다음 문헌에 기초했다. Jeremy Rifkin, *Biotech Century: Harnessing Gene and Remaking the World*, pp. 15-32(J. P. Tarcher, 1998).

9) "유전공학과 관련된 몇 가지 구체적인 문제점"이라는 절에 포함된 식물 부분을 참조하라.

* 〔역주〕 송아지 제4위(胃)의 내막에 있는 레닌을 함유한 응유효소로 치즈를 제조할 때 이용된다.

용되고 있다.

④ 의학연구자들은 질병 매개 곤충들의 유전자를 조작해 질병을 일으킬 잠재력을 파괴하고 있다. 연구자들은 사람의 피부를[10] 유전공학적으로 만들고 있으며, 곧 장기 전체와 그 밖의 신체 부위도 같은 방법으로 만들 수 있을 것으로 기대하고 있다.

⑤ 유전자 검사는 이미 일부 유전질환을 검사하는 데 이용되고 있다. 현재 이러한 질환 중 일부를 치료하는 유전자 치료에 대한 연구가 진행 중이다. 다른 연구는 인간배아에 직접 유전적 변화를 일으키는 기법에 초점을 맞춘다. 가장 최근의 연구는 복제와 유전공학의 결합에 집중되었다. 이른바 '생식계열 유전자 치료'라고 불리는 분야의 경우, 여기에 가해진 유전적 변화는 세대에 걸쳐 전달되기 때문에 항구적이다.

⑥ 채광 분야에서는 원광에서 금, 구리 등의 물질을 추출하는 생물들을 유전공학적으로 개발하고 있다. 언젠가는 광부들에게 치명적인 메탄가스로 호흡하며 살아가는 생물이 등장할지도 모른다. 또

---

10) "FDA는 오가노제네시스(Canton, MA) 애플리그라프(Apligraf®, 이식용 피부)의 시판을 허용했다. 이 제품은 미국이 시장판매를 유일하게 승인한 살아 있는 지질층 피부 구성물이다. 노바티스(E. Hanover, NJ)에 따르면, 이 회사는 애플리그라프를 전 세계에 판매할 계획이라고 한다. 사람의 피부와 마찬가지로 애플리그라프는 2개의 기본적인 층으로 이루어져 있으며, 바깥쪽에 해당하는 표피층은 살아 있는 케라틴 생성세포로 이루어져 있다. 애플리그라프의 피부층은 섬유아세포(결합조직형성세포)로 구성된다. 노바티스 대변인은 애플리그라프를 제조하는 데 이용된 사람의 케라틴 생성세포와 섬유아세포는 폭넓은 범위의 감염성 병원체에 대한 조사를 거쳐 제공자의 조직에서 추출한 것이라고 밝혔다. 애플리그라프는 병원의 외래환자시설이나 상처치료센터에서 의사들에 의해 사용된다"(*Genetic Engineering News*, June 1. 1998).

한 유전공학을 이용해 사고로 유출된 원유를 제거하거나 위험한 오염물질을 중화시키고 방사능을 흡수하는 생물이 태어날 수도 있을 것이다. 유전자 조작된 박테리아는 폐기물을 처리해 연료로 쓸 수 있는 에탄올로 변환할 수 있도록 개발되고 있다.

유전공학과 관련된 몇 가지 구체적 문제점

이 절에서는 유전공학이 가져올 이익에 대한 장밋빛 전망을 재고할 수 있는 유전공학의 최근 시도들 중에서 몇 가지의 사례를 살펴본다.

유전공학이 생물권의 자연 생태계를 교란시킬 가능성

> 매년 5만에 달하는 생물종이 멸종되는 것으로 추정되고 있다. 이런 시기에 생태계의 자연적 균형에 더 간섭한다면 자칫 엄청난 파괴를 불러올 수 있다. 완전히 새로운 유전자를 가지고 있거나 원래의 유전자 조합이 아닌 유전자를 가진 유전공학 생물은 우리 환경을 파괴할 수 있는 특별한 힘을 가지고 있다. 그들은 살아 있으므로 번식과 돌연변이가 가능하고, 환경 속에서 이동할 수 있다. 이들 새로운 생명형태가 기존의 서식지로 유입되면, 우리가 알고 있는 자연을 파괴하고 우리 자연계에 장기적이고 복구불가능한 변화를 야기할 수 있다. [11]

---

11) "The End of the World As We Know It: The Environmental Costs of Genetic Engineering", www. greenpeace. org.

어항을 가져본 아이라면 물을 깨끗하게 유지하고 물고기를 건강하게 키우기 위해 물고기, 식물, 달팽이, 그리고 먹이가 균형을 이루어야 한다는 사실을 잘 알고 있을 것이다. 자연 생태계는 어항보다 복잡하지만, 비슷한 방식으로 작동한다. 우리가 그것을 의식적 존재로 간주하든 무의식적인 것으로 간주하든, 자연은 자체의 독자적 메커니즘을 가진 자기조직체계이다.[12] 이 체계의 장기적 생존 가능성을 보장하기 위해 그 메커니즘들은 중요한 평형상태를 유지한다. 최근 환경오염을 비롯한 그 밖의 인간활동으로 극단적 결과가 이러한 메커니즘에 심한 압력을 가했다. 그럼에도 불구하고 어항의 상태가 좋지 않다는 것을 분명히 알 수 있듯이, 우리는 학습을 통해 자연이 보내는 경고를 알아차릴 수 있으며, 우리가 언제 평형상태를 유지하는 자연의 메커니즘을 위태롭게 하는지 알 수 있다. 우리는 어항을 투명하게 들여다볼 수 있지만, 안타깝게도 비자연적이고 종종 비가시적인 변화를 감지하는 능력의 한계로, 광범위한 손상이 이미 진행될 때까지 환경에 대한 심각한 위험을 인식하지 못할 수도 있다.

심층생태학(*deep ecology*)[13]과 가이아 이론*은 환경 체계의 상호

---

12) 이 개념은 지구의 생물권 전체가 하나의 생물 또는 자기규율체계라는 가이아 이론의 핵심이다. 가이아 이론의 주창자들은 크게 두 그룹으로 나뉜다. 하나는 지구를 의식 없는 자기조직적 물리체계로 보는 그룹이고, 다른 하나는 지구가 그 자체로 의식이나 지각을 가지고 있다고 보는 그룹이다.

13) 이 용어는 아르네 네스가 1973년에 쓴 자신의 논문 "The Shallow and the Deep, Long-range Ecology Movements"에서 처음 만든 것이다. "네스는 자연에 대한 좀더 심층적이고 영적인 접근방식을 시도했다. … 그는 이러한 심층적 접근방식이 우리 자신과 우리를 둘러싼 비인간 생명체에 대해 좀더

작용적이고 상호의존적인 특성에 대한 보편적 인식을 가졌다.[14] 우리는 더는 자연 속에서 고립된 사건들이 발생한다고 생각하지 않는다. 모든 사건은 상호인과성이라는 거대한 그물망의 일부이며, 그 자체가 생태계에 폭넓은 영향을 미친다.

만약 생물권**이 독자적인 교정메커니즘을 가지고 있다는 생각을 받아들인다면, 우리는 그 메커니즘들이 어떻게 작동하는지 그리고 그 설계의 한계는 무엇인지 살펴보아야 할 것이다. 생물권의 자기조직체계에 가해지는 파괴가 극심할수록, 교정수단은 더욱 절실하게 요구될 것이다. 따라서 이 체계가 모든 극심한 위협을 처리할 수 있다는 생각은 아무런 과학적 근거가 없다. 생명과 인간 복지가 이러한 자기조직체계에서 우선권을 가진다는 어떤 증거도 없다. 또한 이러한 체계에 존재하는 무언가가 유전공학 생물체가 야기하는 모든 위협을 제거할 능력을 갖추고 있다는 근거도 없다. 그 까닭은 무엇인가? 그 생물들은 이 체계가 한 번도 경험하지 못한 것이기 때

관심을 기울이는 개방성에서 비롯된다고 생각했다." Bill Devall and George Sessions, *Deep Ecology: Living as If Nature Mattered*(Salt Lake City: Peregrine Smith, 1985), p. 65.

* 〔역주〕 제임스 러브록이 주창한 가이아(Gaia)이론은 지구 전체를 자기조절적 생명체로 보는 관점이다. 가이아는 그리스 신화에 등장하는 '대지의 여신'으로, 러브록이 말하는 가이아는 지구와 지구에 살고 있는 생물, 대기권, 대양, 토양까지 포함해 생물과 무생물이 상호작용하는 유기체이다.

14) 심층생태학과 가이아 이론은 아직도 논쟁의 여지가 있지만, 미국에 멸종위기종 보호법령과 환경보호정책 법안과 같은 법령이 있다는 사실은 환경시스템의 중요성에 대한 인식이 날로 높아지고 있음을 시사한다.

** 〔역주〕 생물권에는 지구의 암석권과 수권 및 대기권이 포함되며, 여기에서 생물이 환경에 있는 유용한 에너지와 양분을 처리, 재순환하는 과정이 일어난다.

문이다. 그들은 지금까지 자연에서 한 번도 위협으로 나타나지 않은 새로운 생물들이다. 기본적인 문제는 유전자 조작된 생물들이 진화적으로 균형을 이룬 생물권 어디에도 들어설 자리가 없는 급진적이고, 새로우며, 비자연적인 생물 형태라는 점을 많은 유전학자가 부정하는 것이다.

바이러스

식물, 동물, 그리고 사람의 바이러스는 생물권을 구성하는 생태계에서 중요한 역할을 담당한다. 어떤 사람들은 바이러스를 진화적 변화의 일차적 요인 중 하나로 생각하기도 한다. 바이러스는 숙주의 유전물질로 침투해서, 원래 유전물질을 파괴하고, 새로운 바이러스를 창조하도록 숙주의 유전물질을 재조합하는 능력을 가진다. 그런 다음 새로 만들어진 바이러스들이 새로운 숙주를 감염시키고, 이 과정을 통해 새로운 숙주에게 새로운 유전물질을 전달한다. 숙주가 번식하면, 유전적 변화가 일어나게 된다.

세포를 유전공학적으로 처리해 바이러스가 세포 안으로 들어가게 되면, 사람이든 동식물이든 간에 조작된 유전물질이 새롭게 만들어진 바이러스에 전이되고, 그런 다음 바이러스의 새로운 숙주로 확산된다. 우리는 일반적 바이러스가 자연적으로 만들어지면 아무리 치명적이더라도 생태계에서 일정한 역할을 담당하며, 그 생태계에 의해 규제된다고 가정할 수 있다. 그런데 사람이 이 바이러스를 자연 생태계에서 이탈시킬 때 문제가 발생할 수 있다. 그럼에도 불구하고, 생물권 내의 모든 생태계는 특정한 방어특성을 공유할 수 있다. 조작된 유전물질을 포함하고 있는 바이러스는 생태계에서 자연적으로 발생할 수 없기 때문에, 그들에 대항하는 자연적인 방어가 이루어진다는 보장은 없다.

이 바이러스들은 사람이나 동물, 그리고 식물의 대량 사멸을 초래할 수 있으므로 일시적으로나 항구적으로 생태계에 손상을 줄 수 있다. 식물종의 광범위한 개체 격감은 고립된 사건이 아니며 생태계 전체에 영향을 미칠 수 있다. 이것은 많은 사람에게 이론적인 우려로 그칠 수도 있다. 유전공학으로 탄생한 바이러스가 일으킬 수 있는 광범위한 인류 격감의 분명한 가능성이 좀더 주의를 끌 수 있을 것이다.[15]

---

15) 초기 유전공학자들은 1975년 '아실로마 선언'(Asilomar Declaration)에서 연구의 일시중지를 요구했다. 그 이유는 그들이 의도하지 않은 결과로 새로운 바이러스나 박테리아 병원체를 만들어낼 가능성을 우려했기 때문이다. 그들이 상상했던 최악의 시나리오가 실제로 등장할 수도 있었다. 상업적 압력으로 인해 대체로 검증되지 않은 가정들을 기초로 한 가이드라인이 나온 것이다.

그리고 그 가정들은 모두 최근 이루어진 과학적 발견들로 무효임이 밝혀졌다. 예를 들어, 생물학적 '불구'라고 알려졌던 실험실의 박테리아 계통들이 실제로는 환경 속에서 살아남는 경우가 종종 있었으며, 다른 생물체와 유전자 치환을 할 수 있음이 확인되었다. 죽거나 살아 있는 세포에서 방출된 유전물질은 빠른 시기에 파괴되기는커녕 환경 속에서 존속해 다른 생물체로 전이되었다. 노출된 바이러스 DNA는 감염성이 더 높을 수 있으며, 바이러스보다 숙주가 될 수 있는 대상의 폭도 넓다. 바이러스 DNA는 쥐의 창자에서 소화되지 않고, 혈류로 들어가 백혈구, 비장, 간의 세포를 감염시켰으며 쥐의 세포 유전체에 삽입되기까지 했다("Scientists Link Gene Technology to Resurgence of Infectious Diseases. Call for Independent Enquiry", Press Release 6. 4. 98 from Professor Mae-Wan Ho: http://homel.swipnet.se.).

생물전

여러 나라에서 생물전(*biological warfare*)을 위해 유전자 조작된 박테리아와 바이러스를 개발하려는 비밀스러운 연구가 진행되고 있다. 이미 국제 테러리스트들은 이러한 무기의 사용을 진지하게 고려하기 시작했다. 상업적으로 이용되는 동일한 장비와 기술이 쉽게 군사적 용도로 전환될 수 있으므로 군사적 이용을 규제하기란 사실상 거의 불가능하다.

구(舊) 소련에서는 3만 2천 명의 과학자들이 생물전(生物戰)을 준비하기 위해 연구했으며 그중에는 유전공학의 군사적 적용도 포함되었다. 이 연구자들 대부분이 어디로 갔는지, 그리고 무엇을 가지고 갔는지는 아무도 모른다. 그들이 수행했던 연구 중에서 가장 가능성이 높고 흥미로운 연구는 말뇌염*이나 에볼라 바이러스와 함께 유전적으로 조작된 천연두 바이러스였다. 가장 엄격한 밀봉 기준에도 불구하고 미군으로부터 절취된 악성 폐렴 변종 바이러스가 그 건물에 서식하던 야생쥐를 감염시켰고, 그 쥐는 야생으로 탈출했다.[16]

또한 이른바 걸프전 증후군**이 상대적으로 긴 잠복기를 거친

---

* 〔역주〕 모기에 의해 전파되는 말의 바이러스성 뇌염.

16) 다음 문헌을 참조하라. Richard Preston, "Annals of Warfare: The Bioweaponeers", *New Yorker*, March 9, 1998, pp. 52-65; Judith Miller and William T. Broad, "Iranians, Bio-weapons in Mind, Lure Ex-soviet Scientists", *New York Times*, Dec. 8, 1998(http://online.sfsu.edu/rone); Frontline, "Plague Wars"(www.pbs.org).

** 〔역주〕 걸프전 참가 전, 미 국방성은 모든 병사에게 20여 가지의 예방접종

후 전염되도록 유전공학으로 만들어진 생물무기에 의해 일어났을 가능성을 시사하는 증거가 있다. 다행히도 그 특정 생물은 항생제 치료에 반응을 보이는 듯하다.[17] 만약 이 생물이 지금까지 알려진 모든 치료법에 대해 내성을 가지도록 유전공학을 통해 의도적으로 처리되었다면 과연 어떤 일이 벌어졌을까?

유전학으로 노벨상을 받은 록펠러대학의 명예총장 조슈아 레더버그는 생물무기의 국제적 통제에 대해 가장 앞장서 우려를 표명한 인물이다. 내가 레더버그 박사에게 편지를 써서 생물전에 이용되는 유전공학의 윤리적 문제에 대해 물었을 때, 그는 이렇게 답했다.

"나는 우리가 유전공학의 윤리에 대해 철의 제련 이상으로 — 제련은 다리를 놓는 데도 사용될 수 있고 총을 만드는 데에도 쓰일 수 있습니다 — 어떻게 이야기해야 할지 잘 모르겠습니다."[18] 대부분의 과학자와 마찬가지로, 레더버그 역시 과학연구자들이 자신들의 발견이 어떻게 이용되는지에 관해 책무를 져야 한다는 사실을 인정하지 않았다. 따라서 그는 일단 호리병에서 지니를 불러낸 후에는 그 괴물을 다시 병으로 돌려보낼 수 없다는 사실도 인정할 수 없었다. 다시 말해, 유전공학 연구가 자연스럽게 생물전에 복무하게 되기 때문에 유전공학에서 어떤 연구가 수행되기 전에 생물전에 이용

을 강제적으로 받게 했지만 걸프전 참전 군인들과 그 가족들은 원인불명의 각종 질병에 시달렸다. 이러한 증상들을 일컬어 '걸프전 증후군'이라 한다.

17) 다음 문헌을 참조하라. Dr. Garth and Dr. Nancy Nicolson's Institute for Molecular Medicine Web site for details, www. trufa~. org/gulfwar2/ newsrel. html.

18) 내가 1998년 봄, 레더버그 박사로부터 받은 이메일에서 인용한 것이다.

될 수 있는 잠재적 가능성이 분명하게 평가되어야 한다는 것이다.

핵전쟁의 공포를 깨닫게 된 후, 최초의 원자폭탄을 만들어낸 맨해튼 프로젝트*에 종사했던 과학자들 중 상당수는 극심한 심적 고통과 자기반성을 겪었다. 그런데 더 많은 수의 유전학자들이 유사한 양상을 나타내지 않는 것은 놀라운 일이다.

생물전에 유전공학이 사용될 위험에 대해 알게 된 후, 당시 미국 대통령이었던 빌 클린턴은 심각히 우려하게 되었고, 1998년 봄에 민간방어 대응책 마련에 우선순위를 부여했다. 그러나 그의 행정부는 생명공학 기업에 대한 가장 기초적인 안전 규제와 제한 부여 이외의 모든 조치에 대해 조직적으로 반발했다. 그럼으로써 클린턴은 자신도 모르는 사이에 정부와 테러리스트 모두 정작 그가 방어하려 했던 무기를 가장 손쉽게 제조할 수 있는 분위기를 만들어 준 셈이 되었다.[19]

---

* 〔역주〕 Manhattan Project. 아인슈타인과 레오 실라르드가 당시 아이젠하워 대통령에게 독일보다 먼저 원자폭탄을 제작해야 한다는 서한을 보내면서 시작된 원자폭탄 제조계획이다. 맨해튼 프로젝트는 국가가 과학자들을 대량 동원하고 막대한 자금을 쏟아 특정한 목표를 가진 과학연구를 조직한 최초의 사례로 꼽히기도 한다.

19) Williarn J. Broad and Judith Miller, "Germ Defense Plan in Peril As Its Flaws Are Revealed", *New York Times*, August 7, 1998; Wendy Barnaby, "Biological Weapons and Genetic Engineering", *GenEthics News*, June-July 1997.

식물

새로운 작물이 야생의 친척종과 교배되거나 근연종(近緣種)과 교잡육종할 수 있게 되었다. '외래' 유전자가 모든 환경에 확산되어 전혀 예상치 못한 변화를 일으킬 수 있게 되었다. 이 변화는 일단 시작하면 멈출 수 없다. 이 과정에서 전혀 새로운 종류의 질병들이 작물과 야생식물에 발생할 수 있다. 외래 유전자는 바이러스에 의해 다른 생물에 전달되도록 설계되었고, 이 바이러스는 종의 장벽을 넘어 해당 생물체의 자연 방어막을 극복할 수 있다. 이런 특성으로 이 바이러스는 자연에 존재하는 기생물보다 훨씬 높은 감염성을 갖게 되었고, 새로운 바이러스는 기존의 것에 비해 훨씬 강력해질 수 있다.

보통 잡초가 '슈퍼 잡초'가 될 수 있다. 유전공학으로 제초제에 내성을 갖게 된 식물은 침투성이 강해지기 때문에 그 자체가 잡초의 문제점을 가지고 있거나 자신의 저항성을 야생잡초에 확산시켜 잡초의 침투성을 훨씬 강화할 수 있다. 이렇게 되면 저항력이 약한 식물들이 멸종으로 내몰려 자연의 소중한 생물다양성이 감소할 수 있다. 곤충들도 통제 불가능한 사태가 벌어질 수 있다. 식물이 화학적 독소에 저항성을 갖게 되면 곤충들 역시 살충제에 대한 저항성을 길러 '슈퍼 해충'의 위험이 야기될 수 있다.[20]

또한 농촌지역은 더 많은 양의 제초제와 살충제의 이용에 시달릴 수 있다. 농부들은 처벌을 받지 않고 독성화학물질을 이용할 수 있

---

20) 원래는 '제초제에 대한 저항성'으로 되어 있지만, '살충제에 대한 저항성'이 더 분명한 의미이다.

게 될 것이기 때문에, 그로 인해 심각한 수자원 오염과 토양 퇴화의 위협이 늘어날 수 있다.

스스로 살충제를 만들어내도록 개발된 식물들은 새, 나방, 나비처럼 비표적* 생물종에까지 피해를 입힐 수 있다. 이처럼 새로운 생명형태를 자연계에 방출한 결과가 환경에 미치는 영향이 어떠한지는 아무도 — 유전과학자 자신을 포함해서 — 알지 못한다. 그들은 지금까지 서술한 모든 일이 가능하며 되돌릴 수 없다는 사실을 분명히 알고 있지만, 여전히 자신들의 실험을 계속하기를 원한다. 엄청난 수익을 올리는 것은 '그들'이다. 그리고 '우리'가 아는 것은 새롭고 불확실한 환경이다. 그리고 그것은, 모두 알고 있듯이, 세계의 종말이다. 21)

유전공학 작물이 특정 목적으로 재배되었을 때, 이 작물이 야생으로 확산되고 야생 근연종과 타가수분**하는 것을 막을 수 없다. 타가수분이 유전자 조작된 식물 재배지에서 약 1.6킬로미터 떨어진 곳까지 일어날 수 있다는 것은 이미 알려진 사실이다. 22) 유독한 잡

---

* 〔역주〕 원래 해충을 없애기 위해 사용된 살충제가 해충이 아닌 익충(益蟲)이나 살충제로 죽은 벌레를 먹고사는 새 등에게 피해를 주는 것이 비표적 피해에 해당한다.

21) "The End of the World As We Know It: The Environmental Costs of Genetic Engineering", www.greenpeace.org/comms/cbio/brief2.html.

** 〔역주〕 계통이 다른 개체 간의 수분을 뜻한다.

22) "생태 환경에 미치는 형질전환 식물들의 영향을 즉각적이고 쉽게 관찰할 수 있는 사례는 형질전환 작물과 그 야생근연종 사이의 타가수분으로 인한 슈퍼잡초의 탄생이다. 야외조사결과 제초제 내성을 가지는 형질전환 품종인 브라시카 라파(Brassica rapa)와 그 야생근연종 사이에서 교차-잡종화가 일어났음이 밝혀졌다." Ho, *Genetic Engineering*, p. 133. 일부 증거는 형질전환

초나 외래종 식물에서 이미 경험했듯이, 사람, 동물, 새 등이 우연히 유전자 조작된 식물의 씨앗을 훨씬 멀리 날라 줄 수 있다. 운송과정이나 처리공장에서 낙곡도 피하기 힘들다. 따라서 유전자 조작된 식물은 경쟁 식물종을 몰아내고 생태계의 균형을 급격하게 변화시키거나 파괴할 수 있다.

현재 미국 정부의 규제로 유전자 조작된 생물의 현장실험을 수행하는 기업들은 자신들이 실험하는 생물에게 삽입한 유전자가 무엇인지 공개할 필요가 없다. 그것은 무역상 비밀로 선언할 수 있으므로 공공 안전은 기업 과학자와 정부의 규제 담당자의 판단에 맡겨진 셈이다. 그런데 그들 중 상당수가 정부를 위해 일하다가 자신들이 규제하던 기업으로 자리를 옮기는 식으로 양쪽을 오가는 사람들이다.[23] 학계에서 온 사람들은 종종 생명공학 기업과 재정적으로 큰

식물이 보통 식물보다 다른 식물과 수분하는 능력이 월등하다는 것을 시사했다. 이 사실은 슈퍼 잡초의 출현 위험을 증가시킨다. 다음 기사를 참조하라. J. Bergelson, C. B. Purrington, and G. Wichmann, "Promiscuity Increase in Transgenic Plants", *Nature*, September 3, 1998, 25; "Genetically Engineered Plant Raises Fears of 'Superweeds'", *Los Angeles Times*, Sep. 3, 1998.

23) 예를 들어, 유전공학 분야에서 가장 막강한 초국적 기업 중 하나인 몬산토와 백악관 사이에 회전문이 있다는 것은 이미 공공연한 사실이다.

… 전직 미국 무역대표부 책임자였고, 2001년 1월 21일까지 상무부 장관을 역임한 미키 캔터가 굴지의 초국적 생명공학 기업인 몬산토사 이사로 임명되었다. 이 사실은 캔터의 워싱턴 법률회사 실무자에 의해 확인되었다. 캔터는 최근 공무원직에서 생명공학 회사로 자리를 옮긴 미국 내 주요 인사들의 흐름에 합류한 셈이다. Marcia Hale는 이달 초 대통령의 정부 간 협력관계 보좌관 자리를 사임하고 몬산토사의 중견 간부로 입사했다. 그가 담당한 역할은 영국과 아일랜드에서의 기업전략 수립과 대외협력 문제 조율이다.

그밖에도 이달에 L. Val Giddings가 기업으로 자리를 옮겼다. 2주 전에 Giddings는 농무부(USDA/APHIS)의 생명공학 기업 규제담당관(BIO)에서 생명공학 기업기구의 식량과 농업부문 부위원장으로 이전했다. 생물안전성 프로토콜 특별위원회 1차 회의에 미국 측 대표단으로 참석했던 Giddings가 두 번째 회의에는 BIO 대표로 참석했다(출전: 이메일 news release from Beth Burrows of the Edmonds Institute entitled "Government workers go biotech", May 22, 1997. www.~corpwatch~org/trac/corner/worldnews/other/other53.html; www.geocities.com/Athens/1527/appt.html).

Burrrows는 1998년 8월 17일에 열린 생물안전성 협상에서 다음과 같은 추가 자료를 배포했다. 알파벳 순서로 주요 인사들이 일자리를 옮긴 흥미로운 사례들을 정리해본다.

David W. Beier: 전직 제넨테크사의 정부 담당자. 현재 미국 부통령인 앨 고어의 국내정책보좌관.

Linda J. Fisher: 전직 미 환경보호국(EPA) 오염, 살충제, 독성물질 방지국 부국장. 현재 몬산토사의 정부 및 대외협력 담당 부국장.

L. Val Giddings: 전직 농무부 생명공학 기업 규제담당관. 현재 생명공학 기업기구(BIO)의 식량과 농업부문 부위원장.

Marcia Hale: 전직 대통령 보좌관이자 정부 간 협력관계 책임자. 현재 몬산토사의 국제관계 이사.

Michael(Mickey) Kantor: 전직 상무부 장관이자 미국 무역대표부 책임자. 현재 몬산토사 이사.

Josh King: 전직 백악관 이벤트 담당자. 현재 몬산토사의 워싱턴 사무실 국제 커뮤니케이션 담당자.

Terry Medley: 전직 미 농무부의 동식물검역국 국장, 미 농업 생명공학 위원회 위원장과 부위원장, 미 식품의약품국 식량문제 자문위원회 위원. 현재 듀퐁사 농업부문 규제 및 대외관계 이사.

Margaret Miller: 전직 몬산토사 화학실험실 책임자. 현재 미 식품의약품국 수의학센터, 동물 신약 평가국, 식량안보 및 자문위원회 위원장 대리.

William D. Ruckelshaus: 전직 미 환경보호국(USEPA) 국장. 현재(지난 12년간) 몬산토사 이사.

Michael Taylor: 직 미 식품의약품국 의료 및 식품위원회 법률 고문. FDA 정책분야 위원장 대리보, 법률회사 King & Spaulding 파트너. 그는 이 회사에서 9명의 변호사 그룹을 관리했고, 이들의 고객 중에는 몬산

이해관계를 가지며,[24] 주요 대학들은 학문적 자유를 양보하는 대가로 이들 기업에 특허권을 부여하는 협정을 맺고 있다. 대학들이 자금지원 때문에 점차 주요 기업에 대한 의존도를 높여감에 따라, 대학에 속한 다수의 과학자들이 더는 유전공학이나 공공안전에 관

토사가 포함되어 있었다. 또한 미 식품의약품국의 정책분야 위원장 대리를 역임했다. 현재 다시 법률회사 King & Spaulding에서 일하고 있다.

Lidia Watrud: 전직 미주리주 세인트루이스에 있는 몬산토사 미생물학 생명공학 연구원. 현재 미 환경보호국 환경영향연구소 서구 생태계분과에서 활동하고 있다.

Clayton K. Yeutter: 전직 농무부 장관, 미국 무역대표부 대표(미-캐나다 자유무역협정 당시 미국팀을 이끌었고, GATT 협약의 우루과이라운드를 시작하는 데 도움을 준 인물이기도 했다). 현재 마이코젠사 이사. 이 회사는 대규모 지분소유자가 다우케미컬사의 자회사를 완전히 소유하고 있는 다우 애그로사이언스이다.

이 문제는 미국에만 국한된 것은 아니다:

환경론자들은 유전공학 작물의 정부 측 고문들을 해임해야 마땅하다고 주장했다. 그 이유는 너무 많은 사람들이 생명공학 기업들과 밀접한 연관을 갖고 있기 때문이다. '지구의 친구들'(Friends of the Earth, FoE)은 환경방출자문위원회(ACRE)의 13명의 위원 중 8명이 작물 재판이 진행 중이거나 그 밖의 유전공학 연구에 관여하는 기구나 회사와 연관되어 있다고 말했다. ACRE 위원들은 유전자조작 작물을 농촌에서 재배하도록 허용하는 문제에 대한 정부의 법률 고문이다. 지금까지 그들은 150건에 달하는 신청안을 단 하나도 부결시키지 않고 모두 통과시켰다. 패널 구성원들이 개인적 이해관계가 걸린 신청안에 직접 투표하지는 않았지만, FoE의 식품 분과 활동가인 Adrian Bebb은 이 과정에 결함이 있다고 말했다. "그렇게 많은 위원들이 생명공학 기업과 돈 문제로 긴밀하게 연루된다면 누가 정부의 자문위원회를 믿을 수 있겠습니까?"(*London Independent*, July 8, 1998)

24) Russell Mokhiber, "'Objective' Science at Auction", *The Ecologist*, March-April 1998. 그밖에 다음 문헌도 참고하라. Dan Fagin, Marianne Lavelle, and the Center for Public Integrity, *Toxic Deception: How the Chemical Industry Manipulates Science, Bends the Law, and Threatens Your Health* (Birch Lame Press, 1997).

련된 문제에서 독립적이고 객관적인 전문가로 기능할 수 없게 될 것이다.[25]

과학자들은 이미 형질전환 유전자와 표지 유전자를 박테리아 병원체와 토양 균류(菌類)에 도입할 수 있다는 것을 보여 주었다. 이것은 유전공학 생물체가 흙에 들어가 거기에서 자라는 모든 생물로 확산될 수 있음을 뜻한다. 이들은 식물 뿌리에서 토양 박테리아로 전이될 수 있으며, 최소한 한 사례에서 토양이 식물을 자라게 하는 능력을 급격히 억제했다.[26] 일단 박테리아가 토양 속에 자유롭게 풀려나면 그 확산을 막을 수 있는 자연적 방벽은 존재하지 않는다. 일반적인 토양 오염의 경우, 오염을 제한하거나 제거할 수 있다(그 오염이 지하수에 도달하지 않는 한). 유전공학 토양 박테리아가 야생

---

25) 1991년 미국 대학에 대한 연구에 따르면 매사추세츠공과대학, 스탠퍼드대학, 그리고 하버드대학이 각기 생명공학과 연관된 학과에 대한 기업들의 투자가 높은 비율 순서이다. [Sheldon Krimsky et al., "Academic-corporate Ties in Biotechnology: A Quantitative Study", *Science, Technology, and Human Values* 16, 3(1991): 275-287]. 버클리에 있는 캘리포니아대학의 자연자원 칼리지는 최근 수행한 유전공학 연구의 특허권에 대한 독점이용을 허가하는 대가로 노바티스로부터 5천만 달러의 연구보조금을 받는 협정에 서명했다. 이 주제에 대한 자세한 내용은 다음 문헌을 참조하라. Carl T. Hall, "Research Deal Evolving between UC, Biotech Firm: Berkeley Campus Could Get $50 Million", *San Francisco Chronicle*, Oct. 9, 1998; Peter Rosset and Monica Moore, "Research Alliance Debated", *San Francisco Chronicle*, Nov. 16, 1998; Charles Burress, "UC Finalizes Pioneering Research Deal with Biotech Firm: Pie Tossers Leave Taste of Protest", *San Francisco Chronicle*, Nov. 24, 1998.

26) Ho, *Genetic Engineering*, p. 133. 그밖에 다음 문헌을 참조하라. E. R. Ingham, "The Effects of Genetically Engineered Micro-organisms on Soil Food-webs", *Bulletin of the Ecological Society of America, supplement* 75(1994): 97.

으로 확산된다면, 식생을 부양할 수 있는 토양의 능력은 심각하게 훼손될 것이다.[27] 이 파국적인 결과가 어떤 것일지 생각하는 데는 그리 큰 상상력이 필요하지 않다. 물과 공기 역시 유전공학 바이러스와 박테리아에 의해 오염되기 쉽다.

제초제에 내성을 가진 유전공학 신작물 개발은 화학 제초제 사용을 증가시켜 환경에 영향을 준다. 몬산토*와 그 밖의 세계적인 화학, 제약, 농업 기업은 회사의 재정적 미래를 유전공학 제초제 내성 식물에 걸고 있다.[28]

---

27) 이동과 폭넓은 복제를 위해 소수의 유전자를 의도적으로 선택하는 과정은 자연선택에 대한 인간의 판단을 대체했다. 신학적 관점에서 본다면, 농업 관련 산업의 과학 담당자들이 바람직한 유전자를 발견했을 때 무엇이 선(善)인지 결정할 만한 집단적 지혜를 가졌는지 의문이다. 그들의 선택으로 그 유전자가 계속 살아남을 수 있다는 (예를 들어, 그 유전자가 야생으로 유출될 경우) 사실은 더욱 큰 우려를 자아낸다. 처음에는 대량 형질전환에서 비롯될 수 있는 이러저러한 잠재적 악영향이 눈에 띄지 않을 가능성이 크다. 유전공학을 이용해 제초제 저항성을 갖도록 하는 기술이 알지 못하는 사이에 초래할 수 있는 영향 중 하나는 단일 제초제의 반복적 사용이다. 4가지 또는 그 이상의 제초제 유형을 통제된 순서에 따라 형질전환 농작물에 반복적으로 적용할 경우, 일시적으로만 토양 미생물에 영향을 미친다. 그러나 글리포세이트나 브로목시닐과 같은 단일 제초제에 오랫동안 의존할 경우, 장기간에 걸쳐 토양 미생물을 변화시킬 수 있다. 마침내 이 과정은 토양 생물들의 조성을 돌이킬 수 없을 정도로 바꾸어 놓을 것이다. 만약 이런 일이 일어난다면, 미래의 농경을 위한 토양의 질에 큰 영향을 미칠 수 있다. 특히 제초제를 살포한 일부 토양에서 발아에 문제가 발생할 수 있다는 보고가 있다. 이 대목에서 미래 세대에 대한 책임이라는 윤리적 우려가 발생한다. … [Marc Lappe and Britt Bailey, *Against the Grain: Biotechnology and the Corporate Takeover of Your Food* (Monroe, Me.: Common Courage, 1998), 114].

* [역주] 초국적 기업으로 최근 생명공학 분야에 대한 집중적 연구로 전 세계 유전자변형 작물 시장을 좌지우지하고 있다.

최근 과학자들은 식물에 유전공학을 적용해 그 씨앗이 특허를 받은 화학약품을 살포하지 않으면 생존력을 잃게 하는 방법을 찾았다. 그런데 이 화학물질은 대부분 일차 성분으로 항생제를 포함하는 것으로 밝혀졌다. 이 발상은 농부들이 유전공학 씨앗을 거둬 종자로 사용하지 못하도록 막아, 결국 매년 종자를 구매하도록 강요한다. 관련 기업들은 유전자가 야생으로 확산될 경우 파국적인 결과로 이어질 수 있으며 과학적으로 그 가능성이 분명함에도 불구하고, 이 문제에 대해 전혀 우려하지 않고 있다.[29]

---

28) Lappe and Bailey, *Against the Grain*, esp. pp. 50-62.

29) 1998년 3월 3일 미국 농무부와 미국 목화씨 회사인 델타 앤 파인랜드사는 두 번째 씨를 뿌렸을 때 발아하지 않도록 유전자를 조작하는 기술로 미국 특허를 획득했다. 이 기술은 농부들이 곡식을 수확한 뒤 씨앗으로 저장했다가 이듬해 파종시기에 다시 종자로 사용하지 못하도록 막는 것이 목적이다. 그것은 잠재적으로 '치명적' 기술이기 때문에 농촌진흥국제재단(RAFI)은 그 기술에 '터미네이터 기술'이라는 이름을 붙였다. … 만약 이 기술이 상업적으로 이용된다면, 터미네이터 기술은 농업에 엄청난 영향을 주게 될 것이다. 그것은 농부, 생물다양성, 그리고 식량 안보에 대한 전 세계적 위협이다. 씨앗을 불임시키는 이 기술은 자신이 수확한 곡식에서 씨앗을 얻어 온 농부들의 오랜 권리를 침해하고, 농장에서 거둔 종자에 의존하는 14억에 달하는 사람들의 식량 안보를 — 개발도상국의 가난한 농부들의 자원 — 위협한다. 이 기술을 개발한 장본인들은 그 기술이 일차적으로 미국의 종자회사에서 특허권을 가진 씨앗을 개발도상국 농부들이 보관하지 못하도록 막기 위한 수단이라고 말한다. 델타 앤 파인랜드사와 미국 농무부는 최소한 78개국에 터미네이터 기술의 특허권을 적용했다. 만약 이 기술이 널리 사용된다면, 다국적 종자회사와 농화학 기업에 전 세계의 식량공급을 좌지우지할 힘을 부여할 것이다. 그것은 역사상 전례를 찾아볼 수 없을 정도로 막강한 권력이다(RAFI Communique, March-April 1998, http://www.rafi.ca/commnniqiue).

유전학자 조지프 커민스는 이렇게 말했다.

… 터미네이터 작물에서 방출된 꽃가루는 불임이기 때문에 잡초나 다른 작물에 확산될 수 없다. 테트라사이클린(항생제의 일종)으로 처리된 종자의

앞으로 우리는 석유에 기반을 둔 플라스틱에 의존하지 않게 될 것이다. 일부 과학자들은 유전공학으로 줄기 구조에서 플라스틱을 생산하는 식물을 만들어냈다. 그들은 이 플라스틱이 약 6개월 이내에

작물에서 방출된 꽃가루는 터미네이터 차단 유전자를 확산시킬 수 있다. 만약 잡초가 터미네이터 꽃가루로 수분된다면, 그 씨앗의 새로운 세대는 생식능력을 갖춘 꽃가루를 가진 식물일 것이다. 다음 세대에서 터미네이터 식물의 25%는 불임의 꽃가루를 만들 것이다. 불임 꽃가루는 터미네이터 유전자를 확산시킬 수 없기 때문에 정상적인 유성생식 수단에 의한 터미네이터 유전자의 확산은 제한된다. 그러나 터미네이터 유전자는 개체군 속에 항상 존재할 것이다. 이 상황은 사람에게 치명적인 유전병과 흡사하다. 터미네이터가 정상적 유성생식 과정에 의해서만 확산된다면 식물 개체군을 위협하지 않는다. 그러나 다른 수단에 의한 터미네이터의 확산이 더욱 위협적이다. … 바이러스에 의한 터미네이터 유전자 확산은 넓은 범주의 잡초와 작물을 불임으로 만들 수 있으며, 유전자 재조합은 쉽게 테트라사이클린의 역진작용을 약화시킬 수 있다. 따라서 테미네이터 바이러스는 작물 생산에 심대한 영향을 줄 수 있다. … (이런 유전자는) 유전자 부식이나 유전자 규제와 발현의 변화로 이어지는 염색체 돌연변이를 일으킬 가능성이 있다. 이 유전자는 이동성이 매우 높으므로 일단 고등 식물이나 동물에 침입하면 확산되어 이 생물체에 영원히 남을 가능성이 높다! ("Genetics of terminator", 커밍스 교수의 이메일에서 인용, 1998년 6월 17일 수요일. 일부 마침표를 첨가했음).

그밖에 다음 문헌들을 참조하라. Volker Lehmann, "Patent on seed sterility threatens seed saving", *Biotechnology and Development Monitor*, June 1998, 6-8; Rural Advancement Foundation Internationals (RAFI) news releases on "Terminator Technology", www.rafi.org/misc/terminator.html; Martha L. Crouch, *How the Terminator Terrninates: An Explanation for the Non-Scientist of a Remarkable Patent for Killing Second Generation Seeds of Crop Plants*, rev. ed. (Edmonds, Wash.: Edmonds Institute, 1998), www.bio.indiana.edu.

Zeneca BioSciences (UK) 사는 최근 영국판 터미네이터 기술에 대해 특허를 출원했다. 이 주제에 대해서는 다음을 참조하라. Rural Advancement Foundation Internationals (RAFI) news release "And now, the 'verminator': Fat cat corp. with fat rat gene can kill crops", August 24, 1998, www.rafi.org/pr/release19.html.

생물분해된다고 주장한다.[30] 만약 그 유전자가 자연으로 유출되면, 야생근연종과의 타가수분이나 그 밖의 방법으로 자연계는 플라스틱 돌기나 부패한 잎들로 가득 메워지는 끔찍한 가능성에 직면할지도 모른다. 플라스틱은 미학적으로 불쾌감을 줄 뿐만 아니라 실질적 위험을 야기한다. 먹이연쇄 전체를 붕괴시킬 위험성이 있기 때문이다. 이 플라스틱을 무척추 동물이 먹을 수 있고, 이들은 다시 육식동물의 먹이가 되는 식으로 먹이연쇄가 이어진다. 1차 생물이 먹이로 부적합하거나 독성을 띠게 되면 먹이연쇄 전체가 차례로 무너지게 된다.[31]

또 하나의 기발한 착상은 유전공학을 이용해 식물이 전갈의 독을 갖도록 만들어 이 식물을 먹고사는 곤충들을 죽이는 방법이다. 저명한 유전학자들이 이 유전자가 문제의 곤충에게 수평 전이될 가능

---

30) "형질전환 방법으로 제작한 생분해성 플라스틱, 즉 폴리히드록시알카노에이트(PHA)의 최초 견본이 미국과 유럽의 플라스틱 기업들에 전달되었다. 매사추세츠주 케임브리지의 메타볼릭스사는 플라스틱을 생산하기 위해 고도로 효율적인 발효체계와 작물에 유전자를 삽입하는 기술의 특허를 미국에 출원했다. 이 기술은 포장재, 기저귀, 용기, 병, 쓰레기봉투 등의 분야에서 언젠가는 석유에 기반을 둔 플라스틱에 비해 가격 경쟁력을 갖게 될 것이다. 미국과 유럽의 많은 기업과 연구소는 플라스틱 생산을 위한 형질전환 식물의 특허를 획득하기 위해 노력하고 있다. … 영국 워릭대학의 과학자들은 형질전환 플라스틱 생산에 돌파구를 마련했고, 캐나다 연구자들은 비슷한 형질전환 식물로부터 플라스틱을 제조하는 데 거의 성공했다."〔*BIOINFO: An Agricultural Biotechnology Monitor* 4, no. 3(1996)〕.

31) 분자생물학자인 존 페이건 박사는 이러한 플라스틱 생산에 이용되는 새로운 구성 성분이 동물이나 인간에 유독할 수 있는 석유라는 점을 경고했다. 따라서 야생 브라시카와 타가수분이 이루어질 경우, 야생식물이 사람뿐 아니라 사슴, 토끼, 그리고 그 밖의 야생동물에게 유독한 물질을 생산할 수 있다는 것이다(이것은 개인적 대화에서 알게 된 사실임).

성을 경고했고, 이런 식물은 사람에게도 독성물질을 전달할 수 있음에도 불구하고, 연구와 현장실험이 계속 진행되고 있다.[32]

동물

유전공학으로 탄생한 새로운 종류의 곤충, 물고기, 새, 그리고 그 밖의 동물에게는 자연 생태계를 교란시킬 위험이 있다. 이 동물들은 자연종을 대체하고, 유전자 변화의 결과로 나타나는 행동패턴을 통해 다른 종과의 균형을 무너뜨릴 수 있다.

동물의 유전공학적 이용이 초래하는 더욱 심각한 윤리적 문제는, 이미 앞에서 언급했던, 이종(異種) 이식동물의 탄생이다. 이 동물에는 사람의 유전자가 삽입되는 경우도 종종 있다(다음 절을 참조하라). 새로운 동물을 창조하기 위해 삽입한 유전자가 사람의 것이든 아니든 간에, 이종 이식동물은 그 동물들이 겪을 어려움, 그들의 느낌이나 생각 또는 그들의 자연적 생활패턴 등은 거의 또는 전혀 고

---

32) 유전학자인 조지프 커민스는 다음과 같이 경고했다. "문제가 될 수 있는 실험은 전갈독 유전자를 곤충 바이러스에 삽입한 다음 작물에 살포하는 것이다. 이 변형 바이러스는 현재 천적인 곤충뿐 아니라 수분(受粉)을 도와주는 곤충까지 죽일 수 있다. 전갈의 독은 사람들이 섭취했을 때 독소로 작용할 가능성은 없지만, 상처나 종기와 같은 부위에 작용할 경우 위험이 우려된다. 이러한 독소는 신경독뿐 아니라 알레르기 유발물질이 될 수 있다. 소규모 현장실험에서 밝혀진 위험은 심각하게 고려되지 않았고, 통제되지도 않았다. 이러한 실험에서 유전자 조합은 심각한 우려의 대상이다. 전갈독 유전자는 재조합을 통해 식물즙을 빨아먹는 곤충뿐 아니라 흡혈 곤충으로 확산될 수 있다. 독소 유전자를 획득한 바이러스는 새로운 생태적 지위를 얻게 되며, 가공할 기생동물이 될 가능성이 농후하다(*Gene Tinkering Blues*, August 1996).

려되지 않은 채 인간의 이용을 위해 창조되었으며, 기업 이익을 위해 특허의 대상이 되었다.

인간 유전자의 이용

더 많은 사람의 유전자가 인간 외의 생물에 삽입되어 유전적 측면에서 부분적으로는 인간인 새로운 생명형태를 창조하면서 새로운 윤리적 문제들이 발생하고 있다. 그 생물이 인간으로 간주되려면 과연 몇 %의 인간 유전자를 포함해야 하는가? 예를 들어, 우리는 얼마나 많은 인간 유전자가 포함된 피망을[33] 먹을 때 주저하게 될까? 육식하는 사람들 역시 돼지고기를 먹을 때 똑같은 물음을 가질 수 있다. 만약 인간이 특별한 윤리적 지위를 갖는다면 생물에 들어 있는 인간 유전자 자체도 윤리적 지위를 가지는 것인가? 사람의 정자를[34] 생산해 그 정자가 사람의 아이를 수태하는 데 이용된 유전공학 쥐의 경우는 어떠한가?

여러 기업들이 사람의 장기(臟器) 이용을 용이하게 하기 위해 사람의 유전자를 포함하는 기관을 가진 돼지를 연구하고 있다. 기본적 발상은 다음과 같다. 여러분은 자신의 유전자가 이식된 장기이

---

33) 중국 국립 단백질공학과 식물유전공학 연구소장이자 베이징대학 부총장인 첸창량(Chen Zhang-Liang) 박사는 '숙성을 제어하기 위해 사람의 단백질 유전자를 토마토와 피망에 이식하는' 연구를 하고 있다(Arthur Fisher, "A Long Haul Chinese Science", *Popular Science*; "Chinese Science and Technology", special issue, August 1996, 42).

34) 다음 문헌을 참조하라. "Surrogate Fathers", *New Scientist*, January 31, 1998.

식 전용 돼지를 한 마리 가질 수 있다. 여러분의 장기 중 하나가 작동을 멈추면, 그 돼지의 장기를 이용할 수 있다.

FDA는 1996년 9월에 이종이식 가이드라인을 발표해 동물 장기의 인간 이식을 허용했고, 건강과 안전에 대한 책임을 지방 병원과 의료 윤리위원회 수준으로 설정했다. 44명의 정상급 바이러스 학자, 영장류 학자, 그리고 AIDS 전문가로 이루어진 그룹이 FDA의 가이드라인을 비판했고, "AIDS, 헤르페스 B 바이러스, 에볼라, 그리고 그 밖의 바이러스 등을 포함하는 과거의 종간(種間) 전이에 관한 지식을 기초로 할 때, 소수의 환자들을 위해 이러한 동물을 이용하는 것은 정당화되기 어렵다. 새로운 감염원이 전달될 경우 수백, 수천 또는 수백만에 달하는 사람들의 목숨이라는 엄청난 비용을 치를 수 있기 때문이다"라고 말했다.[35)]

영국은 이러한 이식이 매우 위험하다는 것을 이유로 법으로 금지했다.[36)]

---

35) *IP/Biodiv News*, January 24, 1997. 이종이식에 대한 좀더 상세한 내용은 다음 문헌을 참조하라. Alix Fano et al., *Of Pigs, Primates, and Plagues: A Layperson's Guide to the Problems with Animal-to-Human Organ Transplants* (New York: Medical Research Modernization Committee, n. d.).

36) "런던(AP)-영국은 지난 화요일에 동물 장기의 인간 이식을 금지했다. 그 이유는 질병전달 위험에 대해 좀더 진전된 이해가 이루어져야 하기 때문이다. 이 결정은 정부가 임명한 전문가 패널의 보고 후 내려졌다. 이 패널은 주로 이식된 장기에 들어 있는 동물 바이러스가 인간에게 새로운 질병을 전달할 위험성에 대해 우려했다. … 돼지는 여러 가지 레트로바이러스를 — HIV(AIDS 바이러스)를 포함하는 바이러스족 — 가지고 있는 것으로 알려졌다. 연구자들은 이 바이러스 중 일부가 실험실에서 동물세포를 감염시켰다고 발표했다. … 그러나 영국은 사람에 대한 시험을 금지시킬 필요가 있다고 인정될 경우 긴급법안은 마련하겠다는 입장을 분명히 했다. … 사람의 분자로 코팅된 장기를 만들기 위해 돼지에 사람의 유전자를 이식했다. 이것은 환자

인간

유전공학적으로 처리된 물질은 음식, 박테리아, 그리고 바이러스를 통해 인체에 유입될 수 있다. 유전공학물질이 포함되었거나 자연적으로 생성된 치명적인 바이러스의 위험은 이미 앞에서 언급했다.

벡터(*vector*) *의 이동이나 재조합을 통한 병원체 생성의 위험성은 현실로 존재한다. 지난 10여 년 동안 프랑스의 파스퇴르 연구소에서 암과 연관된 종양발생 유전자의 조작에 관여했던 6명의 과학자가 암에 걸렸다.[37]

사람의 것이 아니어도 유전공학으로 제조된 백신이나 그 밖의 의약품을 통해 변형된 유전자가 체내에 유입될 수 있다. 면역거부 반응을 피하기 위해 사람의 유전자로 변형한 동물의 신체 일부를 사용하는 경우도 마찬가지이다.

특정 유전병을 일으키는 결함 있는 유전자를 치료하는 유전자 요법도 신체의 유전적 구조를 변형시키기 위해 새로운 유전자를 의도적으로 체내에 도입하는 과정을 포함한다. 이것은 하나의 유전자가 하나의 기능을 담당한다는 '1 : 1' 상응을 가정하는 가장 단순화되고 잘못된 유전자 기능 모형에 기반하고 있다.

유전자 사이의 수평적 상호작용이[38] 입증되었기 때문에 새로운

에게 나타날 수 있는 가장 심한 형태의 거부반응을 예방할 수 있음을 의미한다"(Associated Press, January 16, 1997).

* 〔역주〕 DNA를 삽입하기 위해 사용하는 운반체.

37) Ho(1996) reporting on information from *New Scientist*(June 18, 1987), 29.

유전자의 도입으로 발생하는 결과는 예측할 수 없다. 이미 앞에서 거론한 또 하나의 문제점은 이것이 설계자 유전자(*designer gene*)라는 개념으로 이어지는 미끄러운 경사길이라는 점이다. 이미 우리는 단지 평균신장보다 작고 부모들이 좀더 키가 큰 아이를 원한다는 이유로 건강한 어린이에게 유전공학적으로 만들어진 성장호르몬을 실험적으로 투여할 수 있도록 허용하면서 미끄러운 경사길에 빠져들었다.[39]

몇 해 전, 한 생명공학 기업이* 유럽 특허국에 이른바 약제여성에 대한 특허를 출원한 적이 있다. 이 여성은 유전공학으로 젖에서 특수한 약제를 분비했다.[40] 또한 유전공학을 이용해 실험실에서 사람의 유방을 성장시키는 연구도 진행했다. 이것이 유방암 치료에 필요한 유방의 대체품 공급에 그치지 않고 이른바 '완벽한' 가슴을 원하는 여성들의 엄청난 상업적 수요를 불러일으키리라는 것은 두말할 나위도 없다.[41] 최근 한 유전학자는 신체 부위를 이용하려는 목적으로 유전공학적으로 머리가 없는 사람을 만드는 계획을 제안했다. 그리고 일부 저명한 유전학자들이 그의 아이디어를 지지했다.[42]

---

38) 수평적 유전자 전이란 '유전자를 바이러스 감염을 통해 유연(類緣) 관계가 없는 종에게 전달하는 것'을 뜻한다. 이때 유전물질인 DNA 일부가 환경으로부터 세포 속으로 들어가게 되며, 유연관계가 없는 종 사이에서 비정상적 교배가 이루어진다(Mae-Wan Ho, *Genetic Engineering*, 13).

39) Andrew Kimbrell, *The Human Body Shop: The Engineering and Marketing of Life*(New York: HarperCollins, 1994), pp. 142-157.

* 〔역주〕 이 업체는 미국 텍사스의 그라나다 생물과학연구소로 알려졌다.

40) Kimbrell, *Human Body Shop*, p. 191.

41) 다음 문헌을 참조하라. Rifkin, *Biotech Century*, pp. 24-25.

42) 배스대학의 발생생물학 교수이자 저명한 발생학자인 조나단 슬랙(Jonathan

많은 과학자가 유전공학물질이 위산에 의해 파괴되기 때문에 유전공학식품의 섭취는 인체에 해롭지 않다고 주장했다. 그러나 최근 연구에서[43] 유전공학물질이 위산에 의해 완전히 파괴되지 않으며

Slack)은 자신이 특정 유전자를 조작하는 방법으로 비교적 손쉽게 머리 없는 개구리 배아를 만들 수 있다고 주장했다. … 그는 이 획기적인 기술이 사람의 배아에도 적용가능하다고 말했다. 그 이유는 같은 유전자가 개구리와 사람에게서 비슷한 기능을 수행하기 때문이다. 슬랙은 손상되지 않은 복제된 사람의 배아를 이용해 장기를 생산하는 방법으로는 배아가 살해될 수 있으며, 이러한 행위는 살인과 같다는 점에서 문제가 될 수 있다고 말했다. … 슬랙의 아이디어는 일부 학자들을 격분케 했다. 옥스퍼드대학의 동물윤리학자 앤드류 린지 교수는 그의 연구를 맹렬히 비난했다. "이런 식의 사고방식은 우리의 신념을 무력화한다. 그 존재 자체가 지배 집단에게 봉사할 수 있는 생물을 창조한다는 점에서, 그것은 과학적 파시즘이다. 생물 돌연변이를 만들어내는 것은 도덕적 역행에 해당한다."

그러나 다른 과학자들은 많은 논쟁을 유발하는 이 연구를 중시하면서 그의 연구를 지지했다. … 런던 유니버시티 칼리지에서 의학-응용 생물학 교수인 루이스 월퍼트는 슬랙의 제안이 완전히 합당하며, 이론상으로 가능하다고 주장했다. "누구에게도 해를 끼치지 않기 때문에 윤리적 문제는 전혀 없다. 그 기술이 대중적으로 수용가능한지가 문제이며, 그것은 사람들의 심리적 기피 현상에 달려 있다"("Headless Frog Opens Way for Human Organ Factory", *London Times*, October 19, 1997).

43) 많은 교과서가 식품 속에 들어있는 DNA가 소화되어 파괴된다고 이야기한다. 그러나 Dorfler와 그의 학생인 Rainer Schubbert는 (1) M13이라는 박테리아 바이러스를 쥐에게 먹인 결과 약 700개 DNA 문자길이의 유전물질이 — 이 정도면 유전자 하나를 포함할 분량이다 — 쥐의 배설물에서 검출되었다고 발표했다. 연구자들은 소수의 유전자 단편이 쥐의 세포에 침입할 수 있었을 것으로 추측했다. 그들은 쥐의 세포를 뽑아내어 M13 유전자와 결합했을 때 빛을 내는 염료 분자를 이용해 탐색했다. 그 결과 창자뿐 아니라 비장, 백혈구 세포, 그리고 간에서까지 유전자가 발견되었다. Dorfler는 이렇게 말했다. "유전자 발견은 힘들지 않았습니다. 세포 1천 개

상당 부분이 혈류와 뇌세포에 도달한다는 사실이 밝혀졌다. 게다가 연구결과는 체세포의 자연적 방어 메커니즘이 유전공학물질의 세포 내 진입을 효과적으로 막지 못한다는 사실도 보여 주었다.[44)]

에서 하나꼴로 바이러스 DNA를 포함하고 있었으니까요". 일반적으로 DNA는 세포 내에 오랫동안 머물지 않는다. 약 18시간이 지나면, 세포 대부분은 바이러스 침입자들을 방출한다. 그러나 Dorfler는 이따금 일부 낯선 유전자가 세포에 남아있을 것으로 추측했다(*New Scientist*, January 4, 1997).

유전학자 조지프 커민스는 다음과 같이 말했다.

식품에서 사람의 염색체에 삽입된 DNA 물질은 여전히 살아있으며 활성적이다. 이러한 삽입이 일어날 수 있다는 사실은 명백하다. … 일부의 경우 세포 안으로의 섭취가 아폽토시스(세포의 자살)를 일으킬 수 있다, 그러나 Dofler는 성숙하고 건강한 세포가 낯선 유전자를 염색체로 삽입한다는 사실을 보여주었다. 이러한 삽입의 결과에 대해 어떤 식으로든 결론을 내리기는 아직 이르다. 이런 식품에는 다양한 면역과 자가면역 질병뿐 아니라 정신적 질환까지 관련되기 때문에〔지방변증(*Celiacs*)은 정신질환 발병률이 높다〕, 삽입된 DNA로 질병이 어떤 영향을 주는지 연구되어야 하며, 근거 없는 추측에 기반한 결론은 피해야 한다. 오랜 진화의 역사에서 먹이의 DNA가 체세포 염색체에 삽입되었다는 것은 분명하다. 유전공학의 위험성은 고도로 증폭된 바이러스 촉진자, 박테리아 유전자, 그리고 합성 유전자의 삽입이(몬산토사가 이런 물질들을 대량으로 사용하고 있다) 새로운 위험을 초래할 수 있다는 점이다(개인적 이메일 통신에서 인용함. 1998년 8월 18일).

그밖에 다음 문헌을 참조하라. R. Schubbert, C. Lettman, and W. Dofler, "Ingested foreign (Phage M13) DNA survives transiently in the gastrointestinal tract and enters the bloodstream of mice", *Mol. Genet.* 242(1994): 495-504.

44) "사람의 장에 빠른 속도로 DNA를 소화할 수 있는 효소가 들어 있다는 가정은 매우 오래된 것이다. 바이러스 DNA의 장내 생존 여부를 검사하기 위해 고안된 한 연구에서 박테리아 바이러스의 DNA를 쥐에게 섭취시켰다. 그 결과, 장에서 혈류에 이르기까지 큰 DNA 절편이 살아남은 사실이 발견되었다. 이 연구팀은 소화된 DNA가 쥐의 창자 세포뿐 아니라 간세포와 백혈구 세포에도 들어갔다는 사실을 밝혀냈다. '일부 경우, 1천개 당 1개의

유전공학식품 섭취에 따른 일부 위험은 이미 많은 문헌을 통해 입증되었다. 사람의 건강에 미치는 위험으로는 식품에 들어 있는 독소 수준과 항생제에 저항성을 가지는 질병 발생 생물체 숫자가 증가할 가능성이 포함된다.[45] 곤충에 대한 저항성을 높이기 위해 식품에 인위적으로 독소를 증가시키는 것은 수천 년에 걸친 식용식물의 선택적 육종을 거꾸로 되돌리는 셈이다. 예를 들어, 식물이 포식자에 저항하도록 유전공학을 적용할 때, 그 식물의 방어체계에는 천연 발암물질의 합성이 포함되는 경우도 종종 있다.[46]

유전공학으로 식품을 생산하는 과정에서 빚어지는 실수나 부주의도 심각한 문제를 일으킬 수 있다. 천연 신경안정제이자 수면제라는 이름으로 판매되었던 아미노산인 'L-트립토판' 식품보충제는 실상 유전공학의 산물이었다. 보충제로 37명이 목숨을 잃었고, 호산구(好酸球) 증가 근육통 증후군(Eosinophilia Myalgia Syndrome : EMS)이라는 불치의 신경계 질환으로 1,500명에 달하는 사람들이 영원히 불구의 몸이 되었다.[47]

세포에서 바이러스 DNA가 검출되었다'"(Ho, "Gene Technology", p. 141).

45) 항생제 저항성 생물체의 확산은 유전공학의 위험한 부산물이다. 항생제 저항성 유전자는 종종 유전자 접합과정에서 표지 유전자로 사용된다. 이 유전자는 수평적 전이로 확산될 수 있다. 앞에서 설명했듯이, 이른바 터미네이터 기술의 영향을 해제시키기 위해 다량의 항생제가 작물에 투여될 수 있다.

46) *Science*, June 16, 1989, p. 1233.

47) John B. Fagan, Ph. D., "Tryptophan Summary", http://home1.swipnet.se. 유전공학적으로 처리된 트립토판은 초기의 문제점을 야기했던 특성과 동일한 정도의 위험성을 포함한 채 이미 시장에 복귀했다.

존 페이건 박사는 유전공학식품 섭취에 따른 주요 위험을 다음과 같이 정리했다.

… 유전공학식품에 들어 있는 새로운 단백질은 다음과 같은 영향을 줄 수 있다. ① 그 자체가 알레르기 유발물질이 되거나 독소로 기능할 수 있다. ② 식품 원인 생물의 물질대사를 변화시켜 새로운 알레르기 유발물질이나 독소를 생성할 수 있다. ③ 영양가를 감소시킬 수 있다. … ① 돌연변이는 생물체의 DNA에 자연 상태로 들어 있는 유전자를 손상시켜 물질대

미국 연구자들에 따르면, 재처방된 식품 보충재는 앞서 판매금지되었던 상품에서 발견되었던 것과 흡사한 유해 오염물질을 포함할 수 있다고 한다. 자연적으로 발생하는 아미노산인 'L-트립토판'은 일본에서 '호산구 증가 근육통 증후군'이라는 이름의 희귀 혈액질병의 발병과 관련된 후 판매금지되었다. 이 질병으로 1천 5백 명이 피해를 입었고, 30명이 사망했다. 수면과 섭식 보조물로 선전되었던 이 상품에 대한 연구결과, 그 속에 '피크 X'(*peak* X) 라는 별명이 붙은 미확인 오염물질이 들어있다는 사실이 밝혀졌다. 과학자들은 질병을 일으킨 원인이 그 오염물질인지, L-트립토판인지, 아니면 둘의 혼합물인지 결정할 수 없었다.

그 후 여러 제조사들은 이 상품을 재처방해서 '5-수산기-L-트립토판을 함유'하는 상표명으로 다시 발매했다. 이 상품은 미국에서 처방전 없이 어디서든 구입이 가능하다. 미네소타에 있는 마이요 클리닉(Mayo Clinic)의 Stephen Naylor와 Gerald Gleich은 원래의 오염물질 검출 여부를 확인하기 위해 6종류의 상표를 조사했다. 그들은 8월 31일 월요일, 조사 결과 6종류 모두에서 '피크 X'의 징후가 나타났다고 말했다. 그 수준은 최초 상품에서 확인되었던 수준의 3~15%로 저마다 달랐다. Gleich는 그들이 새로운 처방이 EMS의 발병과 연관되는지 여부는 알아내지 못했지만, '그 가능성은 있다'고 말했다. 식품의약품국은 Naylor와 Gleich의 발견을 확인했다고 발표했다. 그들의 연구결과는 *Nature Medicine* 9월호에 발표되었다("Remade Food Supplement as Bad as Banned Original" [Shane Morris에 의해 1998년 9월 2일. 다음 주소로 보내졌음. GENTECH@ping. de listserv]

앞에서 언급한 연구들을 포함해서 이 주제와 연관된 여러 논문들은 *The Lancet*(August 29, 1998)에 실려 있다.

사를 바꾸고 독소를 생성할 수 있으며, 식품에 들어 있는 영양가를 감소시킬 수 있다. ② 돌연변이는 정상 유전자의 발현에 변화를 일으켜 알레르기 유발물질과 독소를 만들어낼 수 있으며 영양가를 감소시킬 수 있다. ③ 돌연변이는 생물체 DNA의 아직 알려지지 않은 그 밖의 필수 기능을 방해할 수 있다.[48]

오늘날 유전공학식품이 홍수처럼 시장에 쏟아지고 있지만, 우리는 그것이 인체에 미치는 영향에 대해서는 아무 것도 알지 못하는 상황이다. 우리는 모두 실험용 모르모트(*guinea pig*)가 되어가고 있는 셈이다. 유전공학식품에 표시되지 않는 한 심각한 문제가 발생할 것이고, 그 원천을 추적하기는 매우 힘들어질 것이다. 또한 표시의 결여는 책임이 있는 기업들에게 면죄부를 주는 역할을 할 것이다.

그 밖의 기본적인 윤리문제들

정크 DNA

사람의 유전체에서 발견된 10만개 남짓한 유전자는 반수체(*haploid*, 半數體)인 인간유전체에 포함된 약 35억 쌍의 DNA 염기서열 중에서 고작 5%에 불과하다. 암호화되지 않은 대부분의 DNA가 이들 유전자 사이에 위치하며, 스페이서 또는 '정크'(*junk*) DNA라는 이

---

48) John Fagan, "Assessing the Safety and Nutritional Quality of Genetically Engineered Foods", http://home1.swipnet.se/~w-18472/jfassess.htm.

름으로 불렸다.[49]

DNA의 압도적인 부분이 — 아마도 일부 유전체의 경우 99%까지 — 지금까지 그 기능에 관해 알려지지 않은 것처럼 보인다. 따라서 그 부분은 '정크 DNA'나 '이기적 유전자'라고 불렸다. '이기적'이라는 이름이 붙은 까닭은 유전체의 나머지 부분과 함께 스스로를 복제하는 것 외에는 아무런 기능도 갖지 않는다고 생각되었기 때문이다.[50]

정크 DNA 이론과 그보다 앞서 뇌의 전두엽(前頭葉)을 인간에게 불필요한 부분으로 간주한 이론 사이에서 흥미로운 유사성이 발견되었다. 1955년에 에가스 모니스는 생리학과 의학으로 노벨상을 수상했다. 그의 업적은 전두엽 절제술로 정신분열증을 치료한 것이다. 그는 시술과정에서 두개골 옆쪽으로 긴 철사를 삽입해 마치 스크램블 에그를 휘젓듯 철사로 전두엽을 휘저었다.

미국에서 최초로 전두엽 절제술을 했던 조지워싱턴대학 의대 교수이자 미국 정신병학 및 신경학위원회 위원장인 월터 프리먼(Walter Freeman) 박사는 누관(淚管)을 통해 얼음을 깨는 송곳을 집어넣어 전두엽 연결부위를 절단했다. 처음에는 정신병 환자들을 대상으로 사용되었던 이 방법은 점차 정신적 문제 일반을 치료하는 처치로 인기를 끌었다.

위생을 강화한 수술법과 그 결과가 확고한 지위를 얻게 된 것은

---

49) Mark V. Bloom, Ph.D., "Polymerase Chain Reaction", www.gene.com/ae/RC/CT/polymerase_chain_reaction.html.

50) Mae-Wan Ho, *Genetic Engineering: Dream or Nightmare*, p. 110.

1941년 〈새터데이 이브닝 포스트〉 지에 "마음 뒤집어 보기"(Turning the Mind Inside Out) 라는 제목으로 보도된 기사 때문이었다. 〈뉴욕 타임스〉 의 과학분야 편집자인 필자는 미국에서만 근심, 피해망상, 자살 충동, 강박증, 그리고 그 밖의 신경과민 등에 시달리던 최소 200명의 남녀가 그들의 마음에 칼을 대, 이런 문제점을 극복했다는 극적인 이야기로 기사를 시작했다.[51] 결국 약 2만 명에 달하는 사람들이 이 수술을 받았다. 물론 뇌의 전두엽을 달걀 휘젓듯 엉망진창으로 만들어 버린 결과는 되돌릴 수 없었다.

'정크 DNA' 개념은 전두엽 절제술이라는 어처구니없는 결과를 빚은 뇌의 전두엽 기능에 대한 태도와 상당히 유사하다. 두 사례에서 공통적으로 나타난 태도는 최신 과학연구결과 해당 부위에 그 어떤 유용한 기능도 없다는 것이 입증되었기에 전두엽이나 정크 DNA가 주요 기능은 없는 것이 분명하고, 따라서 그것들을 제거하거나 무시할 수 있다는 것이다. 과거의 전두엽 절제술 시술자들이 '맹목적으로' 수술했듯이 — 그들은 자신들이 무슨 짓을 하는지 알지 못했다 — 유전자를 새로운 생물체에 삽입하는 연구자들 역시 그 유전자가 최종적으로 새로운 DNA의 어디에 도달할지, 그리고 이처럼 가장 조악한 수단은 논외로 하더라도, 이 방법으로 어떤 결과를 얻게 될지는 전혀 알지 못하면서 산탄총을 쏘듯 '맹목적으로' 연구를 수행하고 있다.

---

51) Robert Youngson and Ia Schott, "Adventures with an Ice Pick: A Short History of the Lobotomy", *Medical Blunders* (London: Robinson, 1996) 를 기초로 각색한 것이다. 각색본의 판권은 다음과 같다. *The Independent on Sunday*, March 3. 1966.

절제술과 마찬가지로 유전공학 생물체의 창조 역시 되돌릴 수 없는 과정이다. 절제된 전두엽을 살려낼 수 없듯이 일단 방출된 생물체도 불러들일 수 없다. 두 경우 모두 과학과 '책임 있는' 대중 언론은 이 과정이 인류에게 가져다줄 엄청난 이득만을 소리 높여 외쳤다.

유전 상품으로서의 생명

1971년, 미국 정부는 살아 있는 생물에 최초의 특허를 인정했다. 그것은 누출된 석유를 청소해주는 유전공학 박테리아였다. 이 미끄러운 경사길은 유전공학 식물이나 동물뿐 아니라 사람의 유전자에 대한 특허신청으로까지 이어졌다. 인간 유전자에 대한 특허 획득은 종종 그들로부터 유전자를 추출했거나 도움을 준 사람들에 대한 동의 절차 없이 이루어졌다.[52]

생물체를 독점하려는 태도는 생물의 본질적 가치를 인정하지 않고 오로지 도구적 가치로만 인식하는 철학에 기반을 둔다. 다시 말해, 모든 생물은 개인에게 어떤 구체적 용도를 가지는지의 여부로만 평가된다. 여기에는 생명에 대한 존중이나 다른 생물들이 나름대로 고유한 운명을 타고났으며 그에 따라 살아간다는 생각이 들어설 틈이 없다.

평등과 개인의 권리 개념에서 세계 최고수준을 자랑하는 미국의 역사적 역할에 비추어 본다면, 인간 유전자와 연관하여 도구적 가

52) 요약된 내용은 다음 문헌을 참조하라. Vandana Shiva, *Biopiracy*, 19 ff. 그 외에 다음 문헌도 보라. Vandana Shiva, *Biotechnology and the Environment* (Malaysia: Third World Network, n. d.).

치를 합법화한 처사는 자못 놀랍다. "집이 곧 성"이라는 말도 있지만* 우리의 몸과 유전적 구성은 말할 나위도 없다. 우리는 사람들이 자신의 유전자에 대한 합법적 통제력을 가진다고 생각할 것이다. 그러나 실은 그렇지 않은 듯하다.[53]

가격을 산정한다

유전공학이 가져다줄 것이라고 주장하는 수많은 이익에도 불구하고, 압도적으로 많은 사례에서 그 가격은 지급할 수 없을 만큼 너무 높다. 다음 세기에 다국적 기업들에게 천문학적 이익을 보장해주기 위해서 우리는 생물권 전체를 저당 잡히고, 심지어는 인간이라는 의미 자체를 상실할 위험까지 감수해야 할 지경이다. 지금까지 우리는 유전공학이 사람들의 건강과 환경에 심각한 위험을 초래한다는 것에 대해 살펴보았다. 소수의 이익을 위해, 지각이 있든 없든 간에, 지구상의 생명체를 변화시킨다는 것은 과연 인간에게 그럴 권리가 있는가 하는 심각한 윤리적 문제를 제기한다.

---

* 〔역주〕 영국 속담으로 누구나 자기 집에 대해서는 전적이고 배타적인 소유권을 갖고 있기에 그 권리에 대해 다른 사람이 간섭할 수 없다는 뜻이다.

53) 예를 들어, 시애틀의 사업가 존 무어의 흥미로운 사례를 보라. 이 사례는 다음 문헌을 참조하라.
Phillip L. Bereano, "Body and Soul: The Price of Biotech" (*Seattle Times*, August 20, 1995), B5, http://online.sfsu.edu/~rone. 이 사례는 다음 문헌에서도 다루어진다. Monte Paulsen, "Biotech Buccaneers" (*Fairfield County Weekly*, August 29, 1998).

다른 생명형태를 존중하면서 인간에게 안전하게 이익을 줄 수 있는 유전공학의 다른 영역들이 존재한다면, 과학적 위험평가의 영역에서만이 아니라 폭넓은 윤리적 가이드라인을 개발하는 작업에도 노력을 배가할 필요가 있다. 과학과 윤리 양쪽 전문가들이 신뢰와 존경을 받으려면, 그들은 개인적인 금전적 이익 획득이나 그 밖의 다른 형태의 개인적 권력 강화의 오명에서 자유로워야 할 것이다. 대중이 잠재적 위험과 윤리적 문제를 알고 평가할 권리는 기업 비밀이나 연구의 자유에 대한 순진한 견해보다 우선되어야 한다. 흔히 과학자들은 파급효과에 대한 고려 없이 자신들의 상상력을 자극하는 것이면 무엇이든 실험할 수 있다고 생각하는 경향이 있다. 의사결정은, 그들의 가치가 무엇이든 간에, 이른바 전문가들에게만 맡겨져서는 안 된다. 일반 시민들 스스로 정보를 습득하고 의원에게 요구안을 주장해야 하며, 반드시 이루어져야 하는 중대한 결정이라면 그에 대해 책임을 함께 져야 한다. 공공복지가 일차적 고려사항으로 그 지위가 복원되어야 하며, 다국적 기업의 무절제하고 비도덕적인 탐욕은 어떻게든 억제되어야 한다.

그렇다면 과연 이러한 행동 프로그램은 가능한가? 노도처럼 밀려가고 있는 작금의 상황은 그 속도를 늦추기도 아주 어려운 지경이다. 그러나 희망은 있다. 예를 들어, 유럽에서는 유전공학식품에 대한 대중들의 고양된 의식이 이 지역에 유전공학 식품을 도입하려는 기업들의 계획을 크게 바꾸었다. 다행히도 이 분야에 잘 훈련된 소수 견해의 과학자들이 계속 목청을 돋우고 있다. 그들은 현재 진행되는 상황의 위험이 무엇인지 분명하게 알고 있으며, 개인적으로나 직업적으로 상당한 위험을 감수하면서 용감하게 양심의 목소리

를 내고 있다.[54]

가장 중요한 것은 현재 벌어지는 일을 대중들에게 교육하는 일이다. 우리는 일반 시민들이 유전공학을 둘러싸고 벌어지는 복잡하게 뒤얽힌 문제들의 실타래를 헤집고 나아갈 길을 우리에게 보여줄 집단의 지혜를 짜낼 수 있는 통합의 기초를 마련할 수 있다는 확신을 가져야 한다.

---

54) 예를 들어, 몇 년 전에 나는 유명 대학의 학과장인 저명한 교수와 토론한 적이 있다. 유전공학에 관한 몇 가지 심각한 위험의 이론적 가능성에 대해 공개적으로 글을 쓴 후, 그는 동료들로부터 공공연하게 비난을 받았다. 그 이유는 그가 쓸데없이 대중을 놀라게 했다는 것이었다. 그는 블랙리스트에 올랐다. 심지어 실험결과 그의 주장이 옳다는 것이 입증된 후에도 그는 정부로부터 연구비 지원을 거절당했다.

제 3 장

'신 놀이하기'와 하나의 관점에 대한 호소•

알렌 버헤이*

생명공학의 형질전환 기술을 둘러싼 논쟁에서 가장 흔히 등장하는 용어 중 하나가 '신 놀이하기'(Playing God) **이다. 이 말은 신이 창조자이자 창조주로 일컬어지는 서양의 종교적 전통에서 그 말이 가지는 대중성에 기인한 것이 분명하며, 굳이 어떤 신학적 맥락에서 나올 필요는 없다. 또한 그것은 서구의 유신론, 동양의 다양한 종교적 전통, 그리고 비유신론과 비종교적 자연주의의 틀에서 나왔

- • 이 글은 저자의 허락을 얻어 다음 글을 재수록하였다. *Journal of Medicine and Philosophy* 20(1995) : 347-365.
- * 〔역주〕 Allen Verhey. 듀크대학 신학과 기독교 윤리학 교수로, 주요 관심분야는 기독교 윤리학이다.
- ** 〔역주〕 이 말은 '신 행세하기', '신 놀이하기' 등의 여러 가지 의미를 가진다. 이 글에서는 필자가 놀이의 개념을 강조했기에 '신 놀이하기'로 번역했다. 그러나 내용으로는 '신 행세하기' 등의 의미가 포함된다.

을 수도 있다.

넓은 의미에서 이 개념은 고정된 유전적 장벽이 종(種) 또는 속(屬)을 구분하고, 이 경계선을 넘는 것은 남의 토지구획선을 넘는 것과 마찬가지로 나쁘다는 생각에 기반을 둔다. 제4장에서 마이라 파웅이 보여 주듯이, 우리는 이것을 버헤이가 탐구한 신학적 맥락에서 '신 놀이하기'라고 할 수 있거나 파웅의 표현처럼 '유전적 침입'(넘어서는 안 되는 자연의 경계를 형질전환 기술로 넘는 것)이라고 부를 수도 있다.

실제로 무단침입에 대한 주장은 그러한 행위에 의해 어떤 종류의 부정이나 피해가 발생하는가에 따라 이 책에서 3가지 버전으로 나타난다.

첫 번째 버전은 우리가 '강한 침입' 버전이라고 부를 수 있다. 이 견해는 신이나 자연이 마치 토지구획선처럼 종(種) 간의 경계를 설정해놓았다고 가정한다. 이 경계선은 존중되어야 한다. 어떤 의미에서, 한 저명한 저자가 말했듯이, 자연이 그 '경계를 포고했다'고도 할 수 있다.

> 자연적 유전자 변화는 그 크기와 빈도가 극도로 제한되어 있다. 돌연변이와 DNA의 재배열이 일어날 수 있고, 유전정보는 특별한 조건하에 근연종(近緣種) 사이에서 전달될 수 있다. 이러한 변화는 여러 가지 생물학적 제약으로 엄격하게 제한되어 극히 미미한 단계로 일어난다. 그에 비해 유전공학자들은 훨씬 제약이 없다. 이론상 그리고 실천상으로 그들을 제약하는 것은 그들의 상상력밖에 없다. 그들은 지구상의 어느 생물체든 둘 또는 그 이상으로부터 추출한 유전정보를 접합할 수 있으며, 실질적으로 그들이 선택한 거의 모든 생물에 DNA를 도입할 수 있다. … 실

제로 이러한 변형은 자연 속에서는 결코 일어날 수 없다.

불행하게도 이러한 관점은 두 가지의 심각한 문제에 직면한다. ① 이 관점은 왜 이 계통들이 서로 교류될 수 없는지 그 근거를 제공하지 않는다. 우리는 경계를 넘으면 안 되기 때문에 그 경계를 넘어서는 안 된다. 이것은 토톨로지(*tautology*, 동어반복)이지 근거가 아니다. ② 이 관점은 자연에 대해 지나치게 정적인 관점을 채택한다. 오랜 진화과정을 통해 사실상 거의 모든 유전계통이 교배되고 뒤섞였다. 따라서 자연 스스로가 한 것을 사람이 했다고 해서 비자연적이므로 잘못이라고 주장하는 것은 어불성설이다.

이 주장의 두 번째 버전은 왜 유전적 종(種)의 다른 계통이 서로 교배하는 것이 나쁜가를 설명하는 데 빠져 있던 잃어버린 논증을 제공하려고 시도한다. 이것은 유전적 고립이라는 개념과 연관된다. 모든 시대에 걸쳐 생명을 지속시켜 온 생태학적 직물의 일부로 생존한 모든 종은 그 직물 속에서 끊임없이 변화하는 조건에 성공적으로 적응했음을 나타낸다. 이들 종이 지속되려면 오랜 진화적 시간 동안 서로 유전적으로 고립되어야 한다. 20세기의 가장 위대한 생물학자 중 한 사람인 에른스트 마이어(Ernst Mayr)는 이렇게 썼다.

"어떤 종의 생식적 고립은 훌륭하게 통합되고 상호적응한(*co-adapted*) 유전체계가 붕괴하는 것을 막기 위한 방어장치이다."

성공적인 적응이 생명의 생태적 그물망을 유지하고 지탱하려면 계속 고립을 유지해야 한다. 고의적인 유전자 전이는 이러한 고립을 깨뜨리고, 결국 지구상의 생명을 위협한다. 그것이 비자연적인 까닭은 이러한 고립을 붕괴시키기 때문이다. 그리고 그 결과로 나타나는 극단적 위험으로 인해 완전히 잘못된 것이다.

이러한 관점은 마치 여러 차선으로 된 고속도로를 역주행하는 것과 흡사하다. 여기에는 안전속도가 없다. 고속도로의 차선을 넘으면 안 되는 이유는 그것이 자연적이거나 신이 그렇게 선포했기 때문이 아니다. 선을 넘으면 안 되는 까닭은 그러한 행위에 극도의 물리적 위험이 따르기 때문이다. 제 2장의 론 엡스테인의 주장은 형질전환 기술의 심각한 위험에 대해 이러한 종류의 주장을 제기한 예로 볼 수 있다.

형질전환 기술에 대해 완전한 반대의 근거를 제공했음에도 불구하고, 이 관점은 '비자연성' 주장의 좀더 강한 버전과 같은 문제에 직면하게 된다. 그것은 오로지 정적인 종의 개념에만 초점을 맞추고, 변화나 적응을 충분히 고려하지 못하고 있다. 종은 지속할 뿐 아니라 새롭게 창발(創發)되기도 한다. 종의 탄생은 유전적 장벽의 침범, 즉 종의 고립 붕괴를 필요로 한다. 변화하는 환경이나 다른 종과의 경쟁에 적응하지 못하면 유전적 고립의 급속한 붕괴와 마찬가지로 심각한 생명의 위협을 받게 된다. 따라서 우리는 모든 종의 교배가 위험하기에 사람에게 도덕적으로 금지된다고 말할 수 없다.

우리가 위에서 살펴본 두 가지 관점은 '신 놀이하기'라는 개념을 존재론의 문제로 분석하는 것처럼 보인다 — 즉, 과거 신에게만 부여된 권능을 인간이 주제넘게 행사하려 든다는 것이다. 대부분의 저자들이 이 구절을 사용할 때의 의미는 그 권능은 오직 신에게만 주어져야 한다는 것이다. 그러나 가령 우리가 이 주장을 존재론이 아닌 인식론과 연관된 것으로 바꾼다고 가정해 보자. 이 관점에서 형질전환이 문제가 되는 근거는 우리가 심각한 폐해의 위험을 감수하지 않고는 그것을 실행할 수 없기 때문이다. 신의 완벽한 지식은 신이 아무런 피해도 주지 않으면서 행동하게 한다. 그러나 우리가 유전적 장벽을 가로지르는 것은 전형적인 진화적 변화보다 훨씬 빠른 속도로 그것을 수행하려는 시도이며, 우리의 인식적 지위는 신의 그것에서 한참 뒤떨어져 있다.

이것은 과속에 해당할 수 있다. 그 자체가 나쁜 것은 아니지만 너무 위험하기 때문에 완전히 금지된다. 일반적 형질전환 사례에서 우리는 너무 빠르게 연구를 진행한다. 이러한 변화는 필수적 맥락에 대해 잘 알지 못한 가운데, 유전적 변화의 과정은 극적으로 가속되었다. 우리는 신의 지식 없이 '신의 힘'을 사용하여 '신의 놀이'를 하고 있는지도 모른다.

과연 인간은 신의 놀이를 해야 하는가? 이 물음은 생명윤리와 유전학에 대한 논의에서 자주 등장한다. 때로는 그 질문이 수사적으로 제기되기도 한다. 비록 그 답은 명백한 것일지라도 말이다. '사람은 결코 신의 놀이를 해서는 안 된다.'[1] 때로는 이 질문이 하찮은 듯 한쪽으로 밀려나고 사람이 신의 놀이를 하는 데에는 선택의 여지가 없는 것처럼 가정되곤 한다. "문제는 우리가 신의 놀이를 하는가의 여부가 아니라 어떻게 하는가(즉, 우리가 신의 놀이를 책임감을 가지고 하는가) 이다"(Augenstein, 1969: 145).

---

1) 예를 들어, 테드 하워드와 제레미 리프킨은 그들의 저서 제목인 《누가 신의 놀이를 해야 하는가?》(*Who Should Play God?*, 1977)로 독자들에게 질문을 던졌다. 그러나 그 물음에 대한 확장된 토론과 답에 대한 합당한 방어를 기대한 독자들이라면 실망할 것이다. 질문은 분명 수사적인 것이었고, 그에 대한 답은 '아무도 해서는 안 된다'였다.

우리는 때로 신의 역할로 초빙되기도 하고, 그런 행동에 대해 경고를 받기도 한다. 그러나 그런 초대에 응할 것인지를 결정하거나 경고에 주의를 기울이기에 앞서 '신의 놀이를 한다'는 것이 무엇인지 알아두는 편이 좋을 것이다. 내 딸 케이트가 아주 어렸을 때, 케이트는 가족들에게 '52-세미'(52-semi) 게임을 하자고 했다. 케이트는 카드 한 벌을 집더니 열심히 놀이를 시작했다. 그러나 우리가 그 놀이에 대해 설명해달라고 하자 아이는 아무 말도 하지 않고 계속 '52-세미' 놀이를 하자는 말만 되풀이했다. 마침내 우리는 이렇게 말했다. "좋아! 케이트. 그러면 52-세미 놀이를 하자구나." 그러자 케이트는 카드를 공중에 던져 올리고는 카드들이 바닥에 떨어지자 의기양양하게 "자, 이제 카드를 주워"라고 말했다. 그녀는 카드를 섞은 것이었고, '52-세미'를 '52장 줍기'와 혼동했던 것이었다. 우리는 갑자기 — 너무 늦게 — 그녀가 무슨 말을 하려던 것이었는지 깨달았다. 과연 인간은 '신의 놀이'를 해야 하는가?

불행히도 이 말은 한 가지 의미만 가지는 것이 아니다. 그 의미는 사람마다, 그리고 그것이 사용되는 맥락에 따라 달라진다. 그것은 '놀이'와 '신'이라는 말이 모두 단순한 용어가 아니라는 사실을 고려하면 그리 놀랄 일도 아니다. 게다가 때로는 그 말이 '놀이'나 '신'과 전혀 무관하게 사용되는 경우도 있다.

최근 이 말의 용례에 대한 한 설문조사에서, 에드먼드 에어드는 그 말이 아무런 의미가 없다고 결론 내렸다. 그는 그 말이 어떤 의미를 가지는 것처럼 사용하는 것은 "어리석은 일"(Erde, 1989: 594)이라고 말했다. 게다가 그는 그 말을 무의미한 것으로 간주할뿐더러 "위험적이거나 불경스럽고"(Erde, 1989: 599) 심지어는 "부도덕"

(Erde, 1989: 594 재인용) 한 것으로 간주했다. 에어드는 그 말이 의미를 가지려면 단일한 도덕원리를 뜻해야 하며, 그것이 보편적인 도덕원리가 되어야 한다고 요구했다. 그렇지만 그의 주장은 조금 심한 요구처럼 보인다.

이 논문은 그 말의 용례 중에서 최소한의 일부를 분류했다. 나는 그 말이 어떤 원리를 천명했다기보다 세계에 대한 하나의 관점을 제기했다고 주장한다. 그것은 그 관점을 통해, 유전학의 과학적·기술적 혁신들을 — 그리고 그 말 자체를 — 포함해, 다른 것들이 의미를 갖게 되는 무엇이다. 나는 우리가 유전공학이 야기하는 특수한 도덕적 문제들뿐 아니라 우리가 이 새로운 힘과 문제들을 검토하고 평가하는 관점에 대해서도 신중해야 한다고 말하고 싶다. 그리고 마지막으로 나는 '신'이 진지하게 다루어지고, '놀이'가 장난스럽게 다루어지는 관점의 적절성을 제기하고 싶다.

유전자 접합에 대한 대통령 자문위원회 보고서(1982)가 우리 논의를 시작하기에 좋은 지점일 것이다. 위원회는 유전학에서 제기된 '신 놀이'에 대한 우려에 주목했고, 자신들의 이름을 걸고 이 구절을 이해하려고 시도했다. 위원회는 이 문장과 유전공학에 대한 적절성에 대한 주석을 듣기 위해 신학자들을 초빙하기까지 했다. 신학자들의 견해는 다음의 한 절로 요약되었다.

> 최근 분자생물학의 발전은 금지되어야 할 문제라기보다는 책무의 문제를 제기한다. 그 이유는 이러한 발전은 인간이 가져서는 안 될 힘을 찬탈하는 것이기 때문이다. … 인간의 지위를 향상시킬 잠재력으로 칭송받는 유전공학의 승인은 인간의 자유에 대한 오용이 악을 초래하고 인간의 지식과 힘이 해악을 초래한다는 사실 인정과 결부된다(President's Com-

mission, 1982: 53-54).

이 글은 면밀하게 분석할 만한 충분한 가치가 있다. 신학자의 경고가 원래 신에 속하는 힘의 찬탈에 대한 것으로 이해된다면 그들이 '신의 놀이' 자체를 경고하는 것이 아님은 분명하다 — 그렇지만 다른 식으로 어떻게 이해할 수 있을까? 신학자들은 분명 '책무'라는 개념이 많은 것을 함축할 수 있다고 생각한다. 실제로 그것은 함축적이다. 그리고 나는 곧 그 문제를 다시 다룰 것이다. 그러나 대통령 자문위원회는 신에 대한 책무라는 개념을 제쳐 두기로 결정했다. 위원회는 '신 놀이하기'라는 구절이 '특정 종교적 의미'를 갖지 않는다고 판단했다(위 위원회, 1982: 54).

만약 위원회의 발표가 단지 그 구절이 하나의 의미만을 뜻하지 않는다면, 그리고 그 구절의 의미가 특정 종교 전통이나 그것이 사용되는 관점에 따라 달라지는 것을 의미했다면, 아무도 그 주장에 반대할 수 없을 것이다. 그러나 위원회는 계속해서 '그 핵심에서' 문제의 구절이 "경외감(특별한 인간능력에 대한)과 우려(이 엄청나고 새로운 힘이 가져올 가능한 결과들에 대한)의 표현"이었다고 밝혔다(위 위원회, 1982: 54). 위원회는 '신 놀이하기'에 대한 경고를 단순히 인간의 엄청난 힘의 행사로 초래된 결과에 대한 우려로 번역했다(Lebacqz, 1984: 33).

위원회는 이 문장의 의미를 세속적 용어로 축소했고, 신을 '불필요한' 것으로 만들었다. 위원회에 따르면 '신 놀이하기'라는 말의 '핵심'에는 '신'과 연관된 것은 아무것도 없는 셈이다. 게다가 '신 놀이하기'에서 놀이적인 면 역시 아무것도 없다. 유전학에서 나타나는 인간의 힘과 가능한 결과들은 놀이와 연관되기에는 너무 진지한 것들이다.

'신 놀이하기'는 위원회가 내린 해석과 같은 의미일 수도 있다. 가령 "우와! 인간의 능력은 정말 대단한 걸. 그런데 그걸 가지고 놀지는 말아!"하는 식이다. 그것은 분명 그 말을 쓰는 많은 사람이 뜻하는 의미와는 다르다. 이런 식으로 이 구절의 의미를 해석하는 것은 결코 사소한 일이 아니며, 인간의 능력을 어떤 방향으로 이끌거나 제한하는 데 유용하게 사용될 수 있다. 게다가 대통령 자문위원회가 이 구절을 해석하는 데 특정 관점에 호소하며, 그런 다음 그 구절을 일종의 속기로 유전학 발전을 해석할 때 불러낸다는 것도 지적해 둘 필요가 있다.

대통령 자문위원회는 현대문화의 매우 중요한 특징 중 하나인 과학지식의 헤게모니를 강조한다. 보고서에는 이렇게 쓰여 있다. "계몽주의 시대 이래 서구사회는 더 많은 지식을 얻기 위한 탐색을 고양했다"(위 위원회, 1982: 54). 코페르니쿠스에서 시작해, 과학지식은 "인간을 세계의 독특한 중심에서 몰아냈으며" 그의 손에 "행동할 수 있는 엄청난 힘"을 부여했다(위 위원회, 1982: 54-55).

리로이 어겐스틴은 '자, 우리 신 놀이를 하자'에서 같은 점을 지적했다. 과학은 우리에게 인간과 지구는 '우주의 중심이 아니다'라는 받아들이기 힘든 교훈을 주었지만(Augenstein, 1969: 11), 오늘날 인간에게 '과거에 신의 몫으로 남겨진 결정을 내릴' 힘과 책무를 주었다(1969: 142). 어겐스틴은 디트리히 본회퍼의 표현을 빌려 이러한 상황을 인류가 '성년(成年)에 달했다'라고 표현했다(1969: 143).

'신 놀이를 한다'는 말이 쓰이는 맥락에서 '신'이 불필요하고, 우리가 이 말을 이해하려고 할 때, '신'이 진지한 의미로 받아들여지지 않는다는 것은 놀라운 일이 아니다. 결국 본회퍼는 인류가 '성년에 달한' 것을 이 세계를 '신이 존재하지 않는 것처럼'(*etsi deus non daretur*) 생각하려는 시도로 기술했다(Bonhoeffer, 1953: 218). 과학은 '실제 작동하는 가설로서' 신을 필요로 하지 않는다(Bonhoeffer, 1953: 218). 실제로 과학은 과학이라는 자격으로는 '신'이라는 말을 사용하는 것조차 허용되지 않는다. 그러나 이 관점에서 '신'뿐 아니라 인간, 지식, 그리고 자연에 대해서도 몇 가지 가정이 작동하고 있다. 인간에 대해, 과학은 우리에게 우리가 어디에 서 있는지 가르쳐 주지 않았다.

니체가 적절하게 말했듯이, "코페르니쿠스 이래 인간은 중심에서 x로 굴러 떨어졌다"(Jungel 1983: 15에서 인용). 한때 인간과 지구가 중심에 있었다. 그들은 스스로 중심에 선 것이 아니었다. 신이 그들을 그곳에 올려놓았고, 그들이 중심에 있는 것이 당연하게 받아들여졌다. 코페르니쿠스가 그들이 중심이 아니라는 것을 입증한 후, 인류는 혼자 힘으로 꾸려갈 수밖에 없게 되었다(또는 그저 계속 '굴러 떨어지고' 있었다). 이러한 위치 부재가 새로운 가정이 되었다. 그리고 그것은 인간이 스스로 자신의 위치를 — 그리고 중심보다 더 나은 지위를 — 확보하기 위해 (얼마간 불안스레) 시도해야 한다는 것을 함의한다.

코페르니쿠스 이후 인류는 중심에 있지 않았고, 스스로를 중심에 놓아야 했으며, 중심에 들어가야 했다. 다행히도 인류가 중심에 있다는 환상을 깨뜨린 바로 그 과학이 인간에게 세상에서 그리고 세상을 지배하는 힘을 주었다. 그러나 이러한 지배는 인간의 불안정성과 불안감을 제거하지 못했다. 실제로 새로 얻은 힘과 그것이 의도하지 않은 결과들은 새로운 불안을 일깨웠다.

이러한 맥락에서 '신이 존재하지 않는 것처럼'이라는 말은 '(인간의 힘에 대한) 경외감과 (예상치 못한 결과들에 대한) 우려의 표현으로 해석될 수 있다'(President's Commission, 1982: 54).

지식에 관한 해석에도 그 밑바탕에는 여러 가지 가정이 있다. 대통령 자문위원회의 "계몽주의 시대 이래 서구사회는 더 많은 지식을 얻기 위한 탐색을 고양해왔다"(위 위원회, 1982: 54)는 평은 해석을 필요로 한다. 서양의 여러 나라들은 특정한 지식, 즉 '과학'이라는 영예로운 이름에 값할 만한 지식 추구를 고양했다.

지식에 대한 탐색이 계몽주의 시대에서야 찬양되었다는 것은 사실이 아니다. 예를 들어, 토마스 아퀴나스(Thomas Aquinas)는 계몽주의 훨씬 이전부터 지식 추구를 칭송했고, '모든 지식'은 '좋은 것'이라고 확언했다. 그러나 그는 '실용적인' 과학과 '사변적' (또는 이론적) 과학을 구분했고, 그 차이를 실용적 과학은 행해져야 할 어떤 일을 위한 것인 반면 사변적 과학은 그 자체를 위한 것이라고 밝혔다(Aquinas, Commentary on Aristotle's *On the Soul*, 1, 3; Jonas, 1966: 188에서 인용함).

지식에 대한 고전적 설명(그리고 찬양)은 프랜시스 베이컨의 《대회복》(*The Great Insaturation*)에 잘 요약되어 있고, 서구사회에서 '찬미된' 현대적 설명과 대조해야 한다. 베이컨의 경우, 모든 지식은 그 유용성, '이익과 생활의 이용을 위해' 추구되어야 한다(Bacon, 1620/1960: 15). 추구해야 할 지식은 '단순한 사변의 즐거움이 아니며'(p. 29), 사변은 '지식의 소년기'이자 '무익한 일'이라고 말했다

(p. 8). 추구해야 할 지식은 인류가 '고난과 자연의 모호함을 극복할 수 있게' 하고, 자신의 번뇌와 비참함을 정복하며 극복할 수 있게 하는 실용적인 지식이다. "따라서 인간의 지식과 힘이라는 쌍둥이 같은 목적은 진정한 의미에서 하나로 결합한다"(p. 29). 서구사회에서 '찬양된' 지식은 자연을 정복하는 힘이며, 그 힘은 인간을 복지로 인도할 것으로 생각되었다.

고전적 설명에서, 이론(또는 사변적 과학)은 실질적 과학을 적절하게 사용할 수 있는 지혜를 제공했다. 베이컨이 그러했듯이, 현대적 설명도 지식이 유익하려면, 인류는 그 지식을 "자비로움으로 완성하고 다스려야 한다"고 인정할 것이다(Bacon, 1620/1960: 15). 하지만 과학은 "그 자체만으로는 그것을 유익하게 만드는 인간적 특성의 근원으로 충분치 않다"(Jonas, 1966: 195). 게다가 인간의 비참함과 번뇌에 대해 본능적으로 대응하는 동정심(또는 자비)은 우리가 그 참상에서 벗어나기 위해 무언가를 하도록 촉구할 것이다. 그러나 과학은 우리가 무엇을 해야 할지 말해 주지 않을 것이다. 지식에 대한 베이컨의 설명은 그 동정심을 지혜가 아니라 교묘한 술책으로 무장시킨다(O'Donovan, 1984: 10-12).

자비가 인간의 능력을 '완성하고 다스리기' 위해, 그리고 지혜가 그 자비를 인도하기 위해, 과학은 무언가 다른 것을 불러내야 한다. 그렇다면 그것은 무엇인가? 그리고 인간은 어떻게 그 '지식'을 가질 수 있는가? '사용'을 초월하는 — 그리고 과학적으로 알려진 '자연', 심지어는 '인간 본성'까지 초월한 — 것에 대한 지식은 베이컨의 이론에서는[2] 설 자리가 없다.

인간이 자신의 힘을 어떻게 이용하고 제한할 수 있는가는 고전이론의 주제였지만, '더 많은 지식의 추구'를 목적으로 한 계몽주의의 주제는 아니었다. 이 맥락에는 '놀이'(놀이는 유용하지 않기 때문) 나 '신'(신은 초월적이며 이용불가능하기 때문) 이 들어설 여지는 없다. 지식에 대한 서로 다른 가정 때문에 자연에 대해서도 다른 가정들이 제기된다.[3)]

베이컨의 기획은 인간을 자연 위로 올려놓았을 뿐 아니라 자연에 맞서게 했다. 자연의 질서와 자연적 과정은 그 자체로는 존엄성이 없다. 그 가치는 인간에 대한 유용성으로 환원되었다 — 그리고 자연은 인간에게 '자연적으로' 봉사하지 않는다. 자연은 인간을 지배하고 파멸시키려고 위협한다. 이러한 자연의 힘에 맞서, 지식은 인류를 참상에서 구원하고 '인류에게 새로운 자비를 베풀 수 있는' 힘을 주었다(Bacon, 1620/1960: 29). 우리 세계와 우리 삶을 관통하는 잘못은 궁극적으로 자연에서 찾아야 한다. 자연은 정복될 수 있고 — 반드시 — 그렇게 되어야 한다(Jonas, 1966: 192).

---

2) 분명 베이컨은 신에 대한 복종의 형태로 그의 '대혁신'을 권고했다. 그것은 인간에게 자연을 정복할 힘을 회복시켜 주는 것이었다. 인간은 천지창조의 시점에 그 힘을 받았지만 낙원에서 쫓겨나면서 상실했다. 실제로 그는 "인간이 신의 일에 간섭하지 않고, 우리의 마음속에 신의 불가사의에 대한 의구심이나 회의가 생기지 않도록" 해달라고 기도했다(Bacon, 1620/1960: 14-15). 설령 그렇다 해도, 이러한 불가사의는 지식에 대한 베이컨의 설명에서 어떤 이론적 자리도 갖지 않는다.

3) 요나스는(Jonas, 1966, p. 194) 고전과 현대의 전통에서 여가와 이론의 관계를 대비했다. 고전적 설명에서 여가는 사색을 위한 공론적 지식의 선행 조건이었다. 반면 현대 이론에서는 여가는 지식(힘으로서의)의 결과, 즉 인류를 비참함에서 구해내는 지식이 주는 혜택 중 하나이다. 베이컨은 이렇게 말했다. "그러므로, 우리가 이마에 땀을 흘리며 일하면, 그 노동이 우리가 안식일을 함께 나누게 해줄 것이다"(1620/1960, p. 29).

이것이 대통령 자문위원회가 근거한 관점이다. 이 관점에서 '신 놀이하기'는 '놀이'나 '신'과 아무런 관련이 없다. 오히려 그것은 인간의 과학지식 그리고 자연에 대한 지배력과 연관되며, 그러한 지식과 힘을 통해 인간의 복지가 도래할 것이라는 당연시된 가정에 의문을 제기한다.

종교인들은 때로 베이컨의 이러한 관점과 과학지식, 기술적 힘에 대한 요구를 찬미했고, 때로는 애도했다. 그것을 애도한 사람들은 거의 모든 새로운 과학적 가정에 (갈릴레오와 다윈을 입회시켜) 대항하면서 그리고 모든 기술발전에 대항하면서 (예를 들어, 출산의 고통을 덜기 위한 마취법) 자신들의 주장을 폈다. 명백히 그들은 과학 탐구를 신에 대한 신앙의 위협으로, 그리고 기술 혁신은 신에 대한 거역으로 간주한다. 그들은 '인간이 성년에 달한' 것을 애도하며 그 이전의 시대, 즉 우리의 유년기로 돌아가기(그렇게 돌아갈 수 있는 방법을 알기만 한다면!)를 희구한다. 그들은 '신이 존재하지 않는 것처럼' 세계를 유감스럽게 여기고, 인간의 무지와 무능에서 '신'의 필연성을 보존하기를 바란다. 그러나 이러한 '신'은 '틈새의 신'* 으로만 존재할 따름이며, 오직 변방으로 물러날 때에만 가능하다.

인간의 지식과 힘이 그 (잠정적) 한계에 도달하는 지점으로, 신의 현존과 권능을 찾아내는 기독교의 변증론** 에서 이미 그것은 오래

---

* 〔역주〕 과학적 설명이나 인간의 능력으로는 설명력을 발휘할 수 없을 때, 그 틈새를 메우는 역할로 신을 불러내는 것을 의미한다.

** 〔역주〕 기독교 신학에 대한 공격으로부터 기독교와 신을 보호하기 위해 철학을 비롯한 여타 학문적 성과를 동원한 변론으로서의 신학으로 최근에는 '철학적 신학'이라는 이름이 더 선호된다.

되고 불행한 이야기이다. 예를 들어, 뉴턴은 행성의 운동에서 나타나는 불규칙성, 즉 자신의 중력이론으로 설명할 수 없는 운동을 발견했을 때, 신의 직접적인 개입을 보았다고 말했다. 훗날 천문학자와 물리학자들이 뉴턴을 혼란시켰던 것에 대해 자연적 설명을 제공하면서 더는 '신'이 필요치 않게 되었다. 그리고 마지막으로 할 수 있는 일이라고는 신에게 기도하는 것뿐이라는 말을 들은 환자가 "오, 이런! 나는 그것이 그렇게 진지한 것인 줄 몰랐는데"란 말을 했다는 오래된 농담도 있다. 결국 의사들이 아무런 힘을 발휘할 수 없는 순간에만 틈을 메워주는 신을 불러낼 수 있다.

이러한 신앙심의 맥락에서, 틈새의 신에 대한 방어적 신앙이 있을 때, '신 놀이하기'는 그동안 인간이 무지하고 무력했던 삶의 영역에 대한 침해를 의미한다. 다시 말해서 그곳은 신이 지배하는 영역이고, 오직 신만이 작용을 가할 권력을 가진 곳이라는 뜻이다. 이런 맥락에서 '신 놀이하기'는 신의 권위와 지배를 찬탈하기 위해 인간 지식과 능력의 가장자리에 신의 자리를 잡는 것을 의미한다. 이 같은 맥락에서 인간이 이러한 경고를 받는 것은 이해함직하다. "너희는 신의 놀이를 해서는 안 된다."

이번에도 이 구절은 어떤 원칙을 천명하기보다는 하나의 관점을 불러오는 데 사용되었다. 분명한 것은 이러한 경고가 인간에게 자신의 오류가능성과 유한성(有限性)을 상기시키는 데 기여한다는 점이다. 그리고 이러한 경고는 이롭다. 그러나 이 관점과 '신의 놀이'에 대한 이러한 경고에는 최소한 두 가지의 문제가 있다. [4]

---

4) 이런 관점으로 '신의 놀이'를 설명하는 것은 대통령 자문위원회가(1982, p.

첫 번째, 가장 근본적인 문제점은 틈새의 신이 천지창조와 성서에 등장하는 신이 아니라는 점이다. 천지를 창조하고 성서에 나오는 신은 우리가 의존하고 따라야 하는 질서를 수립하고 지속시켰다. 그런데 이러한 질서를 과학적 이해라는 관점에서 기술하는 것으로는 신을 설명할 수 없다. 그것은 신이 신의 세계를 명령하는 방식으로 설명을 가하는 것이다. 세계 질서는 인간이 '기적'이라고 부르는 특별한 사건들에 의한 것만큼이나 신의 자비로운 손길을 거쳐 인간에게 왔다. 자연도 '자비' 못지않은 신의 작품이다. 이 세계와 그 질서는 신이 아니라 신의 것이다. 그것들은 신의 작품이다. 그리고 세계와 그것의 질서를 신의 것으로 이해하는 것이 '자연과학적' 설명을 금하는 방식으로 이해하는 것은 아니다. 그것은 신의 대의에 봉사하는 것이며, 그 한가운데에서 신에게 책임지는 것이다.

이 관점과 그에 따라 '신 놀이하기'를 경고하는 두 번째 문제점은 그것이 무차별적이라는 점이다. 이 관점은 여러 가지 판단을 구분하지 않는다. 그중에는 이미 우리가 어떻게 해야 하는지 알고 있지만 (그래서 인간의 무지와 무능의 경계를 넘는다고 말하기 힘든) 결코 해서는 안 되는 무엇도 있다. 그리고 아직 우리에게는 능력이 없지만, 만약 신이 병든 자를 치유하고 배고픈 자에게 먹을 것을 주는 자를 '따르도록' 요청받는다면, 그 방법을 배우기 위해 노력해야 하는 것도 (그중에는 유전학도 포함된다) 있다. 이러한 관점에서 '신 놀이하기'에 대한 경고는 '대자연을 (최소한 현재 우리가 편안한 것 이상으로) 우롱하는 것은 바람직하지 않다'는 슬로건으로 축소된다. 그렇

---

53) 자문한 신학자들에 의해 거부되었다.

게 되면, 얄궂게도 그 경고는 '자연'을 자연과 그것에 대한 우리의 지식을 초월한 '신'이라기보다는 받들어야 할 신으로 모신다.

다른 종교인들은 과학의 진전과 기술 혁신을 경축하고, 인간이 용감하게 앞을 향해 나아가도록 촉구하며 베이컨의 계획을 성직자로서 축복한다. 이들도 때로 '신 놀이하기'라는 말을 쓴다. 그러나 대개 사람들에게 '신의 놀이'를 권유하는 맥락에서 사용한다. 예를 들어, 조셉 플레처*는 유전 기술에 대한 그의 열광이 '신의 놀이'를 허용하는 수준에 이르렀다는 비난을 정면으로 인정하면서도 도발적으로 대응했다. 그는 이렇게 말했다. "자, 신 놀이를 합시다"(Fletcher, 1974: 126).

그렇지만 플레처가 '신의 놀이'를 하자고 제안한 그 신도 결국 틈새의 신, 즉 인간의 지식과 능력의 한계에만 위치하는 신이었다. 그러나 플레처에게 '그 늙고 원시적인 신은 죽었다'. 그리고 그 신의 규칙이라는 영역을 침범하는 것을 금지했던 모든 '금기'와 수동적으로 신의 의지를 수용했던 '숙명론', 그리고 신을 옹호하려 했던 '진부한 호신론'도 함께 죽었다. 그는 이렇게 말했다. "우리에게 필요한 것은 새로운 신이다"(Fletcher, 1970: 132). 그러나 플레처의 '새로운 신'은 18세기의 이신론과 놀라울 만큼 흡사하며, 그가 마음속에 품고 있는 신에 대한 무관심은 피할 수 없다. 생명은 신이 없이도 계속될 수 있다 — 그리고 '신 놀이하기'도 계속될 수 있다.

플레처는 이 '새로운 신'에 대해 더 이상 언급하지 않았지만, 그는

---

* 〔역주〕 기독교 윤리학자로 성경에 기반을 둔 낡은 '옛 도덕'을 벗어버리고 '새 도덕'으로 갈아입어야 한다는 '상황윤리'(*situation ethic*)를 주장했다.

"믿을 만한 가치가 있는 모든 신은 인간에게 가능한 최선의 복지일 것이다"라고 말했다(Fletcher, 1974: xix). 플레처의 '새로운 신'은 천상의 공리주의자로 판명된 것이다. 그리고 이 신에 대해서도 인간은 '놀이'를 해야 한다.

따라서 '신의 놀이'에 대한 권유는 다음과 같은 의미이다. 인간은 최대 다수의 최대 선을 달성하기 위해('금기'에 의해 위협받는 것이 아니라), 자연을 지배하기 위해('숙명론'에 의해 나약해지는 것이 아니라), 책무를 지기 위해, 더 새롭고 나은 세계를 설계하고 만들기 위해, 그리고 신의 부재를 대체하기 위해 자신의 새로운 힘을 사용해야 한다. 플레처는 '과거에는' 최소한 우연히 신의 의지에 부합한 무언가에 원인을 돌리기가 '더 쉬웠다'고 말했다(1974: 200) — 우리는 그것을 자신에게는 책임이 없다는 식의 도덕적 의무방기(*moral shrug*)라고 말할 수 있을 것이다. 그렇지만 이제는 우리가 그 모두를 짊어져야 한다. 도덕이라는 계산서는 우리 몫이고, 우리가 그 대금을 치러야 한다. 무지나 무력함이라는 변명은 점차 설득력을 잃고 있다.

책임에 대해 어떤 일이 일어나고 있는지 주목하라. 플레처는 인간의 책무를 강조한다. 그러나 우리는 신을 대신하는 만큼 신에 대해 책임을 지지 않는다.[5] 이러한 변화는 유전학에 엄청난 (그리고 메시아와 같은) 짐을 지운다. 그것은 '놀이를 할' 시간이 거의 없는 긴박한 짐이다. 여기에서 '신 놀이하기'라는 말은 하나의 원리, 즉

---

5) 호신론에서 반호신론으로의 전환에 대해 Becker(1968, p. 18)와 Hauerwas(1990, pp. 59-64)를 보라.

유용성의 원리를 언명한다. 그러나 동시에 그 이상의 무엇을 뜻한다 — 그것은 하나의 관점, 즉 틈새의 신이 불필요해지는 관점, 인류가 창조자나 설계자가 되는 관점, 그리고 자연이 정복되고 인간의 복지가 극대화되는 관점이다. 이러한 관점은 '신 놀이하기'에 대한 권유를 — 그리고 유전학에 대한 플레처의 논의에서 나오는 그 밖의 것들을 — 의미 있게 만든다.

기독교인들은 플레처가 틈새의 신을 매장한 것을 환영할 것이다. 그러나 그들은 여전히 '새로운 신'의 발명이 아니라 계속해서 인간성을 창조하고 보존하며 회복시키는 유일신과 그의 세계의 도래를 기다리고, 주시하며, 기도한다. 그뿐 아니라 플레처의 '신 놀이하기'에 대한 권유는 '신 흉내 내기'나 '신 따라하기'를 훈련받은 사람들에게, 신이 우리에게 있도록 한 예수의 제자처럼 되도록 훈련받은 사람들에게 불경스러워 보이지 않는다. 그러나 제자되기와 흉내 내기의 경로를 '공리주의자의 길'로 그리는 것은 법과 예언자 그리고 복음을 아는 사람들에게 낯설게 느껴질 것이다.

그것은 최소한 폴 램지*에게는 이상할 것이다. 램지의 용례에서, 우리는 통상 '신 놀이하기'에 대한 경고를 받지만, 때로는 "'신의 놀이'를 올바르게 하라"(Ramsey, 1970a: 256) 또는 "신이 하는 것처럼 신 놀이를 하라"(1978: 205)고 격려받는다. 그리고 신은 결코 공리주의적이지 않다.[6] 램지는 이렇게 말했다. 신은 합리주의자가

---

* 〔역주〕 조셉 플레처와 함께 생명복제 논쟁에 참여했던 신학자이자 윤리학자인 폴 램지는 인간복제를 경계선, 즉 인간성과 인간 탄생의 근본 개념을 훼손할 위험을 무릅써야만 건널 수 있는 도덕적 경계선이라고 묘사했다.

6) 후베르트 반 아이크(Jan van Eys, 1982)도 '신의 놀이'라는 말에서 '놀이'에

아니며, 그의 보살핌이 우리의 개성이나 능력에서 이루어지는 우리의 업적에 대한 지표의 구실을 하지도 않는다. 신이 내리는 비는 정의든 부정의든 그 위에 똑같이 떨어지고, 그의 태양은 정상뿐 아니라 비정상 위로도 떠오른다. 실제로 그는 지상의 인간들 중에서 약하고 상처받기 쉬운 자들에게 특별한 보살핌을 베풀었다. 그는 능력이나 장점이 아닌 필요에 따라 보살핌을 베푼다. 램지에 따르면, 이러한 신의 패턴과 이미지는 '서구의 의학적 보살핌의 기초'이다.

램지가 단지 플레처의 '신 놀이하기'에 대한 권유를 흉내 내고 있다고 생각하는 사람도 있을 것이다. 우리가 '놀이하기'를 권유받는 신이 누구인가에 대한 대화에 그와 다른 사람들을 끌어들이면서 말이다. 그러나 그는 또한 '신 놀이하기'에 대해 경고를 하기도 (권유하는 것보다 더 자주) 했다. 그는 그 말이 '그다지 도움이 되는 특성짓기가 아니'(Ramsey, 1970b: 90)라는 것을 인정하며, 오히려 서구의 과학문화에서는 '작동하지만, 말로 표현되지는 않는 전제들', '태도', 그리고 '사고방식'을 가리키는 — 그리고 그것을 경고하는 — 용도로(1970b: 91), 그리고 세상에 대한 다른 관점을 권유하는 용도로 사용했다.

램지가 경고한 근본적인 가정은 '신'이 불필요하다는 것이었다. 그는 '신이 없는 곳'에서는(Ramsey, 1970b: 93), 인간이 창조주, 조물주, 그리고 미래의 설계자이며(pp. 91-92), 그곳에서 자연 그리고 심지어는 인간의 본성까지도 메시아적 야망에 의해 지배될 수 있

대한 권유를 강조했다. 애석하게도 그는 '놀이'를 일종의 심리치료로 간주했고, 결과적으로는 도구적인 것으로 만들었다.

고, 반드시 그렇게 될 것이라고 말했다(pp. 92-96). 신이 불필요해지고, 인간이 '조물주'의 역할을 맡게 되는 곳에서 도덕성은 결과에 대한 고려로 환원되고, 지식은 단지 힘으로 번역되며, 자연은 — 구현되고 공유된 것으로 인간성에 주어진 인간의 본성을 포함해서 — 그 자체로 아무런 존엄성도 갖지 못한다.

'신 놀이하기'에 대한 램지의 경고는 곧바로 특수한 도덕규칙이나 원리와 동일시되지 않는다. 오히려 그 경고들은 서구문화가 지나치게 많이 사용한 지혜나 가정들의 적절함에 도전한다. 그것은 어떤 '틈새의 신'이 위협을 당하는 것이 아니다. 그것은 대통령 자문위원회가 시사했듯이 인간의 능력이 어마어마하거나 '자연에 대한 간섭'의 결과가 걱정스러운 것이 아니다. 오히려 그의 주장은 우리가 우리의 책무를 해석하는 근본적 관점이 그 책무가 무엇인지를 인식하는 데 결정적으로 중요하다는 것이다(Ramsey, 1970b: 28, 143).

램지가 추천했고 '신 놀이하기'와 대비시켰던 근본적 관점은 '세계를 기독교나 유대교처럼 해석하는', 즉 신이 있는 것처럼 간주하는 것이다(p. 22). 그것은 오래된 신이 아니라(플레처의 '새로운 신'도 아니다) 이 세상을 창조하고 성약(聖約)*을 지키는 신이다. 그것은 무엇보다도 삼라만상의 목적이 신에게 맡겨진다는 것이다. 신은 우리가 아니라 신인 곳에는 내세론적 무관심이 있을 수 있다. 이러한 관점에서 우리의 책무는 매우 크지만 그렇다고 구세주와 같은 정도는 아니다. 그렇게 된다면, 결과에 대한 고려뿐 아니라 수단에 대한 윤리도 고려해야 할 여지가 있을 것이다(pp. 23-32). 또한 신에 의

* 〔역주〕 신과 인간 간에 맺어진 서약을 뜻한다.

해 창조되고 구현되며 독자적인 인간 본성에 어울릴 만한 종류의 행동에 대한 성찰도 가능해질 것이다.

이러한 성찰과 결합할 때, 우리가 신의 놀이를 하지 말아야 한다는 램지의 경고는 몇 가지 금지목록을 제시한다. 예를 들어, '신 놀이하기'에 대한 경고는 '신이 하나로 합쳐 놓은 것을 완전히 흩어 놓는' 것에 대한 금지, 유성생식할 수 있는 결합능력을 '이론상' 분리시키는 것에 대한 금지, 그리고 생식을 생물학이나 약혼(계약)으로 환원시키는 것에 대한 금지(Ramsey, 1970b: 32-33) 등이 그것이다. 그리고 다시 이 금지는 좀더 특별한 일련의 금지를 뒷받침한다. 가령, 공여자의 정자를 이용하는 인공수정에 대한 금지가 그런 경우이다(pp. 47-52).

"자연적・생물학적 질서에서의 신성불가침성"(Ramsey, 1970a: xiii)이라는 환자에 대한 해석과 결합할 때, '신 놀이하기'에 대한 경고에서 이끌어 낼 수 있는 '교훈'은 환자의 (또는 다른 사람들의) 고통을 경감시키기 위해 고의로 환자를 죽이는 행위에, 매우 어린 환자를 포함하여, 대한 금지 그리고 아무리 작은 것이라도, 심지어는 페트리 접시에서 창조된 것일지라도, 동의 없이 다른 사람을 돕기 위해 사용하는 행위에 대한 금지가 그런 예에 해당한다. 이러한 '놀이'는 부재한 신의 대역을 맡는 것이 아니며 신이 되는 것도 아니고, 단지 신을 '흉내 내는' 것이며(p. 259), 마치 어린아이가 부모 '놀이'를 하듯이 신을 모방하는 것이다.

이러한 경고와 권유 모두 하나의 관점에 호소한다. 신은 우리가 아니고 신이며, 인간은 신이 부여한 본성을 존중하고 한층 더 육성해야 하며, 그에 대한 사용을 초월한 본성에 대한 지식이 가능하며,

우리의 삶과 세계를 관통하는 잘못들이 단지 자연에 있는 것이 아니라 인간의 자만심과 게으름에 있다는 것이다.

나처럼 이 관점을 공유하는 사람들은 이러한 관점에서 '신 놀이하기'라는 말을 이해할 것이다. 때로는 '신 놀이하기'에 대한 경고가 적절할 것이고, 경우에 따라서는 신의 보살핌이나 자비를 흉내 내는 '신 놀이하기'에 대한 권유가 적절할 수도 있을 것이다. 먼저 '신의 놀이'에 대한 권유에 초점을 맞추는 데 — 그리고 '놀이'에 대한 권유를 강조하는 데 대해 — 양해를 구해야 할 것 같다. 많은 사람이 '신 놀이하기'가 부질없는 행동이라고 불평하며, 그 말에 함축된 '놀이'의 의미에 대해 개탄한다(예를 들어, Lebacqz, 1984: 40). 그러나 어떤 '놀이'는 무척 진지할 수 있다 — 점심시간에 농구 시합을 해본 사람이라면 잘 알 것이다. 그리고 '놀이'도 매우 진지할 수 있다. 그러나 그것은 전적으로 도구적일 순 없다.

피에르 테야르 드 샤르댕*은 이렇게 말했다.

> 지금 벌어지는 가장 큰 게임에서, 우리는 경기자일 뿐만 아니라 … 내기를 건 사람이기도 하다(1961: 230).

그는 이 문장에서 인간이 가진 강력한 힘과 그 힘을 행사함으로써 초래된 무서운 결과에 대해 우리의 관심을 촉구하는 강력한 상(像)을 창조했다. 놀이가 적절치 않게 느껴지는 것은 전혀 이상한 일이 아니다. 그러나 내깃돈이 엄청나기 때문에 샤르댕이 그려낸 상은

* 〔역주〕 프랑스의 예수회 신부이자 고생물학자.

다음과 같은 네덜란드 속담을 연상시킨다.

> 문제가 되는 것은 공깃돌이 아니라 게임이다(다음 문헌에서 인용, Huizinga, 1950: 49).

내깃돈이 클 때 그리고 내기가 진지하게 여겨질 때, 사람들은 이기기 위해 속임수를 쓰고 싶은 유혹을 받는다. 누군가 속임수를 쓸 때, 그 사람은 마치 놀이를 하는 척할 뿐이다. 사기꾼은 공정하지도 그리고 진지하지도 않다.

놀이는, 심지어 아이들의 공기놀이조차, 진지할 수 있다. 그러나 순전히 도구적일 수는 없다. 또한 놀이는 모든 관심이 내깃돈이나 승패의 결과에 독점되도록 두지 않는다. 우리의 관심이 우리가 '내깃돈을 건 사람'이라는 샤르댕의 상에 못 박혔을 때, 우리의 상상이 우리가 '경기자'이기도 하다는 그의 상에 포획되도록 허용하는 것 역시 중요할 수 있다. 그렇게 되면 우리는, 설령 위험이 크더라도, 도덕적 삶을 그 결과에 대한 우려로 환원시키지 않을 수 있고, 우리 자신을 조물주나 설계자로 환원시키거나 우리의 존재를 재미없고 끝없이 반복되는 노동으로 환원시키는 것을 피할 수 있을 것이다. 우리는 단지 우리의 힘이 마음대로 그 형상을 빚어낼 수 있는 운명이라는 의미에서만이 아니라, 이미 인간의 창조성이 그것으로부터 시작된 우리 자신의 상, 우리의 상상력에 의해 위험해질 수 있다는 것을 알 수 있을 것이다(Hartt, 1975: 117-134).

그 권유는 '놀이'에 대한 것이다. 좀더 구체적으로는 '신의 놀이'에 대한 권유이다. 그리고 그 권유는 우리가 놀이를 하도록 권유받는 신에게 주의를 기울일 것을 촉구한다. 《의사는 신의 놀이를 해야 하는가?》(*Should Doctors Play God*) 라는 저서의 서문에서 빌리 그레이엄* 여사는 이렇게 썼다(1971: vii).

> 가령 내가 잔 다르크의 역을 맡은 여배우라고 하자. 그러면 나는 잔 다르크에 관한 모든 것을 배울 것이다. 그리고 만약 내가 신의 역할을 하려는 의사 또는 그 밖의 누군가를 맡는다면 나는 신에 대해 배울 수 있는 모든 것을 배울 것이다.

이것은 여배우를 위한 매우 분별력 있는 전략처럼 보인다. 그리고 신을 모방하려는 사람들에게도 좋은 조언이 될 것이다. '신의 놀이'에 대한 권유, 놀이 삼아 신의 배역을 맡으라는 권유는 신학적 성찰을 요구한다. 그것은 '신'에 대한 성찰을 권유하는 것이다.

이것은 기독교인에게만 국한되지 않으며, 모든 사람에게 적용된다. 고대 그리스의 의사들이 아폴로, 아스클레피오스, 히게이아, 그리고 파나케아에 의해 히포크라테스 선서를 했을 때, 그들은 한 가지 이야기를 인용했다. 치료는 신으로부터 기원이 시작되며, 히포크라테스 학파 의사들은 그 이야기를 자신들의 것으로 만들겠다고 다짐했다. 그리고 아레오파구스에 있는 아스클레피오스의 신전에서 아스클레피오스가 마치 신처럼 가난한 사람과 부유한 사람을 차별하지 않고 치료했다는 글귀가 새겨졌을 때, 의사들이 따라야 할 길이 만들어졌다.

---

* 〔역주〕 미국의 복음전도사로, 대규모 설교 여행 및 미국의 여러 대통령들과 맺은 우정으로 국제적 저명인사가 되었다.

이 권유는 모든 사람에게 해당한다. 그러나 신에 대한 성찰은 항상 특정한 줄거리로, 그리고 그 성찰이 수행되는 공동체에 따라 다르게 각색되어 교육된다. 그리고 기독교인들은 자신들의 전통과 신에 대한 논의에 견주어 이 권유에 주의를 기울일 것이다. 우리는 신에 대한 응답으로 신의 놀이를 하고, 신이라는 대의를 위해 인간에게 봉사하는 신의 방식을 모방한다. 신에 대한 우리의 책임은 우리가 신의 선한 세계에 — 그리고 그 세계의 유전학에 — 대해 책임지는 것이 무엇인가에 대한 설명을 제약하고 형성한다.

그러면 간단하게 유대교와 기독교 전통에서 신에 대한 몇 가지 상을 선택하고 그것이 유전학의 '신 놀이하기'와 연관되는 몇 가지 측면에 대해 살펴보자. 이 중에서 두 가지가 이 논의에 자주 등장한다. 그것은 창조자와 치유자의 상이다. 그런데 세 번째 상은 흔히 간과되곤 한다. 즉, 신이 가난한 자의 편에 선다는 것이다.

그렇다면, 첫째, 우리 자신에게 놀이 삼아 창조자의 배역을 준다는 것은 무엇을 뜻하는가? 물론 그것은 수많은 토론의 주제가 되었다. 그러나 만약 내가 사태를 정확히 파악한 것이라면, 스스로에게 창조자의 역할을 부여하는 것은 그동안 너무 많이 간과된 무언가를 의미할 수도 있다. 그것은 창조와 그 유전학을 보고 스스로 "오 신이시여, 정말 훌륭합니다"라고 말하는 것이다. 즉, 그것은 창조와 그 DNA의 아름다운 구조에 놀라고, 외경심을 품으며 기뻐하는 것을 의미한다. 그것은 단지 정복에 그치지 않는 지식에 대한 찬양일 것이다. 그것은 인간을 위협하거나 인간의 정복을 요구하는 무엇에 대한 의구심이 아니라 자연의 — 그리고 인간 본성의 — 진가를 인정하는 것이다.

그리고 만약 내가 정황을 제대로 파악한 것이라면, 그것은 너무 자주 간과된 두 번째 측면을 의미할 것이다. 즉, 하루 휴가를 얻어 쉬고 노는 것을 뜻할 것이다. 그러나 우리는 이미 그 점에 대해 이야기했다. 물론 그것은 세 번째 측면, 즉 이 논의에서 좀처럼 간과되지 않은 점을 의미할 수도 있다. 그것은 인간의 창조성이 창조를 통해 주어졌다는 것이다. 인간은 창조되면서 세계를 지배하라는 소명을 받았다 — 나는 이러한 창조성과 지배력이 유전학으로까지 확장되지 않는다고 가정할 어떤 이유도 알지 못한다. 그것은 기독교에서 이야기하는 신인 '대자연'이 아니다. 그러나 인간의 창조성과 지배력은 신에 대한 응답으로, 신의 방식에 대한 모방으로, 그리고 신의 대의를 위한 봉사로서 행사된다. 이것은 기독교에서 나오는 이야기의 일부이며, 또한 흔히 우리 자신을 청지기로 그리고 우리의 책무를 관리로 기술하는 것에서 흔히 포착할 수 있는 이야기의 일부이다.

우리는 신의 대의(大義) 중에서 일부를 찾을 수 있다. 그것은 청지기가 봉사하는 대의이며, 이 이야기의 두 번째 특징이다. 신은 치유자이다. 그를 통해 신과 신의 대의가 알려진 예수도 치유자였다. 여기에서 우리는 신의 대의가 죽음이 아니라 생명이며, 신의 대의가 인간의 번성이며, 그중에는 질병이 아니라 우리가 건강이라고 부르는 인간의 번성도 포함된다는 것을 발견했다.

그렇다면 놀이로서 우리 자신에게 신의 역할을 부여한다는 것은 무엇을 뜻하는가? 그것은 죽음이나 인간의 고통이 아니라 생명과 그 번성을 의도함을 뜻한다. 따라서 건강을 목적으로 하는 다른 치료적 개입들과 마찬가지로 유전자 치료 역시 찬양받을 수 있다. 치료는 신이 신의 역할을 했던 방식으로 '신의 놀이'를 하는 것이다. 그러나 유전자 치료는 아직도 대부분 (완전히는 아니지만) 멀리 떨어진 꿈에 불과하다. 유전학이 의학에 좀더 직접적으로 기여하는 분야는 유전자 진단이다. 그리고 그 지점에 치료에 대한 선택지가 주어진다. 이러한 선택지들도 칭송될 수 있다. 그러나 때로는 치료의 선택지가 없는 유전자 진단은 심각할 정도로 모호하다.

예를 들어, 태아(胎兒) 진단은 불확실한 경우가 많다. 이미 우리는 태아 수준에서 여러 가지 유전질환을 진단할 수 있다. 그리고 가능한 진단의 숫자는 계속 늘어나고 있다. 그렇지만 대부분의 경우 치료법이 없다. 유전자 검사는 부모에게 아기를 낳을 것인지 낙태할 것인지에 대한 선택을 허용한다. 여기에서 우리는 어떻게 신에게 책임지고 '신의 놀이'를 해야 하는가? 만약 신의 대의가 죽음이 아니라 생명이라면, 신을 모방하면서 '신의 놀이'를 하는 사람들은 낙태에 찬성하지 않을 것이다. 그들은 낙태를 '치료의 선택지'로 칭송하지 않을 것이다.

내 생각으로, 낙태를 정당화하는 유전적 조건이 있을 것이다. 테이-삭스병*처럼 어린아이의 삶을 단명하게 만들뿐 아니라 주관적으로 고문이나 다를 바 없이 비참하게 만드는 질병도 있다. 그리고 삶을 영위할 수 없을뿐더러 사람들과 의사소통하기 위한 최소한의 조건과도 모순되게 만드는 18번 삼염색체증(Trisomy 18 Syndrome)과** 같은 질병도 있다. 태아 검진은 — 그리고 낙태는 — 신뢰할

* 〔역주〕 유전병의 일종으로 점차 시력을 잃는 것이 특징이다.

** 〔역주〕 18번 삼염색체증의 약 95%는 모체 감수분열 동안 발생하는 비분리

수 있는 방식으로 사용될 수도 있다. 그러나 다운증후군*을 가진 아이가 그 병 때문에 낙태된다면, 태아 검진이 무책임하게 사용되었을 — 그리고 앞으로 그렇게 사용될 — 충분한 근거가 존재할 것이다. 그리고 딸이라는 이유만으로 낙태된다면, 그 검사가 무책임하게 사용된 — 그리고 앞으로도 그렇게 사용될 것이라는 — 것이 분명할 것이다.

'출생 시 결함을 예방한다'는 슬로건이 결함이 있는 사람, 즉 기준에 부합하지 못한 사람 또는 부모의 선호에 맞지 않는 사람의 출생을 저지하는 행위의 정당화로 받아들여진다면, 좋은 '부모의 성벽'이 아무런 계산도 하지 않는 비계산적 유형의 양육에서 특정 명세내역에 부합하지 않을 경우 아기를 포기하거나 낙태시킬 준비가 되어 있는 계산적 유형의 양육으로 변질될 가능성이 우려된다. 신이 하는 방식으로 신의 놀이를 하는 것은 — 또는 여러분이 이런 표현을 원한다면, 신이 부모 놀이를 하는 방식으로 — 약자와 무력자, 그리고 기준에 부합하지 못하는 소수자를 지속적으로 보살피는 것이다.

나는 앞에서 유전자 치료가 보건에 대한 신의 대의에 대하여 복무로 찬양될 수 있다고 했다. 그것은 신이 신의 놀이를 하는 것처럼 '신의 놀이'를 하는 것에 해당한다. 그러나 이러한 지식과 기술을 책임지고 사용하려면, 유전적 향상이 아닌 '보건'을 목표로 삼아야 한

현상 때문으로 대개 임신 중 유산 또는 사산되거나, 출생 후 수개월 내에 대부분 사망하며 5년 이상 생존하는 경우는 매우 드물다.

* 〔역주〕 다운증후군은 정신지체와 전형적인 얼굴 모양을 가지며, 면역체계가 약해 폐렴 등의 감염성 질환에 잘 걸린다. 평균 수명은 1년 내 사망이 3분의 2 정도로, 오래 살아도 나이가 들수록 노화가 빠르게 진행된다.

다. 유전적 향상을 위한 개입과 보건을 위한 개입은 쉽게 구별하기 어려울 수 있다. 그러나 치유자로서의 배역으로 신의 놀이를 하는 것은 우리가 양자를 구별하고 그 구분을 계속 지켜나갈 수 있도록 격려할 것이다. 우생학(優生學)은 신이 신의 역할을 하는 방법대로 '신의 놀이'를 하는 것이 아니다.

그러면 마지막으로 세 번째 상에 대해 살펴보기로 하자. 신은 가난한 자들의 편에 서는 존재이다. 우리 자신이 빈자의 편에 서는 자의 배역을 맡는다는 것은 무엇을 뜻할까? 나는 그것이 최소한 사회 정의에 대한 관심이라고 생각한다. 예를 들어, 그것은 인간유전체 계획(*human genome project*)에 대한 자원 할당에 의문을 제기하는 것을 뜻할 수 있다.

도시가 무너지고, 학교가 타락하고, 가난한 사람이나 노숙자들을 도울 충분한 재원이 부족한 것에 대해 불평할 때, 그리고 우리가 모든 환자를 보살필 수 있는 자원을 갖지 못할 때, 과연 그것이 우리 사회의 자원을 공정하게 이용하는 것인가? 사회적 자원을 인간유전체 계획에 할당하는 것이 가난한 자들에 대한 신의 배려와 보살핌을 모방한다고 할 수 있는가?

이러한 물음을 제기하면서 인간유전체 계획 자체가 우리에게 줄 수 있는 혜택과 부담의 공유라는 문제에 초점을 맞추기로 하자. 누가 그 부담을 지게 되는가? 누가 혜택을 받을 것인가? 그리고 그 배분은 공정한가? 그것은 빈자와 힘없는 자의 편에 선다는 입장에 합당한 것인가?

우리가 이러한 배역을 맡는다면, 가난하고 힘없는 자들에 대한 신의 정의와 관심을 흉내 내려 한다면, 우리는 인간의 생명에서 배울 수 있는 것을 얻은 후, 파괴하려는 의도로 인간 생명을 창조하는 데 그토록 열심이지 않을 것이다. 우리는 다른 사람들에게 혜택을 줄 수 있는 무언가를 배우기 위해 태아를 실험에 이용하고자 하지 않을 것이다. 설령 그것이 매우 큰 혜택을 가져오고, 많은 사람에게 이로움을 준다고 하더라도 말이다. 그리고 우리는 누군가를 환자로, 그리고 어떤 사람을 보균자로 낙인찍는 데에도 신중해질 것이다.

이번에는 혜택의 공유에 대해 생각해 보자. 인간유전체 계획으로 누가 이익을 보는가? 유전자의 힘이 시장에 나오게 될까? 미생물 특허를 고려한다면, 아마도 그렇게 될 것이다. 그리고 부자는 더욱 부를 늘리고, 가난한 자는 기회를 기다리며 간구할 것이다. 과연 가난한 사람들이 그들의 세금으로 개발한 보건 혜택을 누릴 수 있을까? 보건 개혁이 의회에서 다시 기각된 후, 보험 미가입자나 공보험* 가입자들이 유전자 기술을 이용하게 되리라는 어떤 확신을 가질 수 있을까? 보험회사들이 보험가입 신청자를 선별하는 데 유전 기술을 사용하게 될 것인가? '사전 병력'**의 범주가 보험회사들이 더 큰 이익을 낼 수 있도록 재규정될 것인가? 유전정보가 보험통계표에 포함될 것인가? 기업들이 장기적 생산성을 극대화할 수 있는 사람들을 채용하려고 지원자를 선별하는 데 유전정보를 이용하게 될 것인가?

이러한 물음들을 제기하는 이유가 단지 우리가 보건관리 개혁에 실패한 일을 애도하려는 것이 아니다. 그것은 신이 신의 놀이를 하

* 〔역주〕 국가, 지방자치단체 또는 공법인에 의해 경영되는 보험.

** 〔역주〕 보험에 가입할 때 보험사들이 요구하는 조항으로 가입 신청자가 사전에 가지고 있던 병력을 뜻한다.

는 것과 같이 '신의 놀이'를 하는 것이 첨단기술과 과학에 대한 물음을 야기하는 것일 뿐 아니라 공정함, 가난한 자들에게 이러한 혁신이 미칠 영향 등에 대한 극히 세속적인 물음을 제기한다는 점을 시사한다. 만약 우리가 신이 신의 놀이를 하듯 '신의 놀이'를 한다면, 우리는 빈자, 이방인, 권력이나 발언권이 없는 자, 우리와 다르고 일부 유전적 정상을 포함해 정상과 다른 사람들에 대한 신의 친절함을 모방하는 형태를 가지게 될 것이다. 만약 우리가 신이 신의 놀이를 하듯 하게 된다면, 우리는 사람이 — 모든 사람 또는 최소한 그 일부라도 — 신의 보살핌과 애정에 값할 만큼 가치 있는 존재로 대우받는 사회를 위해 일하게 될 것이다.

이것은 신의 이미지를 선택하는 것에 불과하다. 나는 이 논의가 유전적 개입에 대한 주장으로 너무 빨리 옮겨갔다는 점을 인정한다. 그러나 나는 신이 신의 놀이를 하듯 하라는 권유의 중요성이 충분히 강조되었기를 바란다. 그리고 우리가 유전학에 대해 생각하는 맥락에서, 그리고 우리가 우리의 힘뿐 아니라 '신의 놀이'를 한다는 말에 대해 이해하는 맥락에서 그 관점의 중요성을 충분히 제기했기를 바란다.

■ 참고문헌

Augenstein, L. (1969), *Come: Let Us Play God*, New York: Harper & Row.

Bacon, F. (1620/1960), *The New Organon and Related Writings* edited by F H. Andersen, Indianapolis: Liberal Arts Press, Bobbs-Merrill.

Becker, E. (1968), *The Structure of Evil*, New York: George Braziller.

Bonhoeffer, D. (1953), *Letters and Papers from Prison* edited by E. Bethge, Translated by R. H. Fuller, New York: Macmillan.

Chardin, T. de. (1961), *The Phenomenon of Man*, Translated by B. Wall, New York: Harper & Row.

Erde, E. (1989), "Studies in the Explanation of Issues in Biomedical Ethics: (11) On 'On Playing God, Etc'", *Journal of Medicine and Philosophy*, 14: 593-615.

Fletcher, J. (1970), "Technological Devices in Medical Care", *In Who Shall Live? Medicine, Technology, Ethics* edited by K. Vaux, 115-142, Philadelphia: Fortress.

Fletcher, J. (1974), *The Ethics of Genetic Control: Ending Reproductive Roulette*, Garden City, N. Y.: Anchor.

Graham, R. 1971. Foreword to Should Doctors Play God? Edited by C. A. Frazier, Nashville: Broadman.

Hartt, J. (1975), *The Restless Quest*, Philadelphia: United Church Press.

Hauerwas, S. (1990), *Naming the Silences: God, Medicine, and the Problem of Suffering*, Grand Rapids, Mich.: Eerdmans.

Howard, T. and Rifkin, J. J. (1977), *Who Should Play God?* New York: Dell.

Huizinga, J. (1950), *Homo Ludens: A Study of the Play-Element in Culture*, Boston: Beacon.

Jonas, H. (1966), *The Phenomenon of Lift: Toward a Philosophical Biology*, New York: Dell.

Jungel, E. (1983), *God as the Mystery of the World*, Translated by D.

Guder, Grand Rapids, Mich. : Eerdmans.
L'ebacgz, K. (1984), "The Ghosts Are on the Wall: A parable for Manipulating Life", in *The Manipulation of Life* edited by R. Esbjornson, 22-41, San Francisco: Harper & Row.
O'Donovan, O. (1984), *Begotten or Made*? Oxford: Oxford University Press.
President's Commission for the Study of Ethical Problems in Medicine and Biomedical and Behavioral Research (1982), *Splicing Life: A Report on the Social and Ethical Issues of Genetic Engineering with Human Beings*, Washington, D. C. : U. S. Government Printing Office.
Ramsey, P. (1970a), *The Patient as Person: Explorations in Medical Ethics*, Yale University press, New Haven.
______(1970b), *Fabricated Man: The Ethics of Genetic Control*, New Haven: Yale University Press.
______(1978), *Ethics at the Edges of Life: Medical and Legal Intersections*, New Haven: Yale University Press.
Van Eys, J. (1982), "Should Doctors Play God?", *Perspectives in Biology and Medicine*, 25: 481-485.

제4장

유전적 침입과 환경윤리•

마이라 파웅*

희망의 얼굴들, 우주의 목소리들
우리 중 누구도 그것을 찾거나 먹이로 삼지 않는다.
그들은 태양의 아이들
죽음으로 이어지는 상처 입은 순수함
그들이 지구를 노래한다.

변 태

물고기가 토마토와 교배하고, 콩이 피튜니아와 교잡하게 될까? 돼지와 사람 또는 토끼와 쥐가 교배하게 될까? 물론 아니다. 그러나 일부 과학자들은 자연선택의 법칙을 거스르며 서로 다른 생물의 유전자를 하나로 결합하고 있다. 거대 화학기업들이 고안한 이 불경스러

• 저자의 허락으로 게재하였다.
* 〔역주〕 Mira Foung. 중국 상해 출신 한의사이자 철학자로, 생명윤리, 동물권 등에 관한 저술을 하고 있으며 환경윤리 등을 소재로 시(詩)도 썼다.

운 결합을 '유전공학'이라고 부른다.

이 첨단기술에 의한 종(種)의 변형은 실존주의 작가 프란츠 카프카를 우리 시대의 예언자로 만들었다. 그의 소설에 등장하는 주인공 그레고어는 어느 날 아침 일어나서 자신이 커다란 벌레로 변해있는 것을 발견하게 된다. 공장형 농장에 갇힌 수백만 마리의 암소들이 어느 날 갑자기 잠에서 깨어, 자신의 젖이 엄청난 크기로 불어난 것을 발견하게 된다. 송아지를 먹이는 데 필요한 12파운드(약 5.4킬로그램)의 젖을 분비하는 대신, 이 암소들은 그들에게 유전공학적으로 제조된 성장호르몬이 주사된 사실도 모르는 채 오로지 인간의 소비를 위해 하루에 50~60파운드(약 27킬로그램)의 우유를 쏟아 내도록 강요받는다.

유전자는 수천 개의 유전암호로 만들어진 청사진이다. 유전자는 개체를 구성하는 구조, 기능, 그리고 외적 특성들을 만드는 단백질을 생성하는 정보를 가지고 있다. DNA는 근본적으로 종의 특성을 지시해, 미생물과 곤충, 식물, 동물, 그리고 인간을 구분할 수 있게 한다. DNA에 들어 있는 유전암호는 과일의 물리적 형태, 껍질의 색깔, 그리고 크기 등을 결정하고, 동물의 감각 구조, 나무의 유형, 꽃이 피는 시기, 그리고 그 밖의 수십억에 달하는 기능과 특성을 결정한다.

유전공학(또는 생명공학)은 한 생물체의 유전자를, 전혀 유연관계가 없을 수도 있는, 다른 생물에게 접합하고, 잘라내고, 덧붙이고, 분리하고, 재결합하거나 전이하는 기술이다. 유전자와 염색체의 변화는 종의 생화학적 구조에 붕괴와 교란을 야기하며, 돌연변이를 일으킬 수도 있다. 그것은 개별 생물체를 그 출발점으로 삼아 변화시키는 일종의 인공적으로 짜인 진화(또는 퇴화)라고 할 수 있다. 그에 비해 자연적 진화의 경우, 자연선택을 통해 다양한 개체군 사이에서 변화가 일어난다.

1950년대 초기 이래, 생물학자들은 DNA라 불리는 신비스러운 이중나선(二重螺旋)으로 관심을 돌리기 시작했다. 그로부터 채 20년이 지나지 않아 과학자들은 서로 다른 종에서 추출한 DNA를 혼합하기 시작했다. 이러한 신기술의 도약은 인간이라는 피조물을 지구상에서 새로운 창조주가 될 수 있게 했으며 다양한 종류의 동식물을 창조하도록 허용했다. 오늘날 자연 진화는 우리의 손끝에서 멈추고, 생명의 의미가 항구적으로 변화되며, 종교, 자연, 그리고 개체성을 재정의하도록 강요받는 지경에 이르렀다.

생물의 모든 체계의 세포 동역학은 상호 인정과 의존성을 요구한다. 그것은 개체로서의 생물과 생물권 전체가 종의 생존에 적합한 안정성과 평형을 유지하도록 하기 위한 항상적인 협조이다. 가이아 가설의 전일론적 개념은 유기적 생명(동적인 부분)과 지질 환경(부동의 부분)이 진화의 여정에서 불가결한 전체로 미묘하게 상호 참여하고 있음을 주장한다. 생명공학은 종의 온전성을 무너뜨리고 이러한 근본적인 얽힘을 무시한다. 이것은 자연의 지혜를 경멸하는 몸짓이다. 과학은 우리의 욕구와 시장 가치에 적합하도록 생물의 본래 유전구조를 변화시킬 수 있다. 동물, 식물, 숲, 산, 그리고 바다가 오로지 인간을 위해 존재하는 것인가?

묵살된 탄원

이러한 인위적 돌연변이의 숱한 피해자 중에서도 가축이 가장 극심한 고통을 받는다. 가축의 삶은 송두리째 공장의 창고 속에 감금되고, 마치 탄생의 유일한 목적이 인간에 의해 도축되는 것인 듯 기계에 의해 조작된다. 그들에게는 하늘을 보거나 대지의 냄새를 맡을 기회조차 주어지지 않는다. 그들은 우리의 애완동물, 야생동물, 그리고 우리와 같이 생물로서 가지는 즐거움이나 자유를 경험하지 못한다. 가축은 농업 관련 산업이 고안해 낸 가장 잔혹하고, 지독한 조작 때문에 평생 혹사당한다. 그들의 가장 끔찍한 불운은 식용동물로 낙인찍히면서 비롯되었지만, 그들 역시 우리와 다를 바 없이 지각력을 가진 존재이다.

유전공학의 산물인 슈퍼 돼지는 기실 인간이 주입한 성장호르몬에 의해 인공적으로 살찌운 병든 동물이다. 이 슈퍼 돼지는 심각한 관절염, 눈을 사시(斜視)로 만드는 성장호르몬 유전자에 기인한 난시 등의 부작용을 감내해야 한다. 돼지는 인간 유전자에 의해 그 자손들의 기관이 사람에게 이식되도록 조작된다. 이제 얼마 지나지 않아 공장형 돼지농장에 덧붙여 돼지 기관(器官) 농장이 생길 것이다.

지프(geep)*라 불리는 새로운 생물체는 일부는 염소이고 일부는 양이다. 원래 이 두 생물종은 교배가 불가능했다. 그러나 현대의 연금술사들이 지금까지 한 번도 존재한 적이 없던 새로운 종을 만들어 냈다.

---

* 〔역주〕 염소와 양의 합성어.

또한 우리가 흔히 보는 닭이 있다. 오늘날 이 새는 보통 크기의 2배로 성장하도록 육종되었다. 그들의 다리가 그 육중한 몸무게를 지탱할 수 없기 때문에 이 동물은 다리 통증과 기형에 시달릴 뿐 아니라 심장과 폐에도 심한 부담을 받는다. 그밖에도 많은 수의 닭이 집약적 번식으로 인한 감염질환으로 목숨을 잃는다. 형질전환 닭은 암소의 성장호르몬 유전자를 삽입 받았으며, 이 유전자는 닭의 신진대사와 불균형을 이룬다. 이러한 돌연변이로 인한 닭의 괴로움이 얼마나 끔찍한지는 상상할 수조차 없다.

언젠가는 닭에게 지네의 유전자를 도입시켜 2개 이상의 다리를 갖게 할지도 모른다. 그렇게 되면 아마도 저녁식탁에 더 많은 닭다리가 오를 수 있을 것이다. 또는 아예 머리, 날개 또는 꼬리 없이 밋밋한 통 모양의 몸뚱이와 다리만 가진 형상으로 조작되어 인간에게 더 많은 고기와 상업적 착취를 위해 더 쉽게 가공될 수 있는 편리성을 제공하게 될지도 모른다. 이들 새로운 종류의 동물을 어떻게 돌보아야 할지는 아무도 알지 못할 것이다. 어쩌면 아예 수의사가 필요 없어질지도 모른다. 이 새로운 식품기계는 그 정의상 더는 생물이 아니기 때문에 동물권을 둘러싼 수백 년에 걸친 논쟁에 종지부를 찍을 수 있을지도 모른다.

가축은 자연에 의해 신성화되는 동물계의 일부가 아닌가? 그들은 데이비드 애이브러햄의 저서 《감각을 가진 자의 매력》*에 나오는 '숨 쉬는 형상, 수많은 소리를 가진 풍경'에 속하지 않는가? 그들 역

---

* 〔역주〕 이 책(*The Spell of the Sensuous: Perception and Language in a More-Than-Human*)은 서구 문명이 비인간 자연으로부터 소외되는 현상에 비판적으로 접근했다.

시 지구상에서 그들만의 독자적 여정을 가지며, 동등하게 동정과 보호를 받을 권리가 있다. 그들이 윤리적 고려에서 배제될 뿐 아니라 공중파의 자연 관련 프로그램에서조차 다루어지지 않는 일차적 이유는 쉽게 기를 수 있고 인간을 위한 식품으로 전환될 수 있을 만큼 순진하고 온순하기 때문이다. 만약 코끼리나 돌고래와 같은 야생동물이 이러한 열악한 조건에 처했다면 우리는 무척 격분할 것이다.

멋진 신세계

지난 3백만 년 동안 인류는 다른 영장류와 마찬가지로 주로 채식을 하며 다른 동물들과 조화를 이루며 살아가던 종(種)에서 서서히 진화했다. 그 후 우리는 농경, 언어, 그리고 무기를 발명했다. 산업혁명 이후 지난 200년 간, 우리의 힘은 비약적으로 강해졌고 우리의 기술 문화는 놀라운 속도로 발전했다. 이제 곧 인구는 60억에 도달할 것이며, 그 숫자는 20년마다 2배가 될 것이다. 다니엘 퀸*은 그의 책 《B 이야기》(*The Story of B*)에서 인구 폭발의 시나리오를 기술했다. 그는 우리에 갇힌 쥐에게 먹이가 무한정으로 공급될 경우 계속 배증한다는 것을 증명했다. 퀸의 결론은 생태학의 기본 법칙에 토대를 둔 것이다. 즉, 어떤 종에게 먹이 공급이 증가하면 그 종의 개체군이 늘어난다는 것이다. 유전공학은 비자연적인 식량생산 증

---

* 〔역주〕 교육서적 편집자이자 작가. 그의 저서 《고릴라 이스마엘》(*Ishmael*)은 터너 미래상(Turner Tomorrow Fellowship)을 수상하기도 했다.

가를 목표로 삼으며, 이미 과잉상태로 지구와 그 자원에 짐이 되는 과도한 인구 폭발에 기름을 붓고 있다.

오늘날 우리는 12억 8천 마리의 소를 키우고 있다. 앞으로 이 소 떼는 점점 더 지구의 자원을 고갈시킬 것이다. 미국에서는 매일같이 우리들, 즉 인간이라는 육식동물의 입맛을 만족시키기 위해 10만 마리의 소가 도축된다. 종국적으로 이 행성은 인간종과 그들의 먹이가 되는 수십억 마리의 동물들로 가득 찰 것이다. 나머지 종들은 자연 서식지를 잃고 결국 멸종할 것이다. 빠른 속도로 성장하는 생명공학 산업은 결국 우리를 상상을 초월하는 멋진 신세계로 안내할 것이다. 플라톤이나 다윈, 그리고 오늘날의 진화론자와 윤리학자들도 이토록 낯선 세계의 의미를 제대로 설명할 수 없을 것이다.

생명공학 기업들은 새로운 종, 즉 유전공학으로 조작된 박테리아, 영장류, 돼지, 소, 닭, 개, 토끼, 그리고 쥐 등에 대한 특허를 통해 수익을 올리고, 특허권을 통해 이들의 새로운 종을 소유한다. 최초의 동물 특허는 1992년에 온코 마우스(*onco mouse*) *에게 주어졌다. 이것은 암 연구를 위해 유전자 조작된 쥐였다. 곧이어 여러 종에 대한 특허가 이어졌다. 실험실에서 만들어진 종에 대한 특허 부여는 종교적으로나 윤리적으로 많은 문제를 가지고 있을뿐더러 인간이 생물을 착취할 수 있는 무한한 가능성을 열어 주는 것이다.

---

* 〔역주〕 1988년 미국에서 개발한 형질전환 동물로 암 연구를 위해 처음부터 암 유전자를 가지고 태어났다.

무방비 상태로 노출된 혼란

단작(單作), 즉 대량생산을 위해 일부 선택된 작물만을 경작하는 농법은 그 자체로 자연에 대한 인위적 조작이다. 과도한 양의 농약 및 제초제 살포와 함께, 단작은 토양을 남용하고 생물다양성을 위협한다. 유전공학의 주요 프로젝트 중 하나로 생명공학을 이용해 만든 제초제 내성작물의 재배는 작물에 해를 입히지 않으면서 더 강한 수준의 제초제 살포를 가능하게 해줄 것이다. 이 사악한 순환이 이루어진다면 우리의 환경은 심각하게 오염되고 동물에게는 해악을 끼치게 될 것이다.

또 다른 위험은 생명공학이 다양한 질병에 대해 저항성을 가진 작물을 약속한다는 것이다. 형질전환 작물은 바이러스, 박테리아, 동물, 그리고 그 밖의 식물에서 유래한 유전자를 포함한다. 예를 들어, 형질전환 토마토와 딸기는 북극 지방의 물고기에서 추출한 부동(不凍) 유전자가 삽입되어 서리에 대해 더 강한 내성을 가진다. 이처럼 기괴하고 초현실적인 조합은 숙주동물의 유전적 기능을 무너뜨릴 뿐 아니라 식물에 혼란스러운 생화학적 돌연변이를 일으킬 수 있다.

이러한 형질전환 작물이 야생식물과 교차수분하면, 그 유전적 특성이 전이돼 야생식물이 항생물질에 저항성을 갖게 될 수 있다. 시간이 흐르면서 이러한 전이는 새로운 돌연변이로 이어지고, 결국 들녘은 우리의 유전적 무분별함으로 창조된 '슈퍼 잡초'가 접수하게 될지도 모른다.

선진국에서 만들어지는 새로운 실험실 작물들은 개발도상국의 수백만 농부들이 기르는 가축을 위협한다. 예를 들어, 실험실에서 생산되는 코코아 버터와 새로운 설탕 대체물은 빈민국의 수천만에 이르는 농부들을 실업자로 전락시킬 수 있다. 신상품은 그러한 기술을 채택할 경제적 능력이 없는 가난한 나라의 농부들에게 아무런 도움도 주지 못할 것이다. 작물의 생산량 증가로 인한 주된 혜택은 이미 풍요로운 나라들에게 돌아가고, 그 이익은 일차적으로 초국적 기업들의 것이다. 이들 기업은 과학의 진보라는 미명 아래 새로운 세계적 상업 독점을 만들어내고 있다.

형질전환 연어는 북극해 넙치의 유전자를 받아 크기가 6배나 크고 성장속도도 빠르게 되었다. 그러나 이 연어가 야생으로 방출된다면 예측할 수 없는 생태적 혼란을 야기할 수 있다. 바이러스의 DNA는 쥐의 내장으로 들어가 모든 종류의 세포로 침투하여 암을 비롯한 유전자 교란을 일으킬 수 있으며, 그로 인해 30년 이상의 의학연구로도 치료법을 알아내지 못할 질병을 일으킬 수 있다.

유전자는 무한히 복제되고 확산되며, 삽입될 수 있다. 우리는 이 과정을 중지시킬 아무런 방법이 없으며, 우리 눈에 보이지 않는 방식으로 진행되도록 놔둘 수밖에 없다. 엄청난 양의 바이러스 유전자가 야생의 근연종(近緣種)과 결합하면, 슈퍼 바이러스를 만들어 내 치명적인 질병으로 이어질 수 있다. 영국 오픈유니버시티 생물학과의 매완 호(Mae-Wan Ho)* 박사는 이렇게 믿고 있다.

---

* 〔역주〕 기본적으로 생명공학을 위험한 과학으로 규정하는 입장을 대표한다. 저서로는 《나쁜 과학: 근본적으로 위험한 유전자 조작 생명공학》이 있다.

현재 물고기에 사용되는 벡터는 해양 백혈병 바이러스에서 나온 틀을 가지고 있으며, 쥐에게 백혈병을 일으킬 수 있고 모든 포유류 세포를 감염시킬 수 있다. 유전공학에서 사용되는 벡터는 폭넓은 종을 감염시킬 수 있다. 그것은 나쁜 과학이며, 위험한 동맹을 맺는 나쁜 사업이다.

병원체: 궁극적인 포식자

생태적 재난과 함께, 1997년은 가축의 대학살이 이루어진 해로 명명되는 편이 적합할 것이다. 전 세계의 가축들 사이에서 감염성 질병이 창궐하자, 연구자들은 일차적으로 항생제 남용으로 인해 또 한 차례 전 세계적 규모의 전염병이 발생한 것은 아닌지 우려했다. 현재 두 계통의 대장균과 포도상 구균이 육류, 가금류, 그리고 낙농제품을 오염시키고 있다. 유전공학은 이러한 문제를 훨씬 더 복잡하게 만들 수 있다. 실험실에 국한되었던 형질전환 동물이 환경에 방출되었을 때, 종(種) 간 경계를 넘어 확산될 수 있으며, 그로 인해 새로운 질병이 등장할 수 있다.

최근 들어 콜레라, 말라리아, 그리고 폐결핵과 같은 오래된 질병들이 기존의 치료법에 저항성을 가진 새로운 계통으로 바뀌어 돌아오고 있다. 동시에 새로운 병원체가 발생하고 있다. 이러한 병원체에 대항하기 위해 의학 연구실들은 의학실험을 위해 수십만의 동물을 더 희생시켜야 할 것이다. 다른 동물들에게 닥치는 일은 곧 우리에게도 닥칠 것이다.

미래에 알레르기 전문가들은 새로운 알레르기를 치료하기 위해 그 유전자 행태를 연구해야 할 것이다. 왜냐하면 유전공학이 인공적으로 변화된 식품에 새로운 단백질을 첨가하는 작업을 수행하고 있기 때문이다. 대부분의 알레르기는 단백질로 인해 발생하기 때문에 이러한 조작은 알레르기를 더욱 악화시킬 수 있다. 우리는 실험용 쥐가 되고 있고, 동의절차도 거치지 않은 채 생명공학이라는 거대한 실험실로 집단적으로 떠밀리고 있다.

전 지구적 잠식

살아 있는 행성에 대해 아무런 존중이나 윤리적 고려도 하지 않으며 주로 단기적 이익을 좇아 움직이는 사람들에게 식품 공급과 지구의 미래를 맡길 수 있겠는가? 생명공학은 수십억 달러의 농산업에 의해 추진되고 있으며, 이 기업들이 전 세계의 작물 공급에서 상당 부분을 좌지우지하고 있다. 그리고 이 산업의 선봉에 과학자들이 있다. 그들의 낯선 연금술(鍊金術) 모험은 어떤 종의 경계도 인식하지 않는다. 심지어 신조차도 그 결과가 어떻게 될지 예측할 수 없을 정도이다. 생명공학의 잠재력은 지금까지 등장한 것들 중에서 자연을 파괴할 수 있는 가장 위험한 장치이며, 장기적으로는 핵무기보다 더 치명적이다.

그렇다면 우리 정부는 왜 이렇듯 중요한 문제에 대해 무사안일한 자세로 일관하며 적절한 정보를 제공하지 않는가? 그것은 생명공학이 풍부한 식품 공급과 안정성, 그리고 그로 인한 인구 증가를 약속하기 때문이다. 현재 우리는 풍요와 지속적인 경제성장이라는 기만적 외양에 현혹돼 안도하고 있다. 우리는 환경을 교란하고, 황무지를 잠식하며, 원래 다른 생물에 속했던 터전을 침입하는 행태를 지속할 수 있다.

신기술은 인간이 자연과의 직접적인 물리적 결합을 형성하는 데 필요한 가장 중요한 과정들을 삭제하고 있다. 다른 동물들과 마찬가지로 인간도 호기심을 발동하며 겸손하게 살아가기 위해서는 자연과의 물리적 접촉을 해야 하며, 자연이 제공하는 것들과 지혜를 지구의 다른 거주자들과 나누어야 한다. 현대인들은 권력, 소유, 생산, 기술적 효율성, 그리고 속도에 대한 강박을 가지고 있다. 최소한 이타적 협동사회에서 살아갈 수 있는 개미나 벌과 달리, 우리는 오직 우리 자신의 이해관계에 기초해서만 협력을 이어간다. 다니엘 퀸이 그의 저서 《고릴라 이스마엘》에서 말했듯이, 우리는 지구를 '놔두는 자'(*leaver*)가 아니라 오로지 '포획하는 자'(*taker*)가 되었다. 도덕적 책무에 대한 인식 저하는 오늘날의 생태위기를 가속시킬 뿐이다.

모든 종(種)과 그 서식지는 생물공동체를 이루는 구성요소이다. 들판에 핀 데이지에서 대양의 거대한 고래에 이르기까지, 사막에서 열대우림까지 모든 것이 상호 동의를 통해 창조적으로 진화해 갈 수 있는 고유한 지능, 개성, 그리고 의식을 가지고 있다. 이 모두가 보호받을 권리가 있다. 그런데 유독 이 생물종 중 하나인 인간이 이러한 통제에서 벗어나 있다. 그 증거는 인구 폭발, 새로운 감염 질병의 창궐, 급증하는 범죄율, 착취적 경제 정책, 그리고 낭비적 소비자로서 지구를 파괴하는 방식 등이다. 이 행성이 수백만 년에 걸쳐 진화를 위해 기울인 노력이 고작 수십 년 만에 물거품이 될 수는 없다. 미국의 일부 지역에 서식하는 개구리처럼 민감한 종은 이미 환경오염으로 인한 돌연변이로 기형을 일으키고 있다.

아직 우리는 우주 탄생의 배후에 있는 빅뱅(Big Bang)*의 수수께끼를 설명하지 못했지만, 인간의 역사는 이미 두 번째 빅뱅으로 돌입하고 있다. 그것은 우리가 알고 있는 모든 것을 급격하게 바꾸어 놓으려는 유전공학으로 인한 폭발이다. 현재 우리가 우리의 종을 보호하기 위해 사용하는 수단은 자연의 종말을 뜻한다. 생물다양성이 없다면 지구는 진화할 수 없으며 파멸의 선고를 받게 될 것이다.

희망에 반하는 희망

전 지구적 위기라는 현 상황에서 우리 개개인은 새로운 윤리적 생명력을 일깨워야 하고, 우리의 행성인 지구가 상업적 착취세력에 맞서 저항하기 위해 절실하게 필요로 하는 에너지와 도덕적 책무를 한층 북돋워야 한다. 우리 자신의 온전함, 의미, 그리고 살아 있는 지구의 신성함을 위해 이러한 노력이 필요하다. 그들의 미래가 살아남는 것이 우리의 생존이다. 집단적 노력이 없다면, 우리는 지구의 불행한 운명을 치유할 수 없을 것이다. 자기만족 대신 우리 모두는 다른 생물에게 희망을 주기 위해 얼마간의 희생을 치러야 한다.

빌 맥키번**은 그의 저서 《자연의 종말》(*The End of Nature*)에서

---

* 〔역주〕 우리 우주의 탄생을 설명하는 표준적인 가설로 러시아 태생의 물리학자 조지 가모가 처음 제기했다.

깊은 감동을 주었고, 반(反) 인간중심적 진술을 했다.

> 따라서 나는 우리 시대는 아닐지라도, 우리 아이들 또는 그 아이들의 시대는 아닐지라도, 만약 우리가 지금, 바로 오늘, 우리 숫자를 줄이고, 우리의 욕망과 야망을 제한한다면 언젠가 자연은 그 독자적 활동을 다시 시작하게 될 것이라는 희망에 반하는 희망을 갖는다.

유전공학 상품표시제에 아무런 규제도 없기 때문에, 우리는 그것을 피할 도리가 없다. 우리는 정부가 모든 형질전환 생물에 표시제를 도입할 것을 철저히 규율하도록 요구해야 한다. 우리는 유전공학으로 생산된 농산물에 대한 구매를 거부할 수 있으며, 이러한 중요한 사안을 우리 마을에 교육시키기 위한 노력을 할 수 있다. 우리는 그 지역에서 자란 유기농 제품을 구매함으로써 지역 농부들을 지원해야 하며, 생태적 채식(菜食)으로 전환해야 한다. 우리가 신선한 공기를 마시고, 음식을 섭취하며 자연의 아름다움을 즐기는 한, 우리는 대자연과 지구의 수십억 년의 지속가능성에 빚지고 있는 것이다.

** 〔역주〕〈뉴요커〉 기자로 근무한 적이 있으며, 〈뉴욕 타임스〉, 〈롤링스톤〉 등에 자연과 환경, 그리고 인간의 문명에 대한 글을 기고했다.

■ 참고문헌

Ehrlich, Paul R. (1991), *The Population Explosion*, Touchstone Books.

Epstein, R. (1996), "Why You Should Be Concerned with Genetically Engineered Food", online. sfsu, edu/rune/GEessays/gedanger. htm.

Ho, Mae-Wan, (1996), "Transgenic Transgression of Species Integrity and Species Boundaries", workshop on Transboundary move-ment of living modified organisms resulting from modern biotechnology (Denmark, 19~20, July, 1996).

______(1997), "The Unholy Alliance", *Ecologist*, vol 27 No. 4, Jul/Aug.

McKibben, B. (1989), *The End Of Nature*, Anchor.

Regan, T. "The Unnatural Order".

Rifkin, J. (1984), *Beyond Beef: The Rise and Fall of the Cattle Culture*, Plume.

______(1989), *Algeny: A New Word-A New World*, Penguin Books.

Singer, P. (1993), *How Are We To Live*, Prometheus Books.

Stone, C. D. (1987), *Earth and Other Ethics*, Harper & Row.

제 2부

농업생명공학

농업생명공학: 위험과 혜택

생물을 유전공학적으로 처리한다는 것은 한 생물에서 유래한 DNA를 다른 생물에 도입하는 것을 뜻한다. 재조합 또는 접합 DNA는 정확한 프로모터가 미리 예상된 조직에서 단백질을 생성할 수 있도록 만들어진다. DNA가 어떻게 생물체에 삽입되는지에 관해서는 이 책의 다른 부분에서 기술되겠지만, 이 기술이 농업에 부여하는 위험과 혜택을 가장 잘 이해하기 위해, 이 과정의 여러 측면에 관해 이해할 필요가 있다. DNA가 핵 속으로 들어가면, 핵 속에서 '따로 존재하거나'* 그 세포의 염색체 속으로 삽입될 것이다(〈그림 13〉). 따로 존재하는 DNA는 일시적으로 단백질을 생성할 수 있지만, 세포가 물질대사를 하고 분열하는 과정에서 외래 DNA는 소실되거나 분해된다. 이것을 일시적 발현(發現)이라고 하는데, 그 까닭은 결국 DNA와 그 단백질이 모두 상실되기 때문이다. 만약 어떤 과학자가 외래 단백질의 기능을 연구하기 위해 세포 속에서 일시적인 발현을 일으킬 필요가 있으면 이러한 일시적 유전자의 기능성으로도 충분할 것이다.

그러나 이종(異種) 단백질을 장기적으로 만들어내려면 외래 DNA가 세포 DNA로 삽입되어야 한다. 이러한 삽입이 일어나는 것은 세포 효소들이 외래 DNA를 인식하고 거기에 부착되어 마치 수선을 필요로 하는 DNA인 것처럼 행동할 때이다. DNA를 수선하는 세포 효소들은 세포 DNA를 자르고 외래 DNA를 염색체 속으로 삽

---

* 〔역주〕 염색체에 삽입되지 않은 채 따로 존재하는 것을 의미한다.

입한다. 몇몇 경우를 제외하면, 삽입되는 장소는 무작위적이다. 외래 DNA가 기존 유전자의 외부에 삽입되면 그 세포나 생물에 물리적 영향을 거의 미치지 않을 수도 있다. 반면 외래 유전자가 세포 유전자 내부에 삽입되면 유전자 기능이 파괴될 수도 있다. 계획되지 않은 세포 기능의 파괴가 이익이 되지 않는 것은 자명하다. 외래 DNA가 유전체에 삽입되지 않으면 세포에 의해 분해되어 양분으로 사용된다.

주목할 것은 유전공학으로 처리된 생물이 외래 DNA와 (이로부터 만들어진) 이종 단백질이 들어 있다는 사실을 제외하고는 완벽하게 정상인 경우가 종종 있다는 사실이다. DNA에 상당히 많은 '여유 공간'이 존재하거나 세포가 비활성화된 유전자를 중복하여 지니는 보완 기능을 가지고 있어, 흔히 세포나 생물체에서는 이상이 발생하지 않는다.

형질전환 유전자의 발현에 영향을 주는 염색체의 또 다른 특성이 있다. 세포주기의 특정 단계가 되면 염색체의 특정 영역은 매듭을 이루며 단단하게 응축되고, 다른 영역들은 풀어져 전사(傳寫) 단백질의 DNA에 접근해 새로운 단백질을 만들 수 있게 된다. 비슷한 기능을 갖는 유전자들은 염색체의 같은 영역에 무리를 이루고 있으므로, 염색체의 해당 부분이 풀리거나 느슨해질 때 함께 발현할 수 있다. 따라서 형질전환 유전자가 삽입되는 염색체의 영역이 어디인지에 따라 그 발현에 영향을 주며, 그것은 염색체의 해당 영역이 풀리는지의 여부에 따라 달라진다.

그러므로 형질전환 유전자의 발현 여부는 그것이 삽입된 염색체의 미소 서식환경(*micro environment*)에 따라 결정된다. 만약 형질전환 유전자가 거의 풀리지 않는 염색체에 삽입되면, 그 유전자는 즉시 단백질을 만들지 않을 것이다. 이러한 임의적 삽입으로 인해 생물체에 대한 유전공학적 처리는 불확실한 과정이다. 더구나 사람처럼 유전적으로 복잡한 생물을 유전공학으로 다루려는 시도의 경우는 특히 그러하다.

일부 특정 기법들이 개발되어서 외래 DNA가 세포 염색체의 정확한 위치에 삽입될 수 있도록 한다. 이러한 과정은 임의적이지 않기 때문에 '표적' 삽입이라고 부른다. 삽입 자리를 제어하는 것이 무작위적으로 삽입하는 것보다 훨씬 바람직한 것은 분명하지만, 현재까지 이 기법의 적용은 생쥐, 효모, 그리고 길든 동물과 같은 일부 생물에 국한되고 있다. 과학자들은 표적 삽입기술을 더 많은 생물에 적용시키기 위해 많은 노력을 기울이고 있다. 외래 DNA의 표적화나 임의 삽입을 이해한다면 독자들이 유전공학의 혜택과 위험을 평가하는 데 도움을 줄 수 있을 것이다. 표적 삽입기술을 채택할 수 있다면, 이 과정을 좀더 통제할 수 있고 그에 따라 발생가능한 실수를 더 줄일 수 있을 것이다. 표적 삽입을 이용하면 생명체에 중요한 유전자들을 파괴할 위험이 줄어든다.

세포 안에서 안정적인 삽입이 일어난다면(〈그림 13〉), 그 세포의 자손은 외래 DNA를 '전달받게' 될 것이다. 그리고 그 세포가 분열하면, 염색체의 나머지 부분들과 함께 삽입된 외래 DNA도 복제할 것이다. 삽입된 DNA가 세포의 한 세대에서 다음 세대로 이어지기 때문에 외래 DNA를 가진 새로운 세포가 필요할 때 DNA를 핵 속에 삽입하는 과정을 반복할 필요는 없다.

DNA가 동물세포에 도입되면, 외래 DNA는 '형질전환 DNA'라고 불리며 그 동물은 '형질전환 동물'이라고 불린다. 여기에서 그 말의 어원을 살펴보면 이해하는 데 도움이 될 것이다. 'trans'라는 말의 어원은 '가로지르다, 넘다, 관통하다' 등의 의미를 포함한다. 가령 '대륙횡단'과 같은 용례가 그런 경우이다. 그리고 'genic'의 어원은 유전자를 뜻한다. 따라서 형질전환(*transgenic*) DNA는 한 생물체에서 다른 생물체로 옮겨진 DNA를 뜻한다. 일반 신문에서도 유전공학적으로 처리된 생물이 흔히 형질전환 생물로 지칭되기 때문에 이 용어를 분명하게 이해할 필요가 있다. 형질전환 DNA가 생식세포, 즉 정자, 난자, 초기 배아 등에 삽입되면 형질전환 배아세포는 신체의 모든 세포로 복제되어 들어갈 수 있다. 따라서 몸의 모든 세포가 형질전환 유전자를 포함할 것이다. 그러나 몸의 모든 세포는 프로모터의 차등발현으로 인해 단백질을 만들어내지 않을 것이라는 점을 기억해 둘 필요가 있을 것이다.

따라서 어떤 생물의 성체를 복제하면, 새로운 생식세포는 형질전환 유전자를 포함할 것이고(〈그림 13〉), 새로운 유전공학 암소가 필요하다면 사람들은 유전공학 암소를 번식시켜 유전공학 송아지를 낳게 하면 될 것이다. 이때 형질전환 동물이 탄생할 때마다 그 세포에 외래 DNA를 일일이 삽입할 필요는 없다.

유전공학 생물체의 윤리적·사회적 이슈는 사용된 동물이 어떤 종류인가에 따라 어느 정도 좌우된다. 즉, 그 동물이 너무 작아 현미경으로 볼 수 있는지 아니면 육안으로 볼 수 있는지, 새로운 환경에 적응할 수 있는지, 병을 일으킬 수 있는지 아니면 무해한지, 잡종형성이 가능해 유전물질을 전달할 수 있는지, 아니면 전이가 제한적인지 등에 따라 달라진다. 예를 들어, 유전공학 소의 경우를 살

〈그림 13〉 일시적인 DNA 전달과 영구적인 외래 DNA 전달

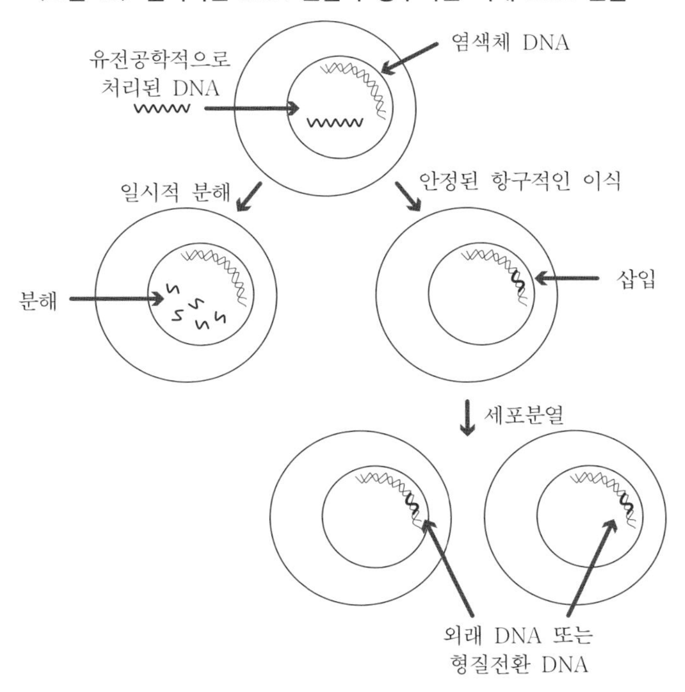

펴보자. 이 동물은 분명 볼 수 있는 크기이지만, 통제가 불가능할 정도로 번식하지는 않는다. 대부분의 나라에서 소는 가축이기 때문에 야생동물이나 유연관계가 없는 다른 동물들과의 교배를 제어할 수 있다. 더구나 소는 병원성 생물체도 아니다. 따라서 소에게 이식한 유전자가 다른 생물체나 환경으로 방출되기는 어려울 것이다. 소는 고등동물로 간주되기 때문에(가령, 계통발생의 지위가 딱정벌레보다 높다), 일부 사람들은 딱정벌레에 비해 소를 변화시키는 데 더 많은 윤리적 고려를 하는 경향이 있다.

그렇다면 생쥐처럼 낮은 수준의 포유류는 어떠한가? 실험실 생쥐

는 환경에서 간신히 살아남을 수 있으며, 야생 생쥐와 잡종형성하여 원래 목표로 삼았던 숙주(宿主) 동물 이외의 생물에게 형질전환 유전자를 확산할 수 있다. 그러나 이들은 추적이 가능하고 충분한 노력으로 제어할 수 있으며, 눈에 보이는 동물들이다.

반면 곤충은 계속 가두어 두거나 제한된 영역에 한정시키는 것이 더 어려울 수도 있다. 가령 그들이 알아차리지 못하는 사이에 확산되어 생식할 수 있다. 다른 동물들과 마찬가지로, 그들도 명확하게 제한된 영역 이외에는 교배가 불가능하다. 그러나 식물은 교차수분(交叉受粉)이 가능하며, 그 밖의 방법으로도 유전물질을 확산한다. 식물에서 나온 씨앗과 꽃가루는 식물의 경계를 넘어 확산될 수 있다. 분명 식물은 유전물질의 우연한 확산에서 특수한 문제를 야기할 수 있다.

미생물은 전혀 새로운 문제를 일으킨다. 이 작은 생물체는 현미경의 도움 없이는 볼 수 없으며, 우리가 알아차리지 못하는 사이에 이동할 수 있다. 미생물의 일부 종류는 그 숙주를 해로운 방식으로 감염시켜 병원성(病源性)을 띨 수 있는 잠재력을 가진다. 특정 박테리아는 자신의 유전물질, 즉 DNA를 다른 박테리아에 확산할 수 있다. 가령 이들 박테리아는 항생제 내성 유전자와 같은 유전자를 교환함으로써 환경압*에 적응할 수 있다. 개별 박테리아로 구성된 거대한 개체군이 죽더라도, 최소한 몇 개체가 유전적으로 돌연변이를 일으켜 그들의 환경에 주어지는 선택압**을 극복할 수 있다면,

* 〔역주〕 생물이 생존하는 데 필요한 요소로 기후, 양분, 서식지 등이 있다. 이러한 요소들은 그 생물이 적응하도록 압력을 가한다.

종을 성공적으로 전파할 수 있다. 돌연변이는 박테리아가 자신의 생존을 위해 환경에 따라 스스로를 변화시키는 데 도움을 준다.

그런데 유전공학을 통해 일부 박테리아가, 우연히 유전자를 다른 박테리아에 전달할 수 있는, 환경으로 확산되는 능력을 상실하게 되었다는 사실을 염두에 둘 필요가 있다. 과학자들은 이 박테리아를 오랫동안 재조합 DNA를 위한 도구로 사용했고, 부주의로 인한 환경 방출이나 해는 없는지 감시했다. 그리고 이들 박테리아는 다른 생물체나 환경에 대해 안전하다는 사실이 입증되었다.

농업에 이용되는 유전공학 산물은 단순한 단백질 화학물질이나 살아 있는 생물일 수도 있다. 키모신(*chymosin*)은 치즈 생산을 돕기 위해 우유에 첨가되는 단백질이다. 이 물질은 송아지의 장에서 추출된 것이다. 이 효소는 자연상태에서 존재하면서 송아지의 우유 소화를 돕는다. 그런데 경제성이나 생산성의 측면에서, 다른 방법으로 키모신을 생산할 수 있는 방법은 낙농 산업에 도움을 준다. 따라서 실험실을 밀봉한*** 상태에서 안전하게 키모신을 생산하도록 미생물의 유전자를 조작했다. 키모신 단백질은 미생물로부터 생물체가 아닌 화학물질로 추출되었다. 키모신 낙농품은 단지 화학물질이며, 유전자변형 생물(GMOs)과 연관된 일부 윤리적·사회적 문제들은 공장이나 실험실에서 유전공학 생물에서 유래한 화학물질에 적용되지 않는다. 키모신은 1990년에 미국 농무부에 의해 치즈

** 〔역주〕 자연선택에 주어진 압력으로 먹이, 환경, 짝짓기 상대 등이 있다.

*** 〔역주〕 실험실 밖으로 미생물, 실험동물 또는 그 조직과 유전자 등이 빠져나가지 않도록 막는 물리적 봉쇄조치를 뜻한다.

제조에 사용이 허가되었고, 현재 미국에서 판매되는 치즈의 70%에 사용된다. 농산물로 사용되는 유전공학 단백질(재조합 단백질)의 안전성은 여전히 입증될 필요가 있지만, 그 산물이 복제된 생물이나 유전자변형 생물이 아닌 경우에는 그렇게 복잡하지 않다.

재조합 단백질과 유전자변형 생물의 차이를 좀더 잘 이해하려면 재조합 단백질이 어떻게 만들어지는지에 대해 알아야 한다. 박테리아에서 생산된 단백질의 사례를 살펴보자.

플라스미드(*plasmid*)*는 자연적으로 발생하며, 일부 박테리아에서는 두 가닥의 원형 DNA를 이루기도 한다. 그것들은 박테리아 효소와 상호작용하는 DNA 염기서열을 가지며, 이 염기서열이 원형 DNA 각각이 플라스미드의 정확한 사본을 복제하도록 한다(〈그림 14〉).

이것은 이해를 위해 중요한 개념이다. 왜냐하면 이것이 자연적 형태의 '클로닝'(*cloning*)이기 때문이다. 여기에서 '클론'은 '복제'라는 뜻이다. 이런 의미에서 플라스미드는 서로에 대한 클론이다. 왜냐하면 플라스미드의 DNA가 정확하게 복제되기 때문이다. 플라스미드가 박테리아에서 성장하면, 원본 플라스미드의 많은 복제가 만들어진다. 여기에서 채택된 전략은 재조합 DNA 기법으로 플라스미드에 특수한 가치가 있는 DNA를 삽입하는 것이다.

플라스미드가 성장하면, 가치가 높은 DNA의 정확한 복제가 많이 만들어질 것이다(〈그림 15〉). 이것이 DNA 복제의 원리이다!

그렇다면 왜 DNA 복제가 중요한가? 가령 키모신을 만드는 암호

---

* 〔역주〕 염색체와 별도로 증식이 가능한 유전인자.

〈그림 14〉 DNA 클로닝:
박테리아 안에서 자기복제하는 플라스미드 DNA의 전이와 복제

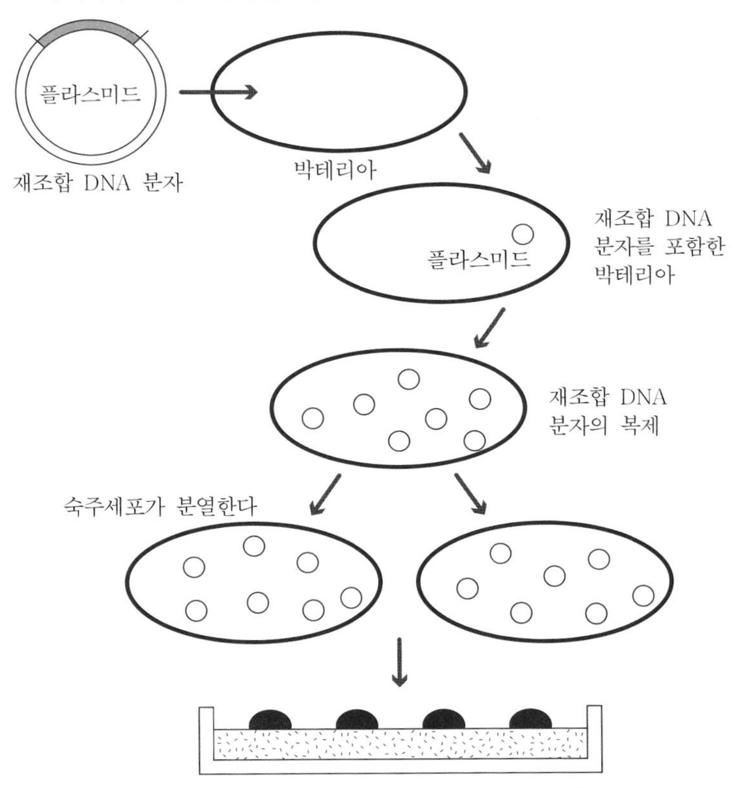

고형 배지에서 성장하는 박테리아 콜로니

〈그림 15〉 클로닝하기 위해 가치 있는 DNA를 플라스미드 DNA에 삽입한다

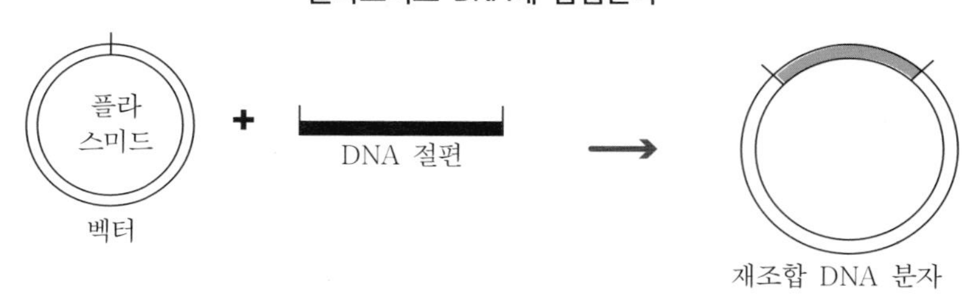

를 가진 DNA를 하나의 플라스미드에 넣었다고 하자. 하나의 플라스미드에서는 적은 양의 키모신이 만들어질 것이다. 그 단백질은 찾기 힘들 정도이고 아무런 가치도 없다. 그러나 키모신 유전자를 플라스미드에 넣고 복제된 플라스미드가 엄청나게 많은 수의 클론 플라스미드라면, 많은 양의 키모신을 얻을 수 있을 것이다. 그리고 충분한 단백질이 만들어져 박테리아로부터 정제되면 농산물로서 상당한 가치를 가질 것이다.

그렇다면 다른 방식으로 DNA 복제의 가치를 생각해 보자. 가령 우유에서 발견되는 베타-카세인(*beta-casein*)을 만드는 유전자 염기서열을 연구한다고 하자. 베타-카세인 유전자의 길이는 약 2만 3천 뉴클레오티드 염기이다. 이 유전자는 포유류의 염색체에서 발견되었는데, 대략 10^9 뉴클레오티드 염기 길이이다. 여러분이 그 유전자가 염색체상에서 대략 어디쯤 위치하고 있는지 알고 있다 하더라도, 그 염색체에 있는 DNA가 워낙 많기 때문에 2만 3천 염기라는 상대적으로 작은 배열을 화학적으로 분석하려면 무척 힘들 것이다. 따라서 이 짧은 베타-카세인 유전자의 숫자를 염색체의 배열보다 훨씬 많이 확장시키는 방법이 필요하다. 가령 이 짧은 배열의 유전자를 1

조 개 더 얻을 수 있다면, 이 생물의 유전체 DNA로부터 화학적으로 정제하고 나머지 유전체 DNA의 염기서열로 연구할 수 있을 것이다. 이것은 재조합 DNA 기법을 이용해 — 가치 있는 DNA를 플라스미드에 삽입하고, 그 DNA를 클로닝하는 방법 — 이루어진다. 다음은 설명을 위해 항목별로 나누어 놓은 단계들이다(〈그림 14〉와 〈그림 15〉).

베타-카세인 유전자를 포함하는 유전체 DNA를 자른다.
베타-카세인 유전자를 플라스미드에 넣는다.
플라스미드를 박테리아에 넣는다.

플라스미드와 박테리아가 성장하도록 둔 다음, 베타-카세인 유전자의 정확한 복제를 다량 만든다. 즉, 유전자를 클로닝한다.

화학적 배경지식이 없는 독자들은 분자가 어떻게 변화하고 조작되는지 상상하기 어렵다. 가위와 풀로 화학결합을 자르거나 붙일 수 없다는 것은 자명하다. 우리는 시험관 안에서 육안으로 볼 수 없는 분자에서 일어나는 화학반응을 이용해야 한다.

'가위'와 '풀'이라는 용어는 화학반응에서 일어나는 사건들을 설명하는 데 도움이 된다. 서로 다른 DNA를 붙이기 위해 DNA 결합을 자르는 단백질 효소를 엔도뉴클레아제(*endonuclease*, 제한효소)라고 한다. 이는 가위로 생각하면 된다. 엔도뉴클레아제에서 화학용어로 'ase'의 어원은 효소를 뜻한다. 그리고 'nucle'의 어원은 DNA 분자의 핵산을 가리킨다. 그리고 'endo'의 어원은 이 효소가 DNA 말단의 뉴클레오티드 염기에는 작용하지 않고 DNA 분자 안쪽의 뉴클레오티드에 작용한다는 것을 뜻한다. 일부 '뉴클레오티드'는 DNA 말단의 뉴클레오티드에만 작용한다. 따라서 특정 제한효소가 DNA에서 작동하는 방식에는 저마다 차이가 있다.

'제한'이라는 말은 그 효소가 특정 뉴클레오티드 염기를 자르도록 제한되며 모든 염기를 자르지 않는다는 것을 뜻한다. 이러한 제한은 우리의 목적을 위해서는 바람직하다. 왜냐하면 우리는 그 효소가 DNA를 인식할 수 없는 조각들로 마구 자르는 것을 원하지 않기 때문이다. 따라서 제한효소는 DNA를 특정 뉴클레오티드 배열, 가령 GATATC와 같은 순서로 자르는 단백질 효소이다. 이처럼 특정 DNA 배열을 인식하는 제한효소를 EcoRI이라고 부른다. 그것은 Hind III, Bam HI, Sal I, 그리고 Pst I와 같은 다른 모든 제한효소들과 구별되는 독특한 이름을 가진다. 이들이 저마다 다른 DNA 배열을 자르기 때문에 여러 가지 효소들을 구분하는 것은 중요하다.

제한효소의 또 한 가지 유용한 특징은 두 가닥의 DNA를 자르기에 DNA 가닥의 돌출된 말단이 서로 엇갈린다는 점이다(〈그림 16〉 참조). DNA 백본의 인산결합은 효소로 절단된다(〈그림 4〉).

여기에서 2개의 DNA 분자를 연결시키는 수소결합의 숫자가 너

〈그림 16〉 제한효소로 DNA를 정확하게 자른다

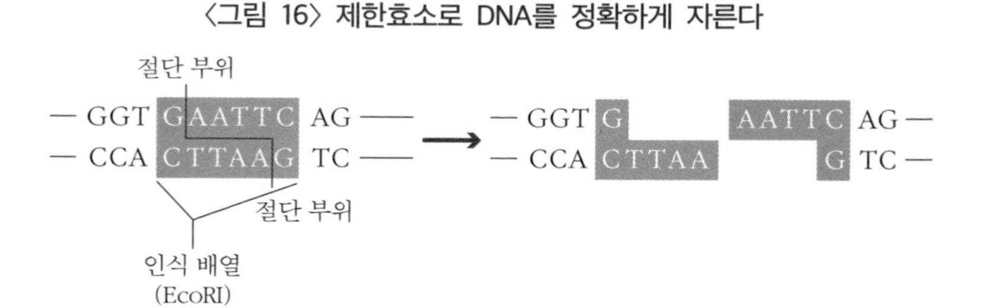

무 적기 때문에 수소결합은 DNA의 두 가닥을 붙잡아줄 수 없다. 이들 DNA의 돌출된 끝부분은 상보적이다. 즉, 같은 제한효소에 의해 잘린 DNA의 돌출된 말단의 다른 조각들과 일치한다. A는 T와 일치한다. DNA의 모든 말단은 EcoRI와 같은 동일한 제한효소에 의해 잘리며, 서로 정확히 일치하는 말단을 가진다.

중요한 DNA를 클로닝할 때, 플라스미드와 가치 있는 DNA를 EcoRI와 같은 동일한 제한효소로 자른다. 두 DNA가 같은 효소로 잘리면, 플라스미드에서 나오는 DNA의 말단들이 문제의 DNA와 연결될 가능성이 있다. 플라스미드와 DNA가 돌출된 말단에 의해 연결된다고 해도, 인산결합이 재수립될 필요가 있다. 그렇지 않으면 수소결합이 다시 떨어질 것이기 때문이다.

비유적으로 말하면, 인산결합을 다시 붙이기 위해 약간의 풀이 필요한 셈이다. 여기에서 접착제 역할을 하는 것이 DNA 리가아제*이다. '묶다'(*ligate*)라는 단어는 '동여매다'의 뜻이며, 그것은 바로 효소가 하는 역할이다. 리가아제는 백본의 인산결합을 다시 연결한다. 백본이 연결되면, 수소결합은 지속되고, 두 가닥의 DNA가 완전히 수리된다. 리가아제 반응은 〈그림 16〉에서 볼 수 있는 것처럼, 효소에 의한 절단을 거꾸로 뒤집은 역전에 해당한다. 화학적으로 이야기한다면, 이 수선된 DNA는 다른 DNA와 구분하기 어렵다. 그것은 다른 DNA와 동일한 방식으로 기능하고 똑같이 복제한다. 다만 DNA의 한 부분은 플라스미드이고, 다른 부분은 새롭게 삽입된 DNA라는 것이 다를 뿐이다.

---

* 〔역주〕 핵산분자를 결합하는 효소.

다음 단계는 DNA를 박테리아에 넣어 플라스미드가 복제될 수 있게 하는 것이다. 이 목적에 사용되는 박테리아는 환경에 방출되거나 박테리아의 DNA가 다른 DNA와 재조합되는 것을 막기 위해 특정 기능이 제거된 것이다. 이 박테리아는 유전공학적 목적으로 특수하게 만들어진 것이며, 지난 25년 동안 그 안전성이 확인되었다. 그러나 이 방법은 대개 단 하나의 플라스미드 분자가 박테리아의 세포로 들어간다는 사실을 제외하고는 앞으로 논의되지 않을 것이다.

이것은 기억해야 할 중요한 개념이다 — 그것은 하나의 박테리아에서 성장하는 모든 플라스미드 분자가 원본 플라스미드 분자에서 유래했다는 사실이다. 따라서 그 분자들은 서로 똑같은 클론이다.

플라스미드는 박테리아에서 증폭할 뿐 아니라 이 박테리아가 분열하여 많은 숫자로 늘어난다. 박테리아 세포는 분열을 거듭해 눈에 보일 정도의 군집으로 늘어날 수 있으며, 이렇게 증식한 것을 콜로니(*colony*)라고 부른다. 콜로니는 수십억 개의 똑같은 세포들로 이루어진 돔처럼 보인다. 왜냐하면 그것들은 모두 같은 박테리아 세포에서 유래했기 때문이다. 박테리아 세포들이 분열하여 복제되면 플라스미드도 분열하고 복제되기 때문에 클로닝된 플라스미드는 엄청난 숫자로 만들어진다!

그렇다면 이 플라스미드는 베타-카세인처럼 클로닝된 유전자를 위한 유전자를 포함하고 있는가? 그렇다. 플라스미드에 삽입된, 즉 접착된 베타-카세인 유전자의 복제가 수십억 개나 존재한다. 이처럼 엄청난 숫자 덕분에, 우리는 베타-카세인 DNA를 화학적으로 분석하고 그 염기서열을 확인할 수 있다. 또한 박테리아 전사 단백질과 함께 작용하는 프로모터가 베타-카세인 세포에 연결되어 있다면, 많은 양의 베타-카세인 단백질이 박테리아 세포에서 생성될 수 있다.

소의 DNA에서 유래한 그 밖의 유전자 중에서는 발현할 수 있는 것은 없다. 왜냐하면 그 유전자들은 박테리아 안에 존재하지 않기 때문이다. 거기에는 오직 베타-카세인 유전자를 가진 복제된 플라스미드만이 있다. 하나의 베타-카세인 유전자에서 만들어진 단백질 생산의 수준을 플라스미드에서 다량으로 클로닝된 베타-카세인 유전자와 비교하면 DNA 복제 방법의 진가를 알 수 있을 것이다.

윤리적 문제들: 위험과 보상

1980년대 중반 생명공학의 농업적 이용을 둘러싸고 격렬한 논쟁이 벌어졌다. 이 논의의 구체적 출발은 캘리포니아대학에서 딸기밭에 슈도모나스 시린가에(*pseudomonas syringae*)라는 아이스-마이너스(*ice-minus*)* 박테리아를 실험하면서부터였다. 대개 이 박테리아는 과일에 얼음 결정이 만들어지게 한다. 그런데 유전자 조작된 변종은 얼음 결정을 형성하지 않는다. 딸기처럼 민감한 조생작물에 살포하면, 유전자변형 작물은 자연종을 대체시켜 만상해** 딸기 재배자들이 입는 손실을 크게 줄여줄 수 있다. 실험실에서 '슈도모나스 시린가에'를 연구하는 과학자들은 이러한 방식으로 사용된 아

* 〔역주〕 서리에 대한 내성이 강한 성질.
** 〔역주〕 늦은 봄에 입는 서리 피해.

이스-마이너스 유전자조작 생물체는 안전하다고 보증했다. 그들은 수년 동안 이 박테리아를 실험했고, 박테리아를 적절히 제한하는 방법에 대해 충분히 알고 있다고 믿었다. 결국 그것은 하나의 유전자를 삭제하는 정도의 변화에 불과하다는 것이었다.

반면 의도적 방출에 대해 비판적인 입장인 사람들은 대부분 실험실에서 유전학을 연구하는 '현장 과학자'(*bench scientist*)였다. 비평가 중 일부는 활동가들이었다. 그들은 기술 일반, 특히 유전 기술이 미치는 사회적 영향을 우려했다. 과학적 비판은 대개 생태학이나 집단 생물학처럼 '전체 체계'를 다루는 분야에서 나온다. 특히 생태학자들은 실험실에서 일어나는 현상이 극도로 복잡하고, 특히 미세한 수준에서는, 생태계와는 전혀 다르며, 생태계에서 일어나는 일은 지금까지 거의 밝혀지지 않았다고 주장한다. 그들은 이러한 복잡성으로 인해, 생태계 교란이 실험실과 같은 폐쇄체계에서 행해지는 연구를 통해서는 제대로 이해될 수 없는 방식으로 발생할 수 있음을 뜻한다고 주장했다.

'슈도모나스 시린가에'를 둘러싼 논쟁은 농업생명공학 전반의 이익과 위험에 대한 논쟁의 한 예이다. 어떤 면에서 이것은 과학 분야 간의 논쟁이다. 미생물학자와 분자생물학자들은 온도나 화학물질과 같은 입력 요소들이 신중하게 제어되고 그 결과가 측정될 수 있는 환경에서 연구하는 데 익숙하다. 이것은 고전적 실험과학이다.

그에 비해 생태학자들은 충분히 이해되지 않고, 실험과학의 방식으로는 검증할 수 없는 매우 복잡한 체계를 기술하는 데에서 시작한다. 그들은 실험실 과학자들이 단순성을 보는 곳에서 복잡성을 본다. 그들은 복잡성을 기술하고, 균형을 이루기 위해 노력하는 전체

시스템을 보려고 한다. 분자생물학자들은 유전자형을 인간으로부터 유래한 정밀한 변화의 전조로 이해하려고 시도한다. 진화생물학과 고생물학의 연구를 통해 언젠가 인간의 생명이 말라리아와 공생관계를 가지며 아프리카 대륙에서 진화했다는 사실을 밝혀낼지도 모른다. 그러나 분자생물학자들은 이렇게 가정된 균형을 급격하게 깨뜨릴 백신을 개발하려고 시도한다.

개방체계 농업생명공학에 대한 과학적 비판은 그들이 농업생명공학을 실험실 연구와 구분한다고 믿는 3가지 특성에 대해 우려한다.

첫째, 그들은 수평적 또는 측면적 유전자 전이라고 불리는 것, 특히 열린 환경 속의 미시적 수준에서 일어나는 전이를 우려한다. 이것은 기본적으로 자연 상태에서 교배가 일어나지 않는 종 사이에서 나타나는 '유전자 감염'으로 이해할 수 있다. 때로는 바이러스가 '벡터', 즉 전송 메커니즘을 제공하지만, 종종 유전 요소들이 한 박테리아에서 다른 박테리아로 그냥 이동하기도 한다. 환경압을 받으면 미시적 수준의 한 종에서 나온 유전물질을 다른 종이 '받아들일' 수 있다. 비평가들에 따르면, 그렇기 때문에 유전자조작 생물의 의도적 방출은 질소고정 박테리아의 변화나 새로운 환경 병원체의 탄생과 같은 체계적 영향을 일으킬 수 있다고 한다.

둘째, 비평가들은 유용한 종들의 유전자 다양성(*genetic diversity*)이 감소할 가능성을 우려한다. 가령 물고기의 예를 들어보자. 연어는 그 야생종에 비해 몸집이 크게 자라도록 유전자가 변화되었다. 따라서 그들의 크기와 먹이 소비로 인해 야생종을 몰아내는 경향이 있다. 그 결과 매우 소중한 유전자 다양성이 상실될 것이다. 어떤 종의 구성원 사이에서 나타나는 유전자 다양성은 진화적·생태적 관점에서 그 종의 '건강성'을 투영한다. 따라서 형질전환 기술이 한 종의 유전자 풀(*gene pool*)을 협소하게 만들고, 장기적 건강성을 위협한다는 주장이 제기된다.

마지막으로, 비평가들은 농업생명공학이 가져올 '항구적' 영향에 대해 우려한다. 이것은 그로 인해 발생하는 실수를 바로잡는 것이 불가능하지는 않더라도 무척 힘들 것임을 의미한다. 다시 한 번 연어의 예를 들어보자. 최선의 노력에도 불구하고, 결국 유전자 변형 연어는 봉쇄 영역을 빠져나갔다. 이 연어들을 회수하거나 이 영역에 있는 모든 생물을 죽이지 않고 격리시키는 것은 불가능할 것이다. 외래종이 토착종을 몰아내고 일부 호수를 점령하는 경우 흔히 어떤 조치가 취해지는지 생각해 보라. 대개 화학물질로 모든 물고기를 죽인다. 그러나 연어와 같은 해양종의 경우에는 그런 식의 조치가 불가능하다. 호수와 강에 사는 외래종의 경우에도, 실수가 일어났을 때 수천 마리의 물고기를 화학물질로 죽여야 하는 형질전환 기술을 사용해야 할 것인가?

실험실 과학자와 생태학자 사이에서 벌어지는 이러한 논쟁은 힐먼이 쓴 이 책 제 5장에 잘 요약되어 있다. 핀챔과 라베츠는 이 문제를 적절히 낙관적 입장에서 다루고 있다. 그들은 유전자변형 생물(GMOs)의 의도적 방출로 위해가 빚어질 위험은 실제로는 매우 낮다고 지적한다. 화학물질 유출에 대한 유추를 통해, 우리는 유전자변형 생물의 사용으로 인한 손익을 평가할 수 있다는 맥락에서 그에 필요한 충분한 배경지식을 가지고 있다. 우리는 손익을 평가하고 모든 유전자변형 생물의 의도적 방출에 대해 숙지된 결정*을 내리기 위해, 신약과 같은 그 밖의 많은 사례와 마찬가지 방식으로, 생물과 환경에 대한 정보를 사용할 수 있다.

그 외에, 우리는 긍정적일 수 없기 때문에 또는 최소한 중립적 영향에 대해 확신할 수 없기 때문에 아무것도 해서는 안 된다는 입장이 있다. 그렇지만 이러한 입장은 적절치 않으며, 지금까지 과학이나 기술의 다른 영역에서 그 효과성을 입증하지 못했다. 기술에 내재하는 역동성은, 수용과 규제를 통해서든 그렇지 않든 간에, 그 기술을 사용하는 쪽으로 우리를 밀어붙이는 경향이 있다. 우리가 가진 지식을 사용하고 대중 참여와 적절한 주의라는 절차를 밟아나간다면, 우리는 진행과정에서 나타나는 영향을 신중하게 평가하고 농업생명공학에서 얻을 수 있는 이익이 무엇인지 깨달을 수 있을 것이다.

과연 우리가 실수를 저지를까? 그렇다. 거기에 위험이 따르는가? 분명 그렇다. 위험이 없는 기술은 존재하지 않는다. 아무런 위험도 없는 사회는 가장 손실이 큰 사회일 수 있다. 왜냐하면 일부의 지나친 반발로 백신처럼 이로운 기술이 개발되지 않았을 수도 있기 때문이다. 이것은 결코 환영받는 결과가 될 수 없다.

농업생명공학: 자연을 거스르다

널리 알려진 글에서 생물학자 마사 크라우치는 농업생명공학에 대한 그녀의 개인적 대안을 이렇게 쓰고 있다.

---

* 〔역주〕 해당 주제에 대해 충분한 정보가 주어지고, 전문가와의 토론을 포함해서 숙의가 이루어질 수 있는 기회가 주어진 상태에서 내려지는 의사결정.

내가 집에서 자급 농업으로 기르는 토마토는 아주 다양한 연결망을 가진다. 먼저, 나는 저마다 독특한 특징을 가진 십여 종류의 토마토를 기른다. 나는 매년 씨앗을 모아 둔다. 이 토마토들은 다른 종과의 복작*으로 성장했다. 약탈자인 곤충, 새, 지렁이, 질소고정 콩류와 식물, 식충 식물, 그리고 그밖에 알려지지 않은 수많은 상호작용이 이 시스템을 구성한다. 나는 돈을 주고 구입한 화학물질은 사용하지 않으며, 관개(灌漑)도 필요 없다. … 여기에 계절이 풍미를 더해 준다. 우리는 누가 잘 익은 토마토를 처음으로 수확할지 내기를 한다. 가장 이른 품종은 대개 7월이면 농익은 과일을 맺는다. 마지막 녹색 토마토는 11월에 프라이팬으로 요리를 한다. 남는 과일은 겨울용으로 말려 둔다. 나는 철 지난 샐러드는 먹지 않는다〔"Biotechnology Is Not Compatible with Sustainable Agriculture", *Journal of Agricultural and Environmental Ethics*, 8 (1995) : 98-111〕.

크라우치는 이 절에서 다루는 생명공학의 사회적 영향에 대해 우려하고 있다. 또한 이 글은 토마토를 기르는 데에, 한편으로는 자연적 리듬이나 과정이 있고, 다른 한편으로는 비자연적이고 기술지배적인 토마토 성장과 이용 형태가 있음을 함축한다.

자연적인 것과 비자연적인 것의 이분법은 농업생명공학을 다루는 비판적 문헌에서 끈질기게 계속되는 주제이다. '자연적', '생태적으로 건전한', 그리고 '자연에 대한 존중'은 이들 문헌이 집착하는 문구들이다. '신의 놀이를 한다'라는 말에 큰 빚을 지고, 자연에 대한 존중과 결합되고, 생태학에 대한 급진적이고 정적인 관점으로 지탱하는 비평가들은 자연이 실천을 위한 안내자라고 믿는다. 그들은 기술 농업을 궁극적으로 기술로 인간을 지배하게 될 세계 지배라

---

* 〔역주〕 같은 장소에 한 종 이상의 작물을 재배하는 것.

고 비난한다. 일반적으로 그들은 자연을 기술에 의해 쉽게 파괴되는, 깨지기 쉬운 예술품으로 간주한다. 그들은 지구 온난화가 과거에 진보라고 생각되었던 바로 그 기술에 의해 조장된다고 지적한다. 오존층 파괴의 원인인 클로로플루오르카본(프레온 가스)은 처음 도입되었을 때에는 인간의 복지를 위해 바람직한 것으로 생각되었다.

이러한 관점은 제 4장에서 마이라 파웅에 의해, 그리고 제 7장에서는 미리엄 테레세 맥길리스에 의해 잘 표현된다. 그들은 진화를 포함해 세계가 '자연적인' 것을 대표하는 느린 발전 과정이며, 그것이 모든 생명을 지속시킨다고 생각한다. 그리고 우리는 그 자연의 일부인 것이다. 그녀의 관점에 따르면, 이 세계를 기술로 지배하려는 시도는 재앙으로 끝날 수밖에 없다. 그것은 우리가 다시 설계하려는 생명 자체를 파괴할 것이다. 따라서 우리는 모든 형태의 생명공학을 배격해야 하며, '전체의 통합이라는 제약에서 살아가야' 한다는 것이다.

맥길리스가 자신의 주장을 위해 진화를 끌어들인 것은, 일부 사례들이 정기적으로 인용되듯이, 비평가들에게 반격의 좋은 기회를 제공한다. 진화란 자연이 정지하지 않으며, 변화란 오직 손상이나 파괴를 뜻하는 미술작품과 비교될 수 없다는 것을 보여 준다. 그러나 맥길리스의 진화 해석은 한쪽으로 치우친 듯하다. 자연을 연구하는 사람들은 다른 종, 특히 영장류가 도구를 사용하고, 정교한 솜씨로 보금자리를 만들며, 먹이를 얻기 위한 수단을 공유한다는 것을 알고 있다. 그렇다면 사람이 같은 일을 하면서 생존하려는 것은 왜 나쁜 것인가? 다른 종들은 그렇지 않은데, 왜 유독 사람에게는 기술의 사용이 금지되는 것인가?

맥길리스는 '과속'이라는 개념을 사용하지 않지만, 그녀는 이 개념을 유용하게 채택할 수 있을 것이다. 그녀가 할 수 있는 이야기는 일부 현대 기술, 특히 생명공학이 너무 짧은 시간에 엄청난 변화를 초래했기 때문에 우리가 진화적 피드백 메커니즘이 작동하는 방식을 배우고 그것을 통해 우리가 저지른 실수를 바로잡을 여유가 없다는 것이다. 정보는 순환 고리를 통해 피드백되고 이 과정을 보전하는 변화가 일어날 수 있도록 허용한다. 우리는 너무도 빨리 진행하기 때문에 우리가 향상이라고 생각하는 것 중 하나가 잘못되더라도 그 속도를 늦출 수는 없지 않은가? 어떤 약품이 해롭다는 것이 입증된다면, 그 약은 피해가 확산되기 전에 회수될 수 있다. 그러나 형질전환 식물은 리콜이 불가능한 열린 진화 시스템 속에 방출된 살아 있는 생물이다.

생명공학은 생물계 내에서 변화를 일으키는 속도 때문에 어떤 의미에서 비자연적으로 생각될 수 있다. 또는 이러한 변화(어차피 자연 속에서 일어나는)를 통해서가 아닌 생물계 전체의 관점에서 신의 인식적 입장에 포함되지 않는 방대한 규모로 변화를 야기함으로써 '신의 놀이'를 할 수도 있다.

농업생명공학: 사회적 영향

현재 농업 분야에서 유전자변형 생물을 둘러싼 논쟁은 대부분 이러한 기술적 변화의 사회적 영향에 초점을 맞추고 있다. 한쪽에는 제

9장의 저자 맥글로린과 같은 낙관론자들이 있다. 그들은 유전 기술이 전통 농법을 뛰어넘어 많은 혜택을 주고, 그 이익은 모든 나라, 특히 최빈개도국에도 돌아가게 될 것이라고 믿는다. 대부분의 경우, 그들은 온건한 낙관론자들이다. 한편으로 정치적·경제적·자연적 힘들이 그들의 고안물을 변화시킬 수 있다는 사실을 인식하지만, 그들은 농업생명공학의 혜택이 잠재적으로 매우 중요하다고 확신한다. 맥글로린과 같은 저자들은 일반적으로 농업 분야에서 생명공학이 제공할 것으로 예상되는 이익에 초점을 맞춘다.

첫째, 작물생산 증대에 대한 요구와 그 가능성이다. 전 세계적으로 가족구성원 숫자는 상당히 줄어들었음에도 불구하고, 세계 인구는 계속 늘어나고 있다. 향후 50년 이내에 세계 인구는 90억에서 100억으로 도달할 것으로 예상된다. 역사상 극히 빠른 시간에 에이커당 식량 생산증대가 요구될 것이다. 따라서 농업 생산량은 전통적 육종 방식으로 얻을 수 있는 것보다 훨씬 빠르고 복잡한 방식으로 증가되어야 한다. 그러므로 총 생산량을 늘리고 해충으로 인한 손실을 줄이기 위해 형질전환 기술이 사용되어야 한다(가령 맥글로린이 지적한 유전자변형 옥수수가 그런 예에 해당한다). 이 저자들은 '자연에 가까운 생활'이나 소규모 농경으로 다음 세기의 도시 인구를 먹여 살릴 수 있다고 믿지 않는다. 자연이 아니라 기술에 의한 생산성 향상 그리고 100억 인구를 먹여 살리기 위해 대규모 농업으로 이루어지는 형태의 경제가 필요하다는 것이다.

둘째는 식량의 영양가 증가이다. 유전 기술은 이미 쌀에 철분 함량을 늘리고 베타-카로틴(비타민 A의 선구물질)을 첨가하는 데 사용되고 있다. 이른바 황금쌀이 널리 이용되기까지는 상당한 시간이 걸리겠지만, 이러한 사례들은 낙관론자들에게, 특히 개발도상국에서 비타민 A 부족으로 인한 빈혈증이나 문맹과 같은 문제와 싸우기 위해 작물에 양분을 첨가하는 데 있어 형질전환 기술을 사용할 가능성을 시사한다.

세 번째는 살충제와 제초제 사용을 줄임으로써 환경에 미치는 해를 줄일 수 있다는 것이다. 자연적으로 살충제를 만들어내는 유전자변형 옥수수와 같은 작물은 화학적 해충 억제가 필요하지 않고, 라운드업 레디(*roundup ready*) 콩과 같은 제초제 내성 작물들은 다른 제초제를 여러 차례 살포할 필요가 없다. 라운드업처럼 강력한 제초제는 모든 잡초를 남김없이 제거하고 작물만 남겨둘 것이다. 화학비료를 적게 사용하는 것은 환경과 안전한 식품에 미치는 해가 줄어든다는 것을 의미한다.

이러한 평가에 동의하지 않는 사람들은 알티에리와 로제처럼(제10장), 정도의 차이는 있지만, 대체로 비관론자이다. 그들은 농업에서 유전자변형 생물에서 나타나는 유전자 전이와 같은 문제점을 지적하고, 낙관론자들이 제기하는 생산성 증대와 화학물질 사용 감소와 같은 구체적인 주장들에 반박한다. 그들은 낙관론자들이 흔히 간과하는 국제적 농업의 사회적·정치적 구조에 초점을 맞춘다.

첫째, 그들은 현재의 영양 부족과 기아는 정치적·윤리적 다툼과 이익만을 좇는 기업들이 야기한 결과라고 주장한다. 이러한 갈등으로 식량이 정작 필요한 곳에 전달되는 것을 막고, 가난한 사람들은 기업에 힘 있는 소비자가 될 수 없다는 것이다. 그들은 전체적으로 볼 때 세계의 식량생산이 과거보다 늘었다고 믿는다. 식량 안보를 침식하는 것은 사회적, 경제적, 그리고 정치적 구조이다.

둘째, 그들은 형질전환 농업에서 발생할 수 있는 문제들을 지적한다. 그들은 제초제 내성 작물이 화학물질의 거리낌 없는 사용을 부추길 수 있다고 확신한다. 왜냐하면 그로 인해 작물이 해를 입지 않기 때문이다. 그들은 에이커당 산출량이 크게 증가하거나 유전자 조작 식품이 항상 안전하다고 믿지 않는다. 마지막으로, 그들은 유전자 전이, 해충의 내성 형성과 같은 문제점을 지적한다. 이러한 문제는 이미 앞에서 이른바 슈퍼 잡초의 문제에 대해 언급했다. 게다가 작물이 자체적으로 해충을 물리칠 독소를 생산할 경우, 해충이 저항력을 기르게 될 것이기 때문에 결국 아무런 이득도 얻지 못할 것이다.

세 번째, 가장 중요한 점은 국제적으로 농업 구조에 대한 비평가들의 관점이다. 다국적 농업 기업들은 시장가능성이 있는 상품을 원한다. 추측건대 그들은 개발도상국에서 환금 작물만을 단일 경작하기를 권장할 것이다. 이것은 기업의 힘을 증대시키는 반면, 전체적으로 볼 때 지역 농업의 다양성과 영양분의 질을 감소시키고 세계 대부분의 지역에서 경작자들의 빈곤 퇴치를 위해 아무런 도움도 되지 않을 것이다. 농업 기업이 농부들을 대체하고 그 대가로 안전과 보호는 뒷전으로 밀려날 것이다.

비평가들이 선호하는 해결책은 그들이 '지속가능 농업' 또는 '농생태적 농법' 등 여러 가지 이름으로 부르는 것이다. 그것은 지역 농업, 지역 주민, 그리고 생태계와 조화를 이루는 농업이다. 토착 경작자들은 오랜 세대에 걸쳐 지속될 수 있는 균형적 방식으로 지역 주민들을 위해 충분한 식량을 생산할 수 있고, 실제로도 그렇게 할 것이다.

제 9, 10장에서 잘 알 수 있듯이, 이 논쟁은 생물학에 대한 것도 아니고 심지어는 도덕적 선(善)에 관한 것도 아니다. 논쟁의 양 당사자는 현재와 미래의 세계를 위해 충분한 식량을 원한다. 그들은 이러한 과정에 세계화가 미치는 영향 그리고 이 목표를 달성하기 위해 폭넓은 기술을 사용할 필요성을 둘러싸고 견해의 차이를 나타낸다. 이 논쟁은 근본적으로 생명공학에 대한 것이 아니라 기술과 세계 자본주의라는 쌍둥이 권력이 지역 공동체에 미치는 영향, 그리고 앞으로 수십 년 후에야 나타나게 될 영향에 대한 것이다.

제 5 장

농업생명공학의 이익과 위험에 대한 서로 다른 견해들•

베테 힐먼*

21세기가 다가오면서, 세계는 이미 많은 전문가가 해결하기 힘들다고 판단한 문제들에 직면하고 있다. 세계 17대 주요 어장 중, 4곳을 제외하고는 모두 심각한 고갈 상태이다. 세계 대부분의 지역에서 관개용수 공급이 부족하고, 침식으로 인해 대다수 농장들의 생산성이 위협받고 있다. 현재 경작 중인 토지의 총 면적은 크게 늘어나기 힘들 것이다. 앞으로 30년 동안 매년 세계 인구가 약 1억 명씩 증가할 것으로 예상되기 때문이다. 그 결과, 1인당 식량 생산은 사하라 이

• 다음 문헌에서 재수록하였다. *Chemical and Engineering News*, August 24, 1995.

* 〔역주〕 Bette Hilleman. 화학자이자 *Chemical & Engineering News* 편집자로, 수돗물 불소화를 비롯, 여러 환경문제와 농업문제에 대한 기고와 활동을 했다.

남의 아프리카에서는 계속 줄어들 가능성이 있고, 남아시아에서는 근소하게 늘어날 것으로 보인다.

생명공학, 그중에서도 한 종(種)에서 다른 종의 유전체로 유전자를 이식하는 기술은 이러한 문제를 완화할 가능성이 있다. 야생종이나 전통적인 양식 어종보다 훨씬 빠르게 성장하는 유전자 조작(형질전환) 물고기는 전 세계의 어장에 가해지는 압력을 어느 정도 풀어줄 수 있다. 해충에 대한 저항력을 높인 유전공학 작물은 산출량을 늘리고, 화석연료로 만들어진 여러 살충제의 이용을 줄이며, 농약으로 인한 건강 위험과 지하수 오염 등을 줄일 수 있다. 일부 지역에서는 제초제에 대한 내성을 높이도록 유전자 조작된 작물에 제초제의 사용량을 줄이고 무경간(無耕墾) 농법*을 가능하게 해주었다. 이 농법은 토양의 침식을 최소화시킬 수 있다. 석유를 원료로 하는 화학물질을 생성하도록 유전자 조작된 작물은 원유 공급에 대한 압력을 경감시킬 수 있을 것이다. 소에게 사용되는 재조합 성장호르몬은 이미 소들이 더 효율적으로 사료를 먹고 더 많은 우유를 만들어낼 수 있게 했다.

이러한 사례들은 모두 엄청난 잠재력을 가지고 있지만, 다른 한편으로는 생태계, 사람의 건강, 그리고 경제적 · 사회적 구조에 해를 미칠 수도 있다. 생명공학의 지지자들은 대부분의 형질전환 농산물이 건강이나 환경에 특별한 위해를 주지 않는다고 주장한다. 그러나 비평가들은 생명공학 산물이 줄 수 있는 이익이 과장되었고, 아직 충분히 조사되지 않은 잠재적 위험을 포함하고 있다고 주

* 〔역주〕 갈지 않고 씨를 뿌리며 제초제를 이용해 잡초를 제거하는 농법.

장한다. 학문적 배경이 대부분 생화학인 분자생물학자는 일반적으로 형질전환 생물이 생태계에 해를 준다는 믿음의 근거가 박약하다고 생각한다. 반면 생태학자와 어장 전문가 그리고 해양생물학자들은 이러한 생물체를 방출하는 데 극도로 신중을 기해야 한다고 생각한다.

미국 행정부는 생명공학과 연관된 대부분의 이용이 과도한 해를 유발하지 않을 것이며, 국제적 차원에서도 독자적·협동적 감시를 통해 안전하게 이용할 수 있을 것이라고 확신한다. 미국은 유전자조작 생물의 이용과 방출에 대한 법적 구속력을 가지는 국제 협약으로 — 바이오 안전성 의정서 — 생명공학 산업의 연구개발에 개입할 수 있을 것이라는 입장을 취하고 있다.

그에 비해 일부 유럽 국가들은 특히 개발도상국들의 생명공학 이용에 대해 매우 조심스러운 태도를 취한다. 지난 달, 유럽 의회는 "법적 구속력을 갖는 국제적 바이오 안전성 의정서가 시급히 필요하고, (UN의) 생물다양성 협약에 참가하는 나라 간에 즉각적 협의가 이루어져야 한다"는 내용의 결의안을 통과시켰다. 이 결의안은 1992년 리우데자네이루 정상회의에서 채택되었다. 그 필요성을 정당화하기 위해 결의안은 이렇게 밝히고 있다.

> 많은 개발도상국에서 유전자조작 생물체의 의도적인 방출이 이루어지고 있다. 이들 나라는 유전자조작 생물의 안전한 사용을 보장할 수 있는 어떤 법률이나 기반구조도 갖고 있지 않다. … (그리고) 이러한 상황이 지구 전체의 생물권을 위험에 빠뜨리고 있다.

생물다양성 협약에 생물안전성 의정서가 필요한지의 여부와 그와 연관된 문제들을 결정하기 위해 80개국의 대표단이 7월 24일에서 28일까지 마드리드에서 열린 UN 전문가 회의에서 만났다. 미국은 이 협약을 비준한 120개국에 포함되지 않았지만, 당사국 회담과 전문가 회의에서 강력한 역할을 수행했다.

마드리드 회의에서 대표단들은 협약 당사국들이 법적 구속력이 있는 생물안전성 의정서 초안을 작성할 것을 요구하는 문서를 채택하는 데 합의했다. 미국, 독일, 일본, 호주가 공식적으로 의정서가 필요하지 않다는 입장을 취하면서 그 대신 자율적 가이드라인을 채택하자고 주장했지만, 이 문서는 승인되었다. 의정서에 대한 문제는 11월에 인도네시아의 자카르타에서 열리는 제 2차 당사국 회의에서 좀더 심도 있게 다루어질 것이다.

법적 구속력이 있는 의정서를 강력하게 지지하면서, 마드리드 회의는 지난 봄에 열렸던 카이로 회의에서 15명의 UN 전문가들이 준비했던 보고서와는 상반되는 입장을 나타냈다. 카이로 선언은 유전자조작 작물을 전통적 기술로 — 가령 작물의 교배와 같은 — 생산된 작물과 대체로 같은 것으로 간주했다. 따라서 이러한 접근은 생명공학 산물에 대한 국제적 통제가 필요하지 않다는 것을 함축했다. 마드리드 선언은 구속력 있는 의정서의 필요성을 제기했을 뿐 아니라 의정서가 사전예방원칙에 — 만약 그 위험에 대한 불확실성이 심각하다면 형질전환 생물체를 방출해서는 안 된다는 입장 — 근거해야 함을 밝혔다.

법률적 구속력을 가지는 의정서가 최종 승인된다면, 국제 교역과 그로 인한 기업들의 이익에 상당한 영향을 미칠 수 있다. 워싱턴에 있는 생명공학 산업기구(Biotechnology Industry Organization: BIO)

는 — 생명공학 회사와 그 밖의 생명공학 산업집단의 연합체에 기반을 둔 기구 — 마드리드 회의에서 통제 수위를 국제적 수준이 아닌 국가별 수준으로 유지하기 위해 강력한 로비를 벌였다.

여러 해에 걸친 개발로 탄생한 생명공학 농산물이 빠른 속도로 미국 시장에 유입되고 있다. 최초의 중요한 상품인 몬산토의 재조합 소(牛) 성장호르몬은 1994년 2월에 시판을 승인받았고, 그 이후 9가지 상품이 더 규제승인을 받았다. 그밖에도 현재 7개 이상의 상품이 승인 과정을 통과하는 중이며 2, 3년 이내에 출하되기 시작할 것으로 보인다.

세계적으로 형질전환 물고기 품종은 상업화되지 않았지만, 일부 기업들은 이런 물고기의 친어(親魚)*를 개발 중이며, 수년 내에 마케팅을 시작할 수 있을 것으로 기대하고 있다. 중국은 경제성이 있을 만큼 빠른 속도로 성장하는 친어를 생성하는 데 성공하면, 즉시 유전자 조작된 물고기의 판매를 시작하려고 계획하고 있다.

상업 승인이 급증하기는 하지만 개발 비용이 너무 많이 들기 때문에 아직 형질전환 농산물로 이익을 얻은 기업은 없다. 그러나 일부 기업들은 몇 년 내에 수익을 낼 수 있을 것으로 기대하고 있다. BIO는 2000년에는 유전자 조작 농산물의 연간 판매량이 수십조 달러에 달할 것으로 예상하고 있다.

재조합 소 성장호르몬을 제외하면, 현재 미국에서 판매되거나 승인 신청 중인 농산물은 다음과 같이 6가지 범주로 나눌 수 있다. ① 제초제 내성을 가지도록 유전자 조작된 식물, ② 해충에 대해 저항

* 〔역주〕 선발 육종을 하기 위한 어미 집단.

력을 갖도록 설계된 식물, ③ 숙성을 늦추도록 유전자 조작된 식물, ④ 현재 다른 작물에서 얻을 수 있는 농산물을 만들어내도록 설계된 식물, ⑤ 작물의 가공이 손쉽도록 유전자 조작된 작물, ⑥ 알팔파(*alfalfa*)에서 질소고정을 향상시키거나 해충을 억제하도록 설계된 박테리아(약제를 생성하도록 유전자 조작된 동식물은 이 글에서 다루어지지 않는다) 등이 그것이다.

짜깁기 법령

미국에서는 서로 다른 세 기관이 임시방편으로 짜깁기한 법령으로 형질전환 농산물을 규율한다. 지금까지 의회는 생명공학 연구와 그 상업적 적용을 통제할 새로운 단일 법안을 제정하지 않았다. 그 대신, 이 기구들은 재조합 DNA 연구와 그 산물을 규율하기 위해 기존의 법안을 개작했다. 그러나 연구지도와 규제승인 과정을 위해 몇 가지 새로운 가이드라인을 만들기도 했다.

최근에는 상품 연구와 상업화를 위해 기업들은 형질전환 생물체의 성격에 따라 적게는 하나 많게는 3곳의 기관에서 승인을 얻어야 한다. 미국 식품의약품국의 형질전환 식물 식품 정책에 따르면 식품, 약품 및 화장품 법령에 따라 이 기구의 승인을 얻어야 할 필요가 있는 농산물은 거의 없다. 그러나 지금까지 대부분의 기업들이 자발적으로 FDA로부터 승인 도장을 받고 있다. 이 법안은 자료요청이 거의 없고, 관련 기업이 공개회의를 요구하지 않는 한, 자문이 비공개적으로 진행되어야 한다는 조건을 정해놓고 있다. '식물 해충에 관한 법'(Plant Pest Act)에 따라 미국 농무부는 형질전환 식물의 대규모 재배를 규제하고 있다. 유전자조작 작물이 살충제를 분비하거나 살충제의 기능을 하는 경우에는 환경보호국(EPA)이 '미국연방 살충, 살균 및 살서제법'(Federal Insecticide, Fungicide & Rodenticide Act: FIFRA)으로 규제한다. 또한 EPA는 독성물질규제법안(Toxic Substances Control Act: TSCA)으로 살충제 속성을 갖지 않는 유전자 조작 미생물을 통제한다. 그 한 가지 사례가 농산물 찌꺼기로 에탄올을 만들어내도록 유전자 조작된 박테리아다.

흙 속에 있는 토양 박테리아인 바실러스 튜링겐시스*에서 유전자를 이식해 해충을 막는 독소를 분비하도록 유전자 조작한 옥수수는 이들 세 기관이 모두 규제하는 작물의 사례이다. 이 작물의 살충 특성은 환경보호국의 승인을 받아야 하고, 대규모 경작은 미국 농무부, 그리고 식품으로서의 옥수수는 FDA의 승인을 받아야 한다.

기존의 법률적 틀에서는 대부분 유전자조작 동물의 환경 방출이 실질적으로 아무런 규제도 받고 있지 않다. 일부 형질전환 물고기 종류는 여분의 물고기 성장호르몬 유전자를 가지고 있는데, 이런 물고기들은 FDA가 새로운 동물 약제로 규제할 수도 있다. FDA 산하 '식품 안전 및 응용 영양 센터'의 제임스 매리얀스키는 만약 FDA가 형질전환 물고기를 규제할 수 있는 직권을 갖지 않겠다고 판단할 경우, 현재로서는 어떤 법규도 유전자 조작 물고기의 상업화로 인한 환경적 영향을 규제할 수 없다고 말한다. 그러나 그는 FDA가 상

* 〔역주〕 Bacillus thuringiensis(Bt). 작물에 손상을 주는 해충에게 독소로 작용하는 단백질을 생산한다. 살충성이 있는 대부분의 생물농약은 이 박테리아를 이용한다.

용 물고기의 질을 관리해야 할 것이라고 말한다.

여러 차례 중복적으로 승인을 받아야 하는 경우가 빈번하지만, 기업들은 대개 현재의 규제 구조에 만족하고 있다. BIO 회장인 고든은 이렇게 말한다.

"이 체계는 꽤 훌륭하게 돌아가고 있습니다. 분명 어려움은 있습니다만, 우리는 우리가 만들어낸 산물을 시장에 내놓을 것입니다."

기관 관계자들도 현 체계를 효율적인 것으로 여긴다. 환경보호국의 생물농약 및 오염방지 분과 국장 대리인 앤더슨은 이렇게 말한다.

"규제기구들은 협조관계를 잘 유지하고 있으므로 형질전환 생물체를 규제하라는 요구를 충실하게 수행하고 있습니다."

그러나 매사추세츠주 케임브리지에 있는 '참여 과학자 모임'(Union of Concerned Scientists: UCS)을 비롯해 환경보호기금과 같은 상당수의 환경단체들은 오랫동안 이런 식의 짜깁기 규제를 비판했다. 이 단체들은 환경보호국이 유전자조작 생물의 환경 방출을 규제할 수 있도록 좀더 포괄적인 프로그램을 수립하는 새로운 법령을 제정하는 쪽을 선호한다.

워싱턴에 있는 UCS의 선임 과학자인 제인 리슬러는 미국 농무부의 식물 해충법의 적용이 현재 체계에서 특히 약한 고리라고 말한다. 이 법규는 합법적 도전에 취약한데, 그 이유는 이 법안이 식물이 아닌 식물 해충에 적용되기 때문이다. 그녀는 이렇게 지적했다.

"그뿐 아니라 그 법안은 솜방망이에 불과해요. PIPRA와 달리 정식으로 등록된 법안이 아닙니다. 그렇다면 미국 농무부가 농산물에 대해 더 큰 통제력을 가질 수 있겠지요. 그리고 표시제를 요구하지도 않아요. 그 산물이 승인되거나 혹은 거부되는 것이지요."

형질전환 어류

생명공학 분야의 연구자라면 거의 모든 사람이 재조합 DNA 기술이 식물과 동물의 생리기능을 이해하는 데 훌륭한 도구라는 사실에 동의한다. 그들은 생명공학을 통해 전통적 육종에서 얻는 바람직한 결과를 훨씬 빨리, 그리고 시행착오를 줄이면서 달성할 수 있을 것이라고 말한다.

그러나 형질전환 물고기에 대한 과학자들의 관점은 날카롭게 대립한다. 일부 전문가들은 이러한 접근방식이 세계 어장의 고갈에 대한 잠재적 해결책이자 영양부족을 겪는 많은 사람에게 단백질 섭취를 늘려줄 수 있는 현실적 대안이라고 믿는다. 설령 그들은 번식력이 높은 물고기들이 일부 바다나 담수 수역으로 빠져나간다 하더라도, 그 물고기가 심각한 환경적 위해를 초래하지는 않을 것이라고 생각한다. 반면 다른 사람들은 유전자 변형 물고기를 야생 물고기의 여러 종을 항구적으로 없앨 수 있는 악몽의 가능성으로 간주한다.

현재 세계적으로 약 40~50개의 실험실들이 형질전환 물고기를 연구하고 있다. 그중에서 약 12개가 미국에 있고, 12개는 중국, 그리고 나머지는 캐나다, 호주, 뉴질랜드, 이스라엘, 브라질, 쿠바, 일본, 싱가포르, 말레이시아, 그리고 그 외 몇몇 나라에 있다. 이들 실험실 중 일부는 앞으로 수년 내에 자신들이 연구하는 물고기를 상업화할 것으로 예상한다. 현재 개발 중인 물고기의 상당 부분은 야생종이나 전통적 방법으로 육종된 양식장의 동종 물고기에 비해 빨리 성장할 수 있도록 유전자가 변형되었다. 대개 빠른 성장은 물고기의 성장호르몬 유전자를 한 종에서 다른 종으로 이식하는 방법으로 달성된다. 연구자들은 더 빨리 자라는 물고기가 보다 짧은 기간에 시장에 나갈 수 있는 크기에 도달할 뿐 아니라 먹이를 덜 소비하기 때문에 비용면에서도 효율적이라고 말한다.

예를 들어, 코네티컷주 스토스에 있는 코네티컷대학 생명공학 센터 토마스T. 첸(Thomas T. Chen) 소장은 조류(潮流) 육종 바이러스의 염기서열이 혼합된 무지개 송어에서 추출한 성장호르몬 DNA를 잉어에게 이식했다. 이 유전물질은 미세주입법으로 잉어의 수정란에 주입되었다. 이렇게 탄생한 형질전환 물고기의 1대 자손은 유전자가 조작되지 않은 같은 종의 치어보다 20~40% 빨리 성장했다. 또한 첸은 형질전환 메기, 틸라피아, 줄무늬 농어, 송어, 그리고 넙치도 개발하고 있다.

또 다른 예는 캐나다 브리티시컬럼비아 주 웨스트 밴쿠버의 해양수산성에 있는 데블린(Robert H. Devlin)의 연구이다. 그는 홍연어에서 유래한 유전적 요소로 이루어진 유전자 구성을 개발함으로써 은연어의 성장호르몬 유전자를 조작했다(*Nature*, 1994: 371, 209). 형질전환 은연어는 일반 연어에 비해 평균 11배나 빨리 성장했고, 가장 큰 물고기는 무려 37배나 빨리 성장했다. 일반 연어의 성장호르몬이 겨울에 감소하는 데 비해 형질전환 물고기의 성장호르몬은 1년 내내 높은 수준을 유지한다고 데블린은 말한다. 유전자 변형 연어는 1년이 지나면 충분히 시장에 출하할 수 있을 정도의 크기로 자랐다. 그에 비해 일반 양식 연어는 최소 3년이 지나야 시장에 출하할 수 있는 크기로 성장한다.

앨라배마주 오번에 있는 오번대학의 어장 및 양식어업과 연구원 니콜스(Amy J. Nichols)와 던햄(Rex Dunham) 교수는 일반 양식종

보다 20~60%까지 빨리 성장하는 형질전환 잉어와 메기를 연구하고 있다. 그들은 물고기 성장호르몬의 다른 복제본을 물고기의 수정란에 주입하기 위해 미세주입법과 전기충격법을 사용했다. 이 결과로 탄생한 유전자 조작 잉어와 메기는 추가로 주입되는 물고기 성장호르몬으로 자극받아 더 크게 성장했다.

형질전환 물고기는 대개 야생에서 수집된 배우자가 부화한 알에서 만들어진 야생종이거나 거의 야생종에 가깝다. 따라서 이 물고기들은 야생 물고기와 충분히 교미할 수 있다. 따라서 형질전환 물고기와 연관된 중요한 위험 중 하나는, 만약 그 물고기가 민물이나 바다로 빠져나가서 야생종과 교미할 경우 야생 개체군의 유전자 풀의 다양성을 파괴할 수 있다는 점이다.

실제로 노르웨이의 양식 연어에서 이런 일이 발생했다. 바다표범이 피오르드에서 양식되는 연어의 어망을 부수는 사건이 이따금씩 발생했고, 이 과정에서 일부 연어가 빠져나가 노르웨이의 야생종 연어와 교미했다. 야생종 연어의 숫자는 담수 산란장에 내린 산성비로 이미 고갈된 상태여서 야생 연어들은 양식 연어에 의해 쉽게 압도당했다. 미네소타대학의 어업과 교수이자 시그랜트(Sea Grant)* 확장 전문가인 카푸스친스키(Anne R. Kapuscinski)는 그 결과 야생 연어의 유전자가 균질화되었고, 노르웨이는 야생 연어의 풍부한 유전적 다양성이라는 가장 중요한 자원과 그와 연관된 상업 어업 및 스포츠 낚시 산업을 잃었다고 말한다.

---

* 〔역주〕 미국에서 실시된 국립 시그랜트 프로그램의 일환으로 정부가 바다의 일부분을 학교 전용으로 배정하여 교육과 연구에 활용하도록 하는 제도이다.

게다가 이미 많은 도입 외래종(고유종이 아닌) 물고기들이 그러했듯이, 형질전환 물고기는 토착종을 먹이로 삼거나 경쟁에서 쉽게 이기기 때문에 수생 생태계 전체를 파괴할 수 있다. 미국의 경우, 멸종위기에 있거나 멸종위협을 받고 있는* 86종에 달하는 물고기 종과 그 변종 중에서 28종의 원인은 외래종 도입이다.

미국과 캐나다의 연구시설에는 형질전환 물고기의 환경 방출을 막기 위한 정교한 사전예방장치들이 채택되어 있다. 대개 이 물고기들은 새들의 접근을 막기 위해 어망으로 덮인 연못에서 자란다. 이 연못은 사향쥐나 라쿤, 그리고 사람의 접근으로부터 보호하기 위해 전기 담장이 둘러쳐 있다. 배출구에서 물을 뺄 때에 작은 물고기나 알이 휩쓸리지 않도록 배수구에 그물눈이 끼워져 있다.

최근에 미국 농무부의 생명공학 연구자문위원회는 유전자 조작된 물고기와 조개에 대한 연구를 안전하게 수행하기 위한 자발적인 실행 기준을 개발했다. 위원회는 전 세계의 물고기와 조개 연구자들에게 자문을 구해 이 기준을 작성했다. 이 기준은 수주일 후에 발표될 예정이다. 미국의 많은 연구자는 이러한 가이드라인에 대해 관심을 표했다. 또한 이 기준은 가이드라인을 작성하기에는 전문성과 자원이 부족한 개발도상국에서 제기되는 실질적 요구도 충족시킬 수 있을 것이다.

버지니아주 블랙스버그에 있는 버지니아폴리테크닉 주립대학의

* 〔역주〕 1973년, 미국에서 제정된 '멸종위기종 보호법'에 따르면 '멸종위기종'은 해당 종의 개체 전체나 상당 부분이 멸종될 위험에 있는 종을 뜻한다. 또한 '멸종위협종'은 가까운 미래에 해당 종의 개체 전체나 상당 부분이 멸종위기종으로 될 가능성이 있는 종을 뜻한다.

어업과 야생생물학 조교수인 헬러만(Eric M. Hallerman)은 전 세계의 국가들을 조사한 결과, 형질전환 생물체에 대한 구체적인 국가 정책이나 규제 방안을 마련한 곳은 고작 12개국에 불과하다는 사실을 밝혀냈다.

아무리 세심하게 풀과 어망, 담장을 고안한다 해도 형질전환 물고기의 상업화는 이따금씩 일부 개체의 이탈을 피할 수 없을 것이다. 따라서 연구자들은 형질전환 물고기의 생식을 막는 전략을 계획하고 있다. 주된 방안은 염색체가 3배체(*triploid*)인 형질전환 물고기를 양식하는 것이다. 3배체어는 염색체가 2배수인 일반 물고기와 달리 염색체가 3배수이기 때문에 불임(不姙)이다. 3배체어를 만들기 위해 2배체인 물고기의 알에 적당한 발생 시기에 열과 충격을 가한다.

그러나 이 방법도 결함이 있을 수 있다. 열이나 압력, 충격 등은 전체 알의 90~98% 정도만 3배체로 만들 수 있기 때문이다. 이 문제는 다른 방식으로 3배체어를 만들어 해결할 수 있다. 그것은 알에 열이나 압력을 가해 4배체로 만드는 것이다. 그 결과로 나온 4배체어를 3배체어와 교배시키면 그 자손은 100% 3배체어가 된다.

그러나 형질전환 물고기의 100%가 3배체어라고 해도 또 다른 어려움이 있다. 그것은 최근에 밝혀지기 시작한 문제인데, 그중 일부가 2배체로 되돌아가 가임성을 회복한다는 것이다. 뉴저지주 뉴브런즈윅에 있는 러트거스대학의 해양학 조교수인 알렌(Standish K. Allen)은 개인적으로 실험한 3배체 태평양 굴을 체서피크만(灣)에 풀어놓았더니 그중 상당수가 2배체로 되돌아간 사실을 발견했다. 굴의 개체들은 두 차례 — 한 번은 바다에 놓아주기 전에, 다른 한 번은 직후에 — 검사를 거쳤다. 그러나 수개월 후에 다시 검사하자, 그중 한 실험지에서는 14%, 다른 실험지에서는 20%가 2배체로 돌아갔다. 알렌은 그동안의 실험으로는 3배체 물고기의 일부 종도 2배체로 돌아갈 가능성을 완전히 배제하기는 충분치 않다고 말한다.

"물고기들이 원상태로 되돌아갈지는 알기 힘듭니다. 왜냐하면 이 주제는 문헌으로 충분한 기록이 남아 있지 않기 때문입니다."

그는 그 이유 중 하나가 인공적으로 3배체 물고기로 전환된 많은 종에서 복귀가 일어난 사례가 있는지 세심하게 관찰하지 않았기 때문이라고 설명했다.

형질전환 물고기에 대해서 많은 사실이 알려지지 않았기 때문에 이 물고기의 방출이 환경에 어떤 위험을 초래할지 평가하기는 힘들다. 연구자들은 "과연 형질전환 물고기가 결과적으로 유전자를 조작하지 않은 종류보다 더 크게 자랄 것인가?"라는 간단한 물음에조차 확실한 답을 주지 못하고 있다. 첸은 일반적으로, 평생 동안 성장을 계속하는 형질전환 물고기가 더 빠른 속도로 성장하기 때문에 표준적인 종에 비해 더 크게 자랄 것이라고 생각한다. 그러나 카푸스친스키는 아직 형질전환 물고기의 성장에 대해 충분한 연구가 나오지 않았기 때문에 이 물음에 대해 일반적인 답을 할 수 없다고 신중한 입장을 취했다.

또 한 가지 불확실한 것은 번식이 가능한 유전자 조작 물고기의 적응성이 세대를 거듭하면서 어떻게 변화될 것인가 하는 문제이다. 연구자들은 세대를 거치면서 일부 종이 적응성을 향상시킬 것이라고 추측하지만, 다른 사람들은 적응도가 떨어질 것이라고 생각한다. 그러나 이 주제에 대해서는 거의 아무런 실험 데이터가 없다.

일부 전문가들은 거의 모든 형질전환 물고기 종이 야생상태에서 살아남거나 생식하는 데 힘든 시기를 거칠 것이라고 믿는다.

퍼듀대학의 집단유전학자 뮤어(William M. Muir)는 세대에 걸친 적응도 변화 추이를 관찰하기 위해 형질전환 메다카(*medaka*)를 연구하고 있다. 메다카는 한 세대가 약 10주에 불과한 작은 물고기이다. 뮤어는 아직 이 물고기에 대해 확실한 결과를 얻지 못했지만, 생식이 허용될 경우 세대를 거치면서 일부 형질전환 물고기의 적응도가 높아질 것이라고 믿고 있다.

"우리가 처음 이 물고기에 형질전환 유전자를 이식했을 때, 최악의 상황이 벌어지진 않을까 우려했습니다. 처음에는 그 물고기의 생리기능과 동조되지 않을 수도 있지만, 자연선택은 이 생물이 새로운 기능에 적응하도록 도와줄 것이고, 시간이 지나면 더 활기를 띠고 잘 적응하게 될 것입니다."

중국에서는 새나 사람의 접근을 막을 수 있는 그물이나 울타리가 없는 대형 개방 연못에서 형질전환 물고기를 기르고 있고, 사람들은 마음만 먹으면 물고기를 훔쳐 자신의 집에서 기를 수도 있다. 뉴올리언스 제이비어대학의 분자생물학 조교수인 웰트(Marc Welt)는 형질전환 물고기를 개발하는 중국의 연구시설에서 한 달가량 지낸 적이 있다. 그는 중국의 환경이 워낙 파괴되어 야생 어종이 거의 남아 있지 않기 때문에 이러한 보호장치의 결여가 생태학적 위험을 의미하지는 않는다고 말한다. 미국 농무부의 농업생명공학 연구소 소장인 영(Alvin L. Young)도 이러한 견해에 동의한다.

"중국인들은 2천 년 동안 극심하게 훼손된 생태계를 유지해왔습니다. 따라서 수세기 동안 그곳에서 계속되어온 일반적인 상황들에서 형질전환 물고기가 미치는 악영향을 어떻게 구분할 수 있겠습니까?"

헬러만도 중국에서 자연산 물고기가 상거래로 유통될 정도로 더는 잡히지 않는다는 사실을 인정한다. 그러나 수세기 동안 중국인들은 양식에 사용할 어족을 새로 보충하고 소생시키기 위해 야생 어종의 유전적 다양성을 이용해왔다. 그는 만약 형질전환 물고기가 중국의 야생 어종을 균질화한다면, 이 나라는 소중한 유전자 원천을 상실하게 될 것이라고 말한다.

카푸스친스키는 이렇게 말한다. "오늘날 양식, 특히 형질전환 어종의 양식이 어떻게 해결책이 될지에 대해서는 많은 이야기가 있습니다. 왜냐하면 대부분의 상업 어장이 쇠퇴하고 있고 야생 개체군이 점차 멸종하고 있기 때문입니다. 그러나 야생 개체군에 대해 그리고 상업 어장에 대해서조차 완전히 등을 돌리고 양식에 의존한다면 그것은 그 나라가 거둘 수 있는 최선의 이익이 아닐 것입니다. 그렇게 된다면 야생 개체군의 유전적 다양성이 더욱 심각하게 훼손될 테니 말입니다. 그리고 우리가 양식 어족의 혈통에 공급할 새로운 유전자를 주기적으로 얻기 위해서도 야생 개체군이 필요합니다."

유전자변형 식물

형질전환 식물에 대한 과학자들의 관점은, 유전자 변형 물고기의 경우처럼 양극단으로 갈리지는 않지만, 매우 다양하다. 기본적으로 미국 농무부 관계자들은 유전자변형 식물을 일반 식물종과 다르지 않게 본다. 따라서 그들로서는 이 식물을 연구하거나 상용화할 때, 보통 품종들보다 특별히 신중을 기할 필요가 없는 셈이다. 그러나 그 밖의 많은 과학자는 유전자변형 식물이 전통적으로 육종된 작물에 비해 더 큰 위험을 줄 수 있다고 믿는다.

지금까지 최종 규제승인을 통과한 형질전환 식물은 숙성을 늦추는 토마토 2종, 제초제 브로목시닐(*bromoxynil*)에 내성을 가진 면화, 해충 저항성 감자, 해충 저항성 옥수수, 제초제 내성 콩, 바이러스 내성 호박, 쉽게 소스를 만들 수 있도록 고형 성분이 높게 공학적으로 처리된 토마토, 그리고 라우르산(*lauric acid*)에서 그 기름의 조성이 높아지도록 변화된 카놀라 등이다. 몬산토 사는 '콜로라도감자잎벌레'에 저항성을 갖는 감자를 개발했다. 몬산토의 대변인을 비롯해 미국 농무부와 환경보호국의 대다수 관계자들은 이 작물이 대체로 전혀 위험하지 않으며 실질적으로 환경에 매우 유익하다고 믿는다. 이 작물이 소출을 증대시키고 유독성 살충제의 사용을 줄이거나 아예 중지시켜 노동자, 소비자, 그리고 지하수를 보호하리라는 것이다.

해충 저항성을 가지는 감자는 유전자를 조작한 바이러스를 벡터로 삼아 Bt(토양 박테리아인 바실러스 튜링겐시스)에서 추출한, 해충에 독이 되는 물질을 생성하는 절단된 유전자를 식물에 삽입하는 방법으로 만들어진다. 이 절단 유전자는 콜로라도감자잎벌레에 독이 되는 물질을 생성하는 Bt의 변종에서 얻을 수 있다.

유기농을 하거나 여타의 방식으로 재배하는 농부들은 지난 30년 동안 통합 해충방제를 위한 수단으로, Bt에서 추출하여 박테리아로 생성한 해충 독소를 이용하거나 Bt 자체의 포자를 사용했다. 이런 방식으로 사용할 경우, Bt는 햇빛에 의해 분해되기 때문에 한 번 살포하면 불과 며칠밖에 지속되지 못한다. 그럼에도 불구하고 Bt에 내성이 있는 일부 해충이 이미 알곡 저장고와 Bt를 다량으로 사용하는 하와이에서 모습을 나타내기 시작했다. 신중하게 사용하지 않으면, 해충들은 Bt 식물에 저항성을 갖게 될 수도 있다. 왜냐하면 박테리아가 만들어내는 독소와 매우 흡사한 Bt 독소가 생육기에 걸쳐 식물에 존재하며, 이것은 햇빛으로 분해될 수 없기 때문이다.

이러한 잠재적 문제로 몬산토 사는 환경보호국과 협력하여 농부들이 자발적으로 내성을 막을 수 있는 방법을 개발했다. 이 계획에는 피난지역*을 설치하는 방법이 포함된다. 즉, 형질전환 식물을 심은 경작지나 인근 경작지에 곤충들이 먹을 수 있는 일반 식물을 함께 기르는 것이다. 그렇게 되면 내성을 갖지 않은 곤충들이 살아남아 내성을 가진 곤충들과 짝짓기를 해서 비내성 곤충을 보존할 수 있게 된다. 그밖에도 이 계획에는 한 지역에 내성이 나타날 경우, 다른 지역으로의 확산을 방지하는 행동을 취할 수 있도록 작물을 지속적으로 관리하는 방안도 포함된다.

몬산토의 홍보 책임자인 왓슨(M. Lisa Watson)은 저명한 곤충학자들로 구성된 환경보호국 과학자문 패널이 이 계획을 승인했다고 말했다. 그러나 UCS의 리슬러는 이 내성방지계획이 구체적이고 '문제가 해결된 전략'이라기보다는 아직 상당 부분 해답이 나오지 않은 과학적 의문을 포함하고 있는 '진행 중인 연구'에 가깝다고 말한다.

---

* 〔역주〕 빙하기처럼 급격한 기후변화가 일어났을 때 비교적 기후변화가 적어 다른 곳에서는 멸종한 생물종이 살아남을 수 있는 지역을 뜻한다. 여기에서는 해충 독소에 대해 내성을 갖지 않은 곤충의 유전자 풀을 유지하기 위해 유전자가 조작되지 않은 일반 작물을 남겨둔 지역을 뜻한다.

환경보호국은 마이코젠과 시바-가이기사의 자회사인 시바 시즈에 유럽조명충나방의 폐해를 막기 위해, Bt에서 추출한 유전자를 이용하여 유전공학적으로 처리한 옥수수 잡종 씨앗의 시장 판매를 각각 허용했다. 이 종자는 부분적으로 마이코젠과 시바 시즈 두 회사의 협력으로 개발되었다. 두 기업은 농부들이 해충의 저항성 형성을 막는 데 도움을 주기 위해 경작자를 위한 교육자료를 개발했다. 옥수수 재배자들이 단일 방제 메커니즘, 즉 Bt 독성물질에 대해 내성을 증대할 가능성을 한층 더 줄이기 위해 마이코젠이 판매하게 될 종자에는 Bt 기반 유전자와 옥수수의 야생 근연종(近緣種)에서 얻은 자연적인 저항성 유전자가 모두 들어 있으며, 전통적인 육종 방식으로 얻은 종자와 섞여 판매된다.

피할 수 없는 내성

수천 에이커에 달하는 상업작물 경작지에서 생육기 내내 해충 독소를 만들어내고, 모든 작물이 한 종류의 Bt를 가진다는 사실을 감안할 때, 일부 과학자들은 아무리 신중하게 마련된 계획을 실행한다 해도 과연 몇 년 후까지 내성이 발생하는 것을 막을 수 있을지 의구심을 품고 있다. 오하이오 주립대학의 식물생물학 조교수 스노(Allison A. Snow)는 이렇게 말한다. "농업 곤충학자들은 해충방제에 대한 '단발성' 접근의 성과가 단명에 그치기 쉽다는 것을 잘 알고 있습니다."

워싱턴 D. C.에 기반을 둔 사설 농업 컨설턴트인 벤브룩(Charles

M. Benbrook)은 곤충들이 Bt 식물에 내성을 갖게 되면 유기적 재배자들이 사용하는 Bt에 대해서도 저항성을 기를 것이기 때문에 결과적으로 Bt는 아무런 소용도 없게 된다고 말한다.

거의 모든 연구자가 미국에서 재배하는 제초제 내성 식물들이 일부 작물에 대해, 최소한 단기적으로는, 제초제 사용량을 감소시킬 것이며, 대부분의 경우, 좀더 환경친화적인 제초제의 사용으로 귀결될 것이라는 데 의견을 같이하고 있다. 그리고 그들은 야생에서 근연종이 없는 제초제 내성 작물이 환경에 큰 위험을 일으키지 않을 것이라고 예상한다.

몬산토가 개발한 제초제 내성 콩은 흙 속에서 빨리 분해되는 글리포세이트 제초제(라운드업) 사용을 늘려, 농부들의 제초제 사용을 줄일 수 있을 것이다. 몬산토의 규제 담당이사인 세르디(Frank S. Serdy)는 일부 지역에서 이 콩이 유해 성분을 포함한 제초제 사용을 근절시켜 줄 수 있을 것이라고 말한다.

그러나 비평가들은 미국의 경작지에서 칼진(Calgene)사의 브로목시닐 내성 목화가 늘어나면서 선천성 장애의 원인으로 의심받는 브로목시닐의 사용이 더 늘어나게 되는 사태에 대해 우려한다. 다른 한편, 칼진사의 홍보부장 헤이워드(Carolyn E. Hayworth)에 따르면, 브로목시닐 내성 목화가 필요 제초제 양을 절반으로 줄여 주었고, 전체적으로는 제초제 사용량을 약 40% 가까이 줄였다고 한다.

또한 연구자들은 제초제 내성 작물의 장기적 영향에 대해서도 우려한다. 매사추세츠주 메드퍼드의 터프츠대학 도시환경정책과 조교수 루벨(Roger P. Wrubel)은 이렇게 언급했다. "증거에 의하면 제초제 내성 작물이 환경에 미치는 영향은 분명하지 않습니다."

그는 전체적으로 이 작물이 환경에 해를 주는 제초제 사용을 단계적으로 줄이고 전체적인 제초제 사용량을 감소시키는 데 도움을 줄 수 있을 것이라고 말한다. 그렇지만 유전자변형 작물은 잡초의 저항성을 높이는 방향으로 기여하는 화학물질에 대한 의존성을 높이게 될 수 있다. 그 이유는 이 작물이 몇몇 광역 제초제의 사용을 증대시킬 것이기 때문이다.

일부 전문가들은 제초제 내성이나 해충 저항성 유전자가 형질전환 작물에서 그 야생 근연종으로 퍼져 나갈 수 있으며, 특히 제거하기 힘든 새로운 잡초를 탄생시키거나 작물 자체가 잡초로 될 수 있다고 경고한다. 미국에서 콩, 옥수수, 감자는 야생 근연종이 없지만, 유채라고도 하는 카놀라는 십자화과 식물 중 6개 종류의 야생 근연종이 있다. 그중 일부는 이미 카놀라가 자라는 지역의 잡초로 문제를 일으키고 있다. 몬산토, 훼히스트(Hoechst), 롱프랭(Rhone-Poulenc)사*는 제초제 내성을 가지는 카놀라를 개발하고 있으며, 수년 내에 상용화할 것으로 보인다.

아이다호대학의 식물육종 유전학자인 브라운(Jack Brown)은 평지과 식물을 대상으로 형질전환 카놀라에서 그 근연종으로 유전자가 확산되는 과정을 연구하고 있다. 그는 저항성 유전자가 수분을 통해 한 종류의 십자화과 잡초의 극히 일부에 전이되었고, 그런 다음 이 유전자가 훨씬 더 고약스런 잡초인 야생 십자화과 식물에 전이되었다는 사실을 발견했다. 영향을 받은 잡초가 극소수여도, 미국 내에서 매우 많은 제초제 내성 카놀라가 재배될 것이기 때문에

---

* 〔역주〕 2015년 프랑스의 다국적 제약회사 사노피로 합병되었다.

몇 년 이내에 제초제 내성을 가진 잡초들이 생겨날 가능성이 있다. 브라운은 이렇게 말한다.

"우리는 자연 상태에서 일어나는 유전자 이동에 대해 훨씬 많은 것을 알아야 합니다. 그리고 잡초에 유전자가 전이되는 사태가 벌어질 경우 취해야 할 단계적인 조치들을 마련해야 합니다. 현대 농업은 상당한 비용을 치르고 여기까지 왔습니다. 우리는 유전자조작 식물의 대규모 생산에 뛰어들기 전에 어떤 재앙이 우리에게 닥칠 수 있는지를 그동안의 경험에서 배워야 할 것입니다."

미국 농무부의 영은 제초제 내성 유전자가 카놀라에 전이될 수 있다는 사실을 인정한다. 그러나 그는 이 현상이 '엄청난 생태학적 결과'를 초래할 것이라고는 생각하지 않는다. 그는 이렇게 말한다. "우리는 방금 브라운에게 최악의 시나리오를 생각해야 한다고 요구했습니다. 그렇다고 해서 그처럼 나쁜 일이 실제로 일어난다는 이야기는 아닙니다."

생명공학 토마토

칼진 사가 개발한 숙성지연 토마토는 '플레이버 세이버' 또는 '맥그리거' 등 여러 가지 이름으로 불리며, 이미 슈퍼마켓에 등장했다. 또 하나의 유전자 조작 토마토, '엔드리스 서머'는 DNA플랜트 테크놀로지 사가 개발한 것으로, 뉴욕주에서 시험 판매를 시작했다. 모든 종류의 유전자조작 식품에 반대하는 연구자들을 제외하면, 이 토마토가 환경이나 잡초의 발생에 해로운 영향을 줄 것이라고 예상하는 사람은 거의 없다.

대부분의 토마토는 부패하지 않은 상태로 장거리 수송이 가능하도록 녹색을 띤 아직 익지 않고 단단한 상태로 수확된다. 이 두 종류의 형질전환 토마토는 천천히 숙성되며, 충분히 익은 후에 딸 수 있도록 고안되었다. 칼진 사의 토마토는 유전자를 하나 더 포함하고 있는데, 세포벽을 분해하는 폴리갈락투로나아제(*polygalacturonase*)라는 효소를 제어하는 유전자의 역(逆) 복제본*이다. 그 결과 칼진 사의 토마토는 좀더 천천히 물러진다. DNA플랜트테크놀로지의 토마토는 1-아미노-시클로프로판-1-카르복실산(ACC) 옥시다아제를 억제하는 유전자를 가지고 있다. 이 효소는 토마토를 무르게 하는 에틸렌의 생산에 필요한 것이다.

미시간주 칼라마주에 있는 애스그로 시드 사가 개발한, '바이러스 내성 굽은 목 호박'은 현재 성장하고 있고, 앞으로 냉동 호박으로 판매될 것이다. 이 호박은 흔히 호박을 감염시키는 두 가지 바이러스의 바이러스 외피 단백질의 암호를 가지고 있는 유전자를 유전체에 삽입하는 방법으로 조작되었다. 아직 충분히 밝혀지지 않은 이유로, 이 식물에 들어 있는 낮은 수준의 바이러스 외피 단백질의 발현이 원래 바이러스의 감염을 막아 준다. 애스그로 호박의 산출량은 일반적인 종자에 비해 약 5배가량 많다. BIO의 리처드 고든은 그 이유를 소출을 감소시키는 바이러스가 이 식물을 감염시킬 수 없기 때문이라고 설명한다.

산출량이 늘어남에도 불구하고, 이 호박은 과학 논쟁에 휘말리고

* 〔역주〕 효소 발현의 억제를 유도하는 기능을 한다.

있다. 일부 전문가들은 이 호박이 다른 바이러스에 감염될 경우 재조합 현상이 일어나서 새로운 바이러스 계통을 생성할 가능성에 대해 우려한다. 미시간 주립대학의 식물학자인 그린(Anne Green)과 앨리슨(Richard Allison)은 바이러스 외피 단백질을 포함하도록 조작된 형질전환 동부(중국콩, *cow pea*)에서 재조합 현상이 일어나는 것을 발견했다. 이 식물에 다른 바이러스가 들어가서 바이러스 RNA 또는 DNA가 침입한 바이러스의 유전물질과 결합해 새로운 유독성 계통이 형성되었다(*Science*, 1423/1994: 263). 그러나 호박에도 같은 현상이 일어날 수 있는지는 아직 알려지지 않았다. 스노는 또한 형질전환 작물의 광범위한 사용이 병원체의 진화 속도를 증가시키는지도 밝혀지지 않았다고 말한다.

많은 양의 라우르산을 생산하게 될 칼진 사의 유전공학 카놀라는 캘리포니아만의 나무에서 추출한 하나의 유전자로 조작되었다. 이 유전자는 식물에 일반적인 18-탄소 길이가 아니라 12-탄소에서 지방산 합성을 중단시킨다. 이 식물의 일부에서 얻는 기름은 라우린산염(*laurate*)을 40% 이상 더 포함하고 있다. 현재 라우린산염 기름은 수입 코코넛과 동남아시아에서 생산된 팜 열매에서 얻을 수 있다.

일부 학자들은 라우린산염을 많이 포함한 카놀라에서 나타날 수 있는 위험으로, 수확이 끝난 후 씨앗이 유전자가 조작되지 않은 식용작물과 섞일 가능성을 지적했다. 그 이유는 두 종자가 같기 때문이다. 그 결과 자신도 모르는 사이에 고-라우린산염 카놀라를 먹는 사람들이 나올 수 있다는 것이다. 이 카놀라는 많이 섭취할 경우 소화 장애를 일으킨다. 그런데 현재 개발 중인 — 나일론 13-13을 만드는 데 들어가는 원료유(油)인 — 산업용 에루크산을 만드는 데 사용되는 다른 형질전환 카놀라가 상업 재배될 경우에 이 문제는 더욱 악화될 것이다.

그밖에도 경제적·사회적 위험이 있다. 고-라우린산염 카놀라는 커피 크림이나 모발 관리제에 이용되는 코코넛과 팜 종자유를 부분적으로 대체할 수 있으며, 그 결과 동남아시아의 일부 수출품을 대체할 수 있다. 따라서 일부 전문가들은 라우린산염 카놀라가 개발도상국에 경제적인 도움을 주기는커녕 코코넛과 야자수를 기르고 수확하는 농부들의 빈곤을 악화시킬 수 있다고 주장한다.

현재 매년 수백 건의 형질전환 식물 시험재배가 이루어지고 있고, 대부분의 경우 미국 농무부는 연구자들에게 통지 의무만을 부여하고 있다. 따라서 대개 허가를 요구하지 않으며, 환경에 유해한 영향을 주지 않는다는 것을 입증하는 데이터도 요구하지 않는다.

미국 농무부의 영은 이렇게 말한다. “미국에서 진행된 모든 야외 연구에서 나오는 데이터를 이용해 우리는 형질전환 식물이 최소한의 위험을 가진다는 결론을 내렸습니다. 유전자조작 식물은 전통적으로 육종된 식물과 아무런 차이도 없습니다.”

그는 이렇게 덧붙였다. “이 식물들이 얼마간 위험을 내포하고 있지만, 우리는 새로운 변종 출현을 모니터링하는 매우 정교한 농업 시스템을 적소에 갖추고 있습니다. 새로운 변종이 도입될 때마다, 미국농업연구소와 여러 기업에서 파견된 연구자들이 그 품종이 어떤 독특한 문제를 가지고 있는지 알아보기 위해 추적조사를 합니다.” 형질전환 식물도 이 시스템을 통해 감시된다.

그러나 UCS의 리슬러는 이 주장에 동의하지 않는다. 그녀는 미국 농무부의 형질전환 식물에 대한 현장시험은 환경위험을 평가할 수 있는 방식으로 수행되지 않았다고 말한다. "그들은 위험의 실험적 분석에 대해 거의 관심을 나타내지 않았습니다. 미국 농무부는 충분한 야외데이터가 아니라 탁상공론에 지나치게 의존하고 있어요."

터프츠대학 도시환경학 교수인 셸던 크림스키(Sheldon Krimsky)도 미국 농무부의 현장시험을 분석했다. 그는 미국 농무부가 현장시험에서 형질전환 식물들의 유전자가 야생 근연종에 확산되는 것을 막기 위한 충분한 예방책을 요구하지 않는다고 말한다. 그는 미국 농무부가 식물육종가들이 수용가능한 정도의 타가수분을 승인하고 있는데 그것도 95~98%의 순수 종자에 대해서만 규정하고 있다고 설명했다. 이것은 미국 농무부가 현장시험에서 식물육종가들이 종자 생산에서 허용하는 만큼의 꽃가루 전파를 형질전환 식물에 허용하고 있음을 의미한다〔*BioScience*, 1992(42) : 280〕.

농업생명공학의 위험성을 강조하는 사람들은 미국 농무부가 생명공학 연구에 쏟아 붓는 돈을 줄이고 지속가능한 농업 연구에 더 많이 투자해야 한다고 주장한다. 지난 5년 동안 미국 농무부는 총 2,850만 달러를 지속가능한 농업 연구에 투자한 데 비해 생명공학 연구에는 약 6억 4천만 달러를 지원했다. 그리고 생명공학 연구의 위험성 평가에 대해 미국 농무부는 생명공학 예산의 고작 1%에 해당하는 640만 달러를 할당했다. UCS의 리슬러는 이렇게 말한다. "우리는 생명공학이 농업의 문제점에 대한 아주 바람직한 장기적 해결책이 아니라고 생각합니다. 실제로 지속가능한 농법은 그보다 장기적인 투자입니다."

많은 생명공학 회사가 전 세계에 지사나 협력 벤처업체들을 거느리고 있으며, 형질전환 식물을 전 세계에 확산할 준비를 하고 있다.

예를 들어, 아이오와주 디모인에 있는 파이오니어 하이브레드 인터내셔널은 31개국에 지사를 가지고 있다.

형질전환 식물은 개발도상국에 혼란스러운 축복이 될 수 있다. 일반 품종에 비해 영양가나 생산성이 높은 식물은 전 세계 인구를 먹여 살리는 데 도움을 줄 수 있는 한 가지 요인이다. 예를 들어, 중국은 현재 수천 에이커에 Bt 쌀을 재배하고 있다. 해충들이 이 작물에 대한 저항력을 기르지 않는다면 쌀의 생산량은 높아질 것이다.

다른 한편, 리슬러는 만약 유전자조작 작물이 충분한 야외조사를 거치지 않은 지역에서 재배될 경우, 유전자가 야생 근연종에 확산되거나 바이러스-저항성 식물에 새로운 잡초나 바이러스가 나타날 수 있다고 설명한다.

이른바 다양성의 중심지라고 불리는 나라에 — 전통적인 작물 다양성과 야생 근연종이 밀집해 있는 지역 — 형질전환 식물은 특별한 위험을 야기한다. 전 세계의 작물 육종가들은 곤충이나 질병에 대해 저항성을 갖는 새로운 유전자를 찾기 위해 종종 이 지역들을 방문한다. 이미 작물 다양성은 녹색혁명과 인구 폭발로 이들 지역에서 빠른 속도로 사라지고 있다. 예를 들어, 오타와에 본부를 둔 국제농촌발전재단에 따르면, 인도에서 약 3만에 달하는 쌀 품종이 사라졌다고 한다. 그 이유는 농부들이 녹색혁명으로 도입된, 소출이 더 많은 종자를 선호해서 전통적인 품종들을 버렸기 때문이다.

야생 근연종에 확산되는 유전자로 인해, 형질전환 작물들이 종(種)의 손실을 더욱 가속시킬 수 있다. 형질전환 유전자가 한 야생 근연종에 해충 저항성과 같은 이익을 주면, 그 근연종은 경쟁에서 다른 야생종들을 압도하여 그 자체가 잡초가 될 것이다.

뿐만 아니라 생명공학의 산물 중에는 일부 개발도상국의 주요 수출품 판로를 완전히 막을 수 있는 것들도 있다. 예를 들어, 유전자조작 박테리아의 한 종류는 바닐라 향을 내도록 유전자를 변형하고 있다. 많은 연구자는 만약 이 박테리아가 상업화될 경우 바닐라콩 시장은 완전히 사라질 것이라고 말한다. 바닐라콩은 마다가스카르의 주요 농산물 중 하나이다.

재조합 소(牛) 성장호르몬

1994년 2월, 10년 넘게 계속된 논쟁 끝에 다량의 재조합 소 성장호르몬(*recombinant Bovine Growth Hormone*: rBGH)이 소비자 단체의 불매운동 위협을 받으면서 처음 시장에 출시되었다. 당시 상당수의 슈퍼마켓 체인들과 우유 총판들은 rBGH를 주입받은 암소에서 짠 우유를 받아들일 수 없다고 말했고, 반대자들은 우유 소비가 급감할 것이라고 예측했다.

그 후 논쟁은 대부분의 지역에서 진정되었고, rBGH를 받아들이지 않겠다고 공언했던 일부 기업들은 지금도 그 입장을 고수하고 있다. 전체 우유 소비량은 1994년 10월까지 전년과 같은 기간을 비교해 4%가 늘었다. 액상 시유* 소비는 1% 증가했다.

농부들의 수용도 크게 증가했다. 몬산토사는 rBGH를 구입한 농

* 〔역주〕 우유를 가공처리하여 만드는 낙농품을 총칭하는 개념으로 액상 크림, 분유 등이 포함된다.

부들이 — 미국 전체 낙농가의 약 11% — 미국 전체 낙농 젖소의 약 30%를 소유하고 있고, 그들이 자신의 일부 소들에게 성장호르몬을 사용하는 것으로 추정했다. 재조합 호르몬을 투여 받은 젖소들은 그렇지 않은 소들에 비해 하루 약 10%가량 많은 우유를 만들어냈다.

코넬대학 농촌사회학 교수인 리슨(Thomas Lyson)은 뉴욕주의 전체 낙농가를 조사한 결과 그중 40%가 rBGH를 사용하고 있다는 사실을 발견했다. 사용자들은 컴퓨터와 같은 다른 첨단기술을 사용하는 대규모 농가인 곳이 대부분이었다. 그러나 46명의 응답자 중에서 28명은 "rBGH 사용이 뉴욕주나 미국 전체의 (낙농) 산업에 바람직한 현상은 아니다"라고 답했다.

반대자가 우려하는 내용 중 하나는 rBGH가 젖소의 유선염(乳腺炎)을 증가시킬 것이고, 그 결과 항생제 사용이 증가해 우유 속의 항생제 잔류물 수준이 높아질 것이라는 점이었다. 또한 비평가들은 이 호르몬을 주입받은 젖소들이 생식에 문제를 일으킬 가능성에 대해서도 우려하고 있다. 그러나 1995년 3월, 문제의 호르몬에 대해 받은 806건의 민원을 기반으로 관계기관들은 "FDA가 제기된 우려에 대해 어떤 근거도 발견하지 못했다"는 보도자료를 발표했다. 그러나 이 기관은 야외조건에서 호르몬을 투여 받은 소들에 대한 모니터링을 계속하고 있다.

미국이 rBGH를 상업화했음에도 불구하고 유럽에서는 여전히 강한 반대가 계속되고 있다. 유럽연합(EU)은 rBGH 사용에 대해 적절하게 일시중지 조치를 내렸다. EU는 이 호르몬이 소규모 낙농가를 도산시킬 수 있으며 젖소의 건강에 나쁜 영향을 줄 수 있고, 사람의 건강에 해로운지에 대해서도 아직 밝혀지지 않았다고 주장한다.

호르몬 처치를 받은 소에 존재하는, 인슐린과 흡사한 성장인자-1(IGF-1)의 수준 증가와 같은 해로운 영향이 나타날 수 있기 때문이다.

그리고 지난달에 보건과 환경 보호를 위한 국제적 표준개발을 임무로 하는 세계무역기구의 정부 간 패널 국제식품규격위원회*는 1997년 다시 회합이 열릴 때까지 rBGH에 대한 의결을 연기할 것을 결정했다. 기술적 측면에서 이 패널은 EU에 대해 지배적 영향을 미칠 수 있으므로 의결을 연기한 이 결정은 rBGH에 대한 EU의 금지 조치가 지속될 수 있다는 것을 뜻한다.

표시제를 둘러싼 논쟁

정부기구의 과학자들과 옵서버들도 유전자조작 식품에 표시제를 도입할 것인지를 둘러싸고 견해를 달리하고 있다. FDA는 해당 식품에 알려진 알레르기 원인물질, 즉 알레르기 유발물질이 함유되어 있거나 그 조성이 일반적인 식품과 크게 다를 경우를 제외하고 표시제를 요구하지 않기로 결정했다. 예를 들어, 고-라우린산염 카놀라는 라우르산의 농도가 높기 때문에 표시를 해야 한다. 그러나 FDA 정책으로 대부분의 유전자조작 식품은 표시제의 대상에서 벗어나게

---

* 〔역주〕 Codex Alimentarius Commission(CAC). 1962년에 설립된 기구로, 회원국은 170여 개이다. 기능은 소비자 건강보호와 식품교역 시의 공정한 거래관행 확보, 정부 또는 비정부기관에서 추진하는 모든 식품기준 작업의 국제적인 조화 및 조정 작업이다.

될 것이다.

시애틀에 있는 워싱턴대학의 공학기술과 공공정책 교수인 베리아노(Philip Bereano)는 FDA의 표시제 정책에 대해 강한 반대를 표했다.

"소비자는 자신이 먹는 식품이 제조되는 공정에 대해 알 절대적인 권리를 가지고 있습니다." 그리고 그는 이러한 전례가 있다고 덧붙였다. 코셔(*kosher*)* 식품이 비코셔 식품과 화학적으로 동일함에도 불구하고 그 제조공정이 인증되었다. 돌핀-프리 참치(*dolphin-free tuna*)** 도 비슷한 사례에 해당한다.

이에 대해 FDA의 마리안스키는 이렇게 반박한다.

"FDA는 사람들에게 자신들이 먹는 음식의 생산방법에 대해 알 권리가 있다는 것을 부정하지 않습니다. 그러나 식품 표시제가 항상 그 정보를 전달하는 가장 적절한 방법은 아닙니다. 식품, 의약품 및 화장품법은 알 권리에 대한 포괄적 법률이 아닙니다."

또 다른 주장은 알레르기 유발물질에 대한 것이다. 크림스키는 모든 알레르기 유발물질이 알려지지 않았으며, 유전자 변형식품은 아직 밝혀지지 않은 알레르기 유발물질을 포함할 수 있다고 말한다. 따라서 그는 만약 문제가 발생할 경우 그 식품에 표시가 되어 있다면 역학적 추적 작업이 훨씬 쉬워질 것이라고 지적한다.

마리안스키는 형질전환식품의 알레르기 유발물질 문제가 해결하

---

* 〔역주〕 유대교의 엄격한 규율에 따른 식사법.

** 〔역주〕 '돌핀-세이프 참치'라고도 하며, 조업과정에서 돌고래의 개체를 줄이기 위해 희생되는 돌고래의 숫자를 제한하는 방식으로 잡는 참치.

기 어렵다는 것을 인정했다. 그는 FDA가 이 주제로 회의를 열었으며 사람들이 유전자 변형식품에 들어 있을 수 있는 알레르기 유발물질로 인해 알레르기를 일으킬 가능성은 거의 없다는 결론을 내렸다고 설명했다. 가장 큰 이유는 알레르기 유발물질이 낮은 수준에서만 발현하며, 알레르기를 가진 대부분 사람들이 극히 제한적인 숫자의 단백질에만 민감한 반응을 보이기 때문이라는 것이다.

볼티모어에 있는 메릴랜드대학의 메릴랜드 생명공학 연구소장인 해양생물학자 콜웰(Rita R. Colwell)은 농업생명공학의 이용이 실제로 매우 절박하다고 말한다. 예를 들어, 그녀는 전 세계의 대양이 매년 기껏해야 1억 톤의 물고기를 생산할 수 있으며, 어획량은 8천만 톤으로 줄어들었다고 말한다. 곧 세계 인구는 1억 3천 500만 톤의 물고기를 요구할 것이다. "이제 더는 형질전환 물고기를 길러야 하는지에 대해 왈가왈부할 때가 아닙니다. 그것은 필연입니다."

델라웨어주 윌밍턴에 있는 제네카 종자회사의 임원이자 경영 이사인 베스트(Simon G. Best)도 형질전환 작물에 대해 비슷한 견해를 가지고 있다. "이용가능한 기본 식량을 크게 증진시켜야 한다는 요구에 부응하려면 생명공학 없이는 불가능할 것입니다."

그에 비해 지난달까지 미국 농무부의 생명공학 위험평가 프로그램 책임자를 지냈고 현재 농업실험국 북동지역연합 전무이사인 매켄지(David R. MacKenzie)는 형질전환 생물체를 대량 상업화하기 이전에 훨씬 더 강한 제재를 가할 필요가 있다고 주장했다. 그는 형질전환 생물체가 얼마간의 위험을 가진다고 확신했다. 그는 이렇게 말한다.

우리는 형질전환 유전자가 야생종에 퍼져 나갈 때 어떤 일이 벌어질지 지금도 확실하게 알지 못합니다. 어떤 사람들은 그것이 야생종이고 아무도 거들떠보지 않기 때문에 문제가 되지 않는다고 말합니다. 그러나 자연 생태계를 우려하는 사람들은 우리가 이 유전자를 퍼뜨릴 수 있다는 생각에 몹시 충격을 받고 있습니다. 특히 미국 농무부에서 사람들이 이구동성으로 제기하는 주장, 즉 내가 생각하는 생명공학의 위험이 없다고 주장하는 것은 'DNA는 DNA'라는 잘못된 관념 때문입니다. 나는 종 사이에 장벽이 있다고 생각합니다. 나는 우리가 아직 이해하지 못하는 이 혁명적인 (형질전환) 설계에 여러 측면이 있다고 생각합니다. 일을 벌인 다음에 무슨 일이 일어나는지 지켜볼 것이 아니라, 사태를 너무 악화시키기 전에 우리가 이 장벽을 뛰어넘을 때 어떤 일이 일어날지를 이해해야 합니다.

제 6 장

위험과 위험관리 •

J. R. S. 핀챔 · J. R. 라베츠*
캐나다 과학과 사회를 위한 회의의 실행위원회에서 수행한 공동연구

위험 영향평가

이전 장에서 유전자조작 생물체의 위해(*hazard*) **가 당장 심각한 우려를 낳지 않는다는 인상을 받았을지도 모른다. 그것은 대체로 사

• 이 글은 허락을 얻어 다음을 재수록하였다. J. R. S. Fincham and J. R. Ravetz, *Genetically Engineered Organisms: Benefits and Risks* (Toronto: University of Toronto Press, 1991), pp. 121-142. 저자들은 캐나다인이며 그들이 속한 대학도 캐나다에 있다.

* 〔역주〕 J. R. S. Fincham. 영국의 유전학자로 에든버러대학과 케임브리지대학의 유전학 석좌교수를 역임, 1978~1981년간 유전학 회장을 지냈다. J. R. Ravetz. 과학사학자이면서 과학기술학과 연관된 다양한 주제에 대해 폭넓은 연구를 하고 있다.

** 〔역주〕 여기에서 'risk'를 '위험'으로, 'hazard'를 '위해'로 번역했다. 위험은 본질적으로 가치가 배태된 개념이기에 다양한 정의가 가능하다. 영국 왕립학회는 1983년 보고서에서 위해(危害)를 '사람과, 사람들이 가치를 부여하는 것에 대한 위협'으로 폭넓게 규정했다.

실이다. 대개 유전자 조작은 그 자체로는 어떤 생물체를 인간이나 환경에 더 해롭게 하지는 않을 것이다. 통제된 실험실 조건에서 유전자 조작이 이루어질 때, 절차상 자연히 신중을 기하게 되며, 이러한 절차상 위해로 이미 사용 중인 생물에서 나타난 특성 외에 중요한 특성이 부가되었다는 점은 입증되지 않았다. 물론 그 생물이 야생에서 살아남을 수 있도록 강건하게 설계되었거나 농업에서 아주 큰 규모로 적용된다면 새로운 문제가 발생할 수도 있다. 이러한 문제에 대처한 우리의 경험은 극히 제한적이다. 그리고 이 새로운 종류의 과학연구를 규율하는 문제를 고려할 때, 우리는 그 과정과 내용에 대한 불확실성이 얼마나 깊은지 깨닫게 된다. 기술영향평가법이 가장 철저하게 적용되는 경우가 바로 이러한 사례들일 것이다.

유전자 조작의 선례

유전자 조작된 생물이나 바이러스의 방출과 연관된 위험을 어떻게 평가할 것인지 고려할 때, 유전자조작 자문그룹(Genetic Manipulation Advisory Group: GMAG)과 그 후임 기구인 유전자조작 자문위원회가 수립한 선례를 되돌아보는 것이 유용할 것이다. 이 기구는 현재 보건안전청으로 바뀌었다. 현재 사용되는 체계는 기본적으로 GMAG가 저명한 분자생물학자인 시드니 브레너(Sydney Brenner)가 고안한 위험평가방법을 채택한 1979년 이래 바뀌지 않았다. 넓은 관점에서 이야기하면, 그 방법은 DNA 자체에 내재한다고 생각되는 위험보다 건강에 실질적 위험이 될 수 있는 시나리오를 강조한다.

이것은 ① 접근, ② 발현, ③ 손상이라는 3가지 고려사항에 초점을 두고 있다. 이 중에서 첫 번째는 재조합 DNA가 봉쇄 체계에서 벗어나 인체에 접근하게 될 가능성을 다룬다. 이 중에서 접근 비율은 DNA가 박테리아, 예를 들어, 야생형 대장균(*escherichia coli*)에 클로닝되었을 때 가장 높아진다. 이 대장균은 쉽게 인간에게 감염될 수 있기 때문이다. 반면 클로닝 매개체가 자연적으로 인간을 감염시킬 수 있는 능력을 갖지 않을 때 그 비율은 낮아지고, 유전자 조작에 의해 '감염능력이 훼손되었을 때' 가장 낮아진다.

'발현'이란 DNA가 스스로 전사(傳寫)되어 어떤 산물로 번역되는 것을 뜻한다. 발현 확률은 클로닝 벡터가 그 속으로 삽입된 유전자의 발현을 촉진시키도록 의도적으로 설계되었을 때 가장 높고, 그 벡터가 발현을 방해하도록 설계되었을 때 가장 낮아진다.

마지막으로 손상 확률은 DNA가 접근과 발현을 모두 달성했을 때 사람의 건강에 미치는 악영향의 척도를 가리킨다. 이 확률은 그 산물이 독소(毒素)로 알려졌을 때 가장 높고, 무해하다는 사실이 밝혀졌을 때 가장 낮다.

매우 논리적인 이 체계의 문제점은 특정 사례에 대해 3가지 요인을 정량화하기가 무척 어렵다는 점이다. 그동안 이 문제는 매우 대담하고 자의적인 방식으로 다루어졌다. 위험을 정확히 산정하려고 시도하기보다는, 물론 경험적 테스트에 엄청난 어려움이 따르거나 아예 불가능하다는 점을 고려할 때 이러한 시도도 겉치레에 그쳤겠지만, 3가지 기준에 비추어 모든 실험에 매우 폭넓고 근사치인 범주를 할당했다.

DNA가 접근가능하고, 발현가능하며, 위험을 야기할 수 있는 실질적 확실성은 확률 1로 표현된다. 그 이하는 10^{-3}(1천분의 1),

10^{-6}(100만분의 1) 또는 10^{-9}(10억분의 1) 등으로 표현된다. 이 계수를 모두 곱하면 실제로 사람의 건강에 해를 미치는 DNA의 확률에 대한 전반적 척도를 얻을 수 있다. 그 결과가 10^{-15}(즉, 10억 × 100만분의 1) 이거나 그 이하라면, 예정된 실험은 바람직한 미생물학 실험 조건에서 안전한 것으로 판단된다. 말하자면, 대부분의 분자생물학자들이 유전공학이 무대에 등장하기 이전에 익숙했던 기준보다 훨씬 더 조심스럽다는 뜻이다.

이러한 체계를 비판하기는 쉽다. 인접 범주에 속하는 실험들의 가상 위험 사이에서 나타나는 1천 배의 차이를 곧이곧대로 받아들일 수는 없기 때문이다. 그리고 10^{-15}의 위험이라는 추정 확률에 직면했을 때 어떤 식으로든 예방책을 강구해야 할 필요가 있다는 생각은 터무니없는 것처럼 보인다. 누구라도 이러한 위험 등급을 심각하게 받아들인다면 숨도 제대로 쉴 수 없을 것이다.

그러나 GMAG 체계는 환경 방출이라는 새로운 맥락에서 마음속에 깊이 새겨질 두 가지의 중요한 원리를 구현했다. 첫 번째는 사건들의 순서에 의존하는 결과의 확률은 그 순서에 포함된 모든 단계의 개별 확률의 산물이라는 것이다. 두 번째는 계산에 내재하는 큰 불확실성은 여유 있는 안전 한계를 설정해 벌충할 필요가 있다는 점이다. 이 시스템은 일부 절차가 다른 것에 비해 훨씬 더 또는 훨씬 덜 위험할 가능성이 있고, 내재된 안전 한계는 그 폭이 아주 넓어 어떤 위해의 절대적 등급을 결정하는 데 개입되는 큰 불확실성을 조정할 수 있다고 판단할 수 있는 충분히 합리적인 근거를 제공했다. 그리고 사후적 관점이지만, 그것이 우리에게 아무리 이전에 (그리고 지금도 역시) 자의적으로 보였더라도 사회적·정치적으로 성공했다고 말할 수 있다. 그것은 기우와 안심이 화해할 수 있는 공식, 즉 안전하게 연구를 진행하고 경험을 얻을 수 있게 하는 공식을 제공했다. 그것은 거의 모든 관련자가 신중하다고 생각할 만한 결정으로 이끄는 체계였다.

방출된 생물체에 대한 확대적용

실험실 내에서 이루어지는 실험에서 훌륭하게 작동하더라도, GMAG 공식을 환경 방출에 가감 없이 그대로 적용하기란 거의 불가능하다. '방출'이라는 용어 자체가 환경에 대한 접근을 함축한다. 가축이라면 효율적으로 울타리를 쳐서 실질적인 방출을 막을 수 있겠지만, 토양에 박테리아를 주입한 넓은 개방형 실험지에서 재배하는 작물에 대해서는 그런 조치를 적용하기는 힘들 것이다. 그러나 우리는 유전공학 생물체의 방출과 야생종과의 교잡을 통해 이루어진, 변형된 유전물질의 확산을 구분할 수 있다. 교잡을 통해 공학 변종들로부터 유전자를 받을 수 있는 계통이나 야생 근연종을 활용할 가능성, 이러한 잡종들이 검사된 지역에서 생존할 능력과 생식력, 그리고 전이된 새로운 특성이 경쟁에서 이익을 줄 가능성 등을 고려한다면, 이러한 유전자가 확산될 가능성에 대한 충분한 정보에 근거하여 그 가능성을 추정할 수 있다.

유전공학 박테리아의 경우, 새로운 유전물질을 전달할 수 있는 기존의 방법이 있는지를 알고자 할 수 있다. 가령 다른 계통이나 종(種) 사이에서 전이가 가능한 플라스미드를 통한 방식이 그런 예에 해당한다. 이처럼 복잡한 고려사항들이 2차적인 접근 확률에 대한 개략적 추정에 도움을 줄 수 있다.

발현 확률은 환경 방출을 위한 목적의 유전공학 생물체와는 거의 관련이 없다. 그 유전적 새로움이 발현되지 않는다면, 굳이 그 생물을 방출할 이유가 없기 때문이다. 따라서 환경 방출을 위해 고안된 유전공학의 일차 산물을 고려할 때, 모든 것은 위험 요인에 달려 있다. 2차 확산의 가상 결과에서 전체적 위험은 이러한 위험과 이차적 접근 확률의 곱이 될 것이다.

위험 발생에 대한 가설(假說)이 없다면, 3등급 위험 추산을 제안하는 것조차 거의 불가능하다. 예상가능한 위험을 포함한 계획들의 분명한 예는 새로운 종류의 살아 있는 백신 제조에서 찾아볼 수 있다. 이 분야의 위험평가는, 발병 원인에서 특정 박테리아나 바이러스 유전자의 역할을 더 많이 이해할 수 있을 때 좀더 비중 있게 다루어질 것이다. 한편, 규제기구들은 가용한 최대한의 증거를 기반으로 좀더 신중하고 사실에 가까운 평가를 해야 할 것이다. 새로운 백신의 예측 위험이 급박한 사회적 요구를 충족시킬 수 있는 전망과 균형을 이루어야 한다는 점에서, 그들의 임무는 좀더 어려워진다.

현재 고려 중인 유전자 변형 가축과 작물은 다른 문제를 일으킨다. 만약 이 가축과 작물이 병원성 바이러스를 환경에 방출할 가능성이 — 막을 수 있고, 또한 반드시 막아야 할 — 없다면, 그중 어떤 것이 그 자체로 위험한지 판단하기 힘들다. 작물에 적용되지만 동물에게는 거의 해당되지 않는(물고기를 제외하면), 지금까지 인지된 주요 위험은 새로운 유형 중 일부가 중요한 작물이나 자연 서식지를 침입하거나 압도한다는 사실이 입증되는 경우이다.

여기에서 평가되어야 하는 것은 침입가능성과 그로 인해 야기될 생태적 · 농업적 손해이다. 이러한 문제는 어느 정도까지 거기에 포함된 '소우주'(*microcosms*)를 이용하여 실험적으로 접근할 수 있지만, 이런 방법으로는 결코 외래 환경의 엄청난 다양성을 모의실험할 수 없다. 나아가 그 위험이 유전자 야생종으로 전이되는 과정에서 비롯된다면, 검사해야 할 잡종이 어떤 종류인지 판단하기는 쉽지 않을 것이다.

이러한 문제점에 대처하려면 지금까지의 논의를 지배해온 분자생물학과는 거리가 먼 지식이 필요하다. 이 문제를 판단하는 데 가장 적임인 과학자들은 해당 생물체가 속한 특정 그룹을 면밀하게 조사해온 생물학자들이다. 비교 형태학, 분류학적 유연관계, 생명의 역사, 그리고 환경에 대한 선호도 등에 대한 지식은 특정 유전자 변형이, 그것이 일차적으로 변형된 생물체든 변형된 DNA를 2차적으로 받은 경우이든 간에, 경쟁력이나 침입성에 영향을 미칠 가능성을 판단하는 최선의 근거이다. 다시 말해, 우리는 생태학의 세부적 사항에 대해서는 분류학자와 유전자 변이를 연구하는 학자들에게 의존해야 할 것이다.

이것은 오늘날 사용되는 용어로 '자연학'(*natural history*)의 범주에 속하는 지식에 해당한다. 그렇지만 이것은 이따금 해당 분야를 얕잡아 보는 용어로 사용되기도 한다. 이 분야는 연구목적으로나 학생들의 흥미로나 거의 관심을 끌지 못하기 때문에 많은 대학의 생물학과는 사실상 자연사 분과를 계속 유지하려는 노력을 포기하고 있는 실정이다. 그러나 우리가 생명공학 생물체의 환경적 위해나 그 밖의 더 급박하고 심각한 환경 열화(劣化)에 대해 심각하게 우려하고 있다면, 이러한 경향을 역전시키는 것이 중요하다.

우리의 관점에서, 유전공학의 위험에 대한 논의는 지나치게 극단적인 관점에 너무 많이 지배되었다. 때로는 종말론으로 치달았고 때로는 대규모 파국에 직면할 가능성이 매우 낮다는 상대적으로 온건한 주장이 제기되기도 했다. 이처럼 '0에서 무한까지'(*zero-infinity*)의 접근방식은 반어적 의미에서 꽤 지적 호소력을 가지며, 양극단은 사람들이 상상할 수 있는 모든 값을 취할 수 있다. 그러나 우리는 현실이 그보다 덜 극단적이라고 생각한다. 즉, 파국보다 덜한 문제들이 상당히 낮은 확률로(개략적으로 계산가능한) 일어나리라는 사고가 훨씬 현실적인 것 같다. 예견되는 위험은 동식물의 새로운 육종이나 신종 백신 도입과 관련해 항상 발생하던 종류의 위험과 그리 다르지 않을 것으로 보인다. 물론 그렇다고 해서 위험을 예상하고 대비할 필요가 없다는 뜻은 아니다.

뜻하지 않은 사태가 어떤 결과를 낳을 수 있는가?

때로는 유전자변형 생물체가 무해할 것이라는 예상이 새로운 과학적 발견으로 불가피하게 의심 받기도 한다. 예를 들어, 미생물의 생태유전학에서 새로운 발견이 이루어질 수 있다(이것은 바로 이러한 고찰에서 요구되는 주제이다). 이때 우리는 그러한 발견이 줄 수 있는 영향을 어떻게 추측할 수 있는가? 멀지 않은 과거에 이루어진 발견들을 통해 몇 가지 단서를 얻을 수 있을 것이다. 당시 그 발견들은 예측이 불가능했지만, 분자적 측면이든 미생물적·생태적 측면이든, 유전학 분야에서 어떤 일이 일어날 수 있을지에 대한 우리의 사고를 확장시켜 주었다.

우리는 이 발견들을 두 가지 유형으로 나눌 수 있다. 첫 번째는 유전물질의 전파와 발현을 위한 메커니즘과 연관된다. 두 번째는 기본 메커니즘에 대한 우리의 관점을 혼란시키지는 않지만, 현실에서 실제로 일어나는 우연적 사실들과 연관된다.

첫 번째 유형에 해당하는 '근본적 놀라움'에는 다음과 같은 것들이 포함된다.

① 주로 진핵생물의 유전자 사이에 있는 염기배열('인트론').
인트론은 유전자의 암호화된 부분(엑손)과 함께 전사된다. 그러나 그것이 성숙해서 전사가능한 형태가 되기 전에 전령 RNA에서 제거된다.

② 생물학적 반응에서 촉매역할을 맡는 RNA의 용량.
과거에 이것은 단백질성 효소의 특수한 영역으로 간주되었다.

③ '역전사 효소'* 의 역할.
특정 바이러스의 생명 주기에서 RNA를 DNA로 복제하는 RNA-의존 DNA 중합효소.

④ 특히 진핵생물의 미토콘드리아에서 나타나는 유전암호의 비보편성

오늘날 우리는 이 모든 것이 완전히 새로운 사실을 알려 주는 것이 아니라, 거대 분자 중 특정 종류의 이미 알려진 사실을 확장시키는 것임을 알고 있다. RNA의 특수한 기능은 특정 유형의 RNA '어댑터'(*adaptor*) 역할 속에 내재한 것이다. 1950년대에 이미 예견되었던 아미노-아실 운반 RNA* 가 그것이다. RNA가 DNA에 복제될

---

* 〔역주〕 일반적 유전정보 흐름인 DNA → RNA가 아닌 역방향으로 이루어지는 전사를 역전사라고 하며, RNA를 주형으로 DNA를 합성하는 과정에 관여하는 효소를 역전사 효소라고 한다.

수 있는 이 능력과 (그보다 제한적이기는 하지만) 암호의 비보편성은 염기쌍에서 일어나는 생화학적 사건들의 복잡성과 모순되지 않는다. 이러한 발견이 자연환경 속에서 나타나는 DNA의 특성에 대한 우리의 관점에 미치는 영향은 제한적인 것으로 보인다.

두 번째 유형에 해당하는 '우연한 놀라움'은 매우 다양하다. 몇 가지 예를 들면 다음과 같다.

① '전위인자' (*transposable element*), 즉 유전물질에서 위치를 바꿀 수 있는 DNA 블록의 존재.
이 발견이 새로운 것이 아니라는 (식물의 경우 1950년대, 박테리아는 1960년대 말에서 1970년대 초까지) 사실 때문에 처음에 혁명적 특성을 가졌다는 사실까지 잊어서는 안 된다.

② 스스로 식물 세포에 전이될 수 있는 박테리아 근두암 종균 (*agrobacterium tumefaciens*) 의 Ti 플라스미드의 능력.
이 플라스미드의 단편 (T-DNA) 은 식물의 염색체 DNA에 도입될 수 있다.

③ 매우 다양한 박테리아 사이에서 (그람 양성과 그람 음성**이라고 불리는 유형을 포괄하는), 그리고 심지어는 효모로 박테리아 플라스미드가 전이될 수 있는 능력.
이러한 사실은 비교적 최근에 발견되었다.[1)]

---

* 〔역주〕 아미노산은 전령 RNA의 유전정보를 직접 읽을 수 없기 때문에 세 문자로 된 암호를 해독하는 데는 분자 '통역자'가 필요하다. 이 RNA가 이러한 역할을 한다.

** 〔역주〕 세균을 진한 자색의 크리스털 바이올렛 용액으로 처리한 후 알코올로 씻을 때 착색이 남아 있는지에 따라 분류하는 방식으로, 그람 음성균은 탈색되고, 그람 양성균은 염색된 상태를 유지한다. 이것은 두 종류의 박테리아 세포벽의 물리적 특성 차이에서 기인하는 것으로 알려졌다.

④ 마찬가지로 최근 우리는 자연 상태의 물속에 예상치 못할 만큼 많은 세균 바이러스가 존재한다는 사실을 알게 되었다. 이들은 박테리아에 강한 선택압을 행사할 것이 분명하며, 그밖에 그들 간의 DNA 전이를 ('형질도입'이라는 과정에 의해) 중개할 수도 있다.[2]

근본적 놀라움의 범주와는 달리 우연적 놀라움은 분명 우리 주제에 함의를 가진다. 이러한 함축에는 두 가지 측면이 있다. 한편으로는 이러한 관찰이 세포 내부와 세포 사이에서 나타나는 유전물질의 괄목할 만한 자연적 이동을 포함하기 때문에, 자연적 유전자 전이의 다양성이 너무도 넓어 우리가 일으키는 변화는 그리 문제되지 않는다고 생각할 수 있다.

다른 한편, 우리의 시험관 방법론으로 만들어져 방출이 허용된 모든 구성물을 전 자연계로 확산할 수 있는 가공할 만한 확장력을 이 체계들이 지니고 있다고 볼 수도 있다. 이러한 관점의 분열은 피할 수 없는 것처럼 보인다. 따라서 분명한 것은 자연으로 방출된 유전자조작 생물체의 위험과 연관된 문제들이 고전적인 실험 과학이나 현장 과학에서 야기되는 문제들과 같은 맥락에서 해결될 수 없다는 점이다.

---

1) S. E. Stachel and P C. Zambryski, "Genetic Trans Kingdom Sex", *Nature* 340(1989) : 190-191.

2) E. Sherr, "And Now Small is Plentiful", *Nature* 340(1989) : 429.

위험평가의 불확실성 관리

생물위해(危害)의 특수한 문제들

생물위해(*biohazard*)*는 공장이나 자연 사고로 인한 재해보다 평가하기가 훨씬 어렵다. 우리는 이러한 차이가 나타나는 이유를 정보 개념의 관점에서 이해할 수 있다. 기계든 생물체든 모두 자신의 기능에 대한 정보를 가질 수 있다. 그러나 생물체의 고유한 특징은 그 정보가 스스로 복제하여 퍼질 수 있으며, 따라서 같은 종류의 생물체를 더 많이 생산할 수 있다는 점이다. 게다가, 이미 우리가 알고 있듯이, 그 정보는 같은 종류의 생물체라는 경계에 늘 머물러 있으리라고 가정할 수 없다. 특히 박테리아의 경우, DNA의 정보 단편들은 플라스미드나 바이러스와 같은 매개물을 통해 낮지만 상당한 빈도로 종 사이에서 전파될 수 있으며, 심지어는 이러한 벡터의 도움을 받지 않고도 전이가 가능하다.

이렇게 정보를 전달받은 종들 중 일부는 우리에게 유해할 수 있다. 자연계와 농업 환경의 미생물상은 무척 다양해서 그 속에서 정보가 전달될 수 있는 모든 경로를 일일이 열거하거나 정량화하기란 거의 불가능하다. 심지어는 특정 DNA 단편이 방출된 후, 그 단편을 경험적으로 제어하기가 매우 힘들다. 대부분은 사라졌을 가능성이 높지만, 어딘가에 숨어 있다가 기회가 주어졌을 때 다시 부활하

* 〔역주〕 병원성 미생물과 같은 생물로 인해 발생하는 재해를 뜻한다. 방사능이나 화학물질의 오염은 시간이 흐르면 감소하는 데 비해, 생물위해는 오히려 늘어날 수 있다는 특징이 있다.

지 않는다고 누가 장담하겠는가?

이 대목에서 우리는 전통적으로 '견고한' 과학이 기반을 두고 있는 통제된 실험실 실험에서 멀리 벗어나게 된다. 어쩔 수 없이 불분명한 상황에서는 잘못된 기반에 근거하거나 심지어는 자기이익에 편향된 인식에 이끌리기 쉽다. 유전공학의 위해와, 특히, 의도된 방출을 둘러싼 논쟁이 어떤 식으로든 과학적 내용을 가지려면, 우리는 실험실 과학의 양식 및 위해(危害) 통제와 연관된 과학 양식 간의 중요한 차이를 명백하게 인식해야 한다.

너무도 자명한 일이지만, 실험실에서 이루어지는 실험은 불분명한 상황에서는 이루어질 수 없다. 설령 그 실험이 탐험적이거나 공상적인 이론이나 개념에서 유발되었더라도, 실험 자체의 세부사항과 기법은 엄밀하게 통제되어야 한다. 그렇지 않으면 실험은 아무런 가치가 없다. 실험이 성공적으로 끝난 후에는 명확한 몇 가지 대안적 해석과 결론이 나오고, 그 결과는 심사나 비평을 위해 제출될 것이다.

조사가 진행 중인 체계에 속한 물질이나 생물체가 명확하고 정확하게 재현가능하다면, 그리고 한 번에 하나씩 변수를 적용하는 식으로 통제된 변화에 따른다면 이 모든 것이 가능하다. 그러나 환경 위해의 경우는 이러한 조건을 거의 만족시키지 못한다. 생물 기술로 인해 일반 대중에게 손상을 준 사례는 지금까지 거의 없었지만, 화학이나 방사능과 같은 사태에서 이러한 문제는 친숙한 것이다. 때로는 지역의 역학(疫學)을 다루는 경우가 있다. 이 경우에 신속하고 명확한 원인 규명을 방해하는 것은 문제를 일으킨 제도의 이기주의와 완고함뿐이다. 바다에 수은을 흘려보내 그곳에서 물고기를 잡은 지역민들이 수은 중독에 걸린 일본의 미나마타 사건이 그런 예에 해당한다.

그러나 이러한 문제가 존재하는 근거 자체에 논쟁의 여지가 있고 원인을 규명하기가 극히 어려운 경우가 훨씬 많다. 여기에는 통계역학 기법이 적용되어야 하며, 이해하기 힘든 상황에서는 대중에게 불확실하게 여겨질 뿐 아니라 의사들 사이에서도 많은 논쟁이 벌어질 수 있다. 일부 원자력 발전소 인근에서 발생하는 (물론 이들 지역에만 국한되지는 않지만) '백혈병 연쇄다발' 현상이 그런 예에 해당한다.

공중의 우려에 대한 이해

아직 적용되지 않은 미래 기술에서 발생할 수 있는 위해의 세부 사항은 그 과학적 근거가 매우 미약하고 훨씬 불분명한 과제이다. 실험실에서 성공을 거둔 기법과 가설, 검증가능한 가설들에 대한 집중, 그리고 막연한 이론들의 폐기 등은 이따금 역효과를 가져올 수 있다. 따라서 여러 가지 견해 사이에서 미묘한 균형을 맞출 필요가 있다. 과학자들이 질병이나 오염에 대한 소동을 모두 쫓아다닐 수는 없겠지만, '일화적인' 사건에 불과한 근거가 결과적으로 심각한 문제를 푸는 단서를 제공한 중요한 사례들도 있다.

코네티컷주에서 일어난 '라임병'(*Lyme disease*)이 그런 예이다. 이 지역의 어린이에게 자주 나타나는, 관절통과 발열을 수반하는, 이 감염 질병은 대중에게 공포를 불러일으켰지만 의학 전문가들 사이에서는 당시까지만 해도 확인되지 않았다. 이 질병은 진드기가 사슴으로부터 옮겨지는 스피로헤타 병원체에 의해 매개되는 것으로 밝혀졌다.

진지하게 받아들이기에 의심스러운 위해 주장에 대해 과학적 엄밀성을 요구하는 태도가 우려하는 대중에게 자칫 관심 부족으로 오해받을 수 있다. 종종 확실한 이유 없이 대중적 우려가 발생하거나 잘못된 정보에 기인하는 경우가 있다. 그러나 그렇다고 해서 대중의 우려가 항상 어리석거나 비합리적인 것은 아니다. 명확하게 규정될 수 있는 위해에만 초점을 맞추고, 그렇지 않은 위해를 무시하는 처사는, 그동안 이따금씩 엄청난 환경 재해를 일으킨, 과학적 오만으로 해석될 수 있다. 그러나 과학자들이 상상할 수 있는 모든 종류, 즉 지극히 공상적이고 가능성이 희박한 종류까지 온갖 위해를 평가할 것이라는 기대는 과학의 작동방식을 오해하는 것이다. 이러한 요구는 신중함과 기지로 과학적 불확실성을 관리하고, 그 과정에서 여러 당사자 간의 서로 다른 위험 인식이 식별되며 존중될 수 있는 균형을 위한 것이다.

재조합-DNA 연구의 위해를 둘러싸고 미국에서 최초로 벌어진 논쟁*이 그토록 격렬했던 이유는 상당 부분 인식 차이에서 기인했을 가능성이 크다. 그동안 과학자들은 여러 가지 기법을 개발하여 새롭고 도전적인 많은 문제들을 해결했다. 따라서 그들은 재조합 DNA 기술이 이러한 기법들의 안전한 운용에서 발생할 수 있는 문제들과 왜 다른지에 관해 이해하지 못했다. 그러나 그들의 비평가

* 〔역주〕 1973년, 미국의 생물학자 허버트 보이어와 스탠리 코헨이 플라스미를 이용해 DNA를 박테리아에 삽입하는 재조합 DNA 기술을 처음 개발했다. 이후 이 기술이 인체와 생태계에 미칠 수 있는 영향을 둘러싸고 과학자, 지역사회, 그리고 미국 사회 전체에 걸쳐 격렬한 논쟁이 벌어졌다.

들은 다르게 생각했다. 그들은 과학 분야에서 나타나는 새로운 환경적 · 역학적 성격의 문제들에 대해 들어왔다. 그것은 과학자들 스스로 연구 중지를 할 만큼 매우 심각한 성격의 문제들이었다. 윤리적 · 신학적 이슈들에 대한 우려가 한층 고조되면서 그들은 과학자들의 확신에 대한 동의를 보류하는 것이 옳다고 생각했다. 진보를 위한 힘인 생명공학 발전에 자칫 치명적 영향을 줄 수도 있는 (오늘날의 정치 풍토에서) 이런 식의 상호 몰이해를 극복하려면 우리는 이러한 가장 어려운 영역에서 나타나는 불확실성의 관리에 대해 분명하게 생각할 필요가 있다.

첫 단계는 모든 당사자가 이 분야에서 지금까지 가르치고 대중화한 과학지식과 전통적으로 결부된 확실성은 존재할 수 없다는 것을 제대로 깨닫는 것이다. 이 새로운 과학 영역에서 나타나는, 전통적인 실험실 작업과 너무도 다른, 불확실성을 관리하기 위해 우리는 다른 분야의 실천에서 개발된 원칙과 기법을 고려할 수 있다.

첫 번째는 일반적인 것이며 이미 과학의 실천에서 소중하게 여겨지는 것이다. 그것은 연구의 질을 확보하기 위해 비판적 태도를 유지하는 것이다. 이것은 과학에서 동료평가, 심사위원 제도, 그리고 세미나와 공적인 회합에서 이루어지는 공개 토론 등을 통해 이루어진다. 과학의 경우처럼 연구 프로젝트와 그 결과에 대해 엄밀한 조사가 집중될 경우, 훈련된 기술적 능력을 갖춘 사람만이 이 과정에 참여하는 것은 불가피하고 적절한 일이다. 그러나 현재의 상황처럼, (사회적 문제 및 윤리적 이슈와 관련된) 인간 경험의 다양한 영역에서 향후 어떤 일이 일어날 것인지, 그리고 그 확률이나 개연성이 어느 정도인지가 문제일 때에는 그것을 해결하는 데 적절한 능력이 지나치게 엄격히 한정되어서는 안 되며 그 범위도 배타적이지 않아야 한다.

이러한 상황에서 일반인들의 규제기구 참여가 강력하게 지지될 수 있다. 전문 과학자들은 성공적 기술이 주는 지적 흥분에 과도하게 고조될 수 있고, 해당 기술을 통제하는 자신들의 능력을 지나치게 확신할 수 있다. 또한 과학자들이 객관성과 공평함을 유지할 때조차 대중들이 그것을 신뢰하리라고 예상하는 것은 합리적이지 않을 수 있다. 물론 일반인들의 대표가 단지 지식의 결여라는 이유로 선발되어서는 안 된다. 그들이 과학자들이 하는 말을 이해할 능력을 가져야 하는 것은 분명하다. 그들이 처음에 품는 우려는 지식 그 자체의 발전보다는 사람에게 미치는 위험과 이익에 대한 고려로 이해될 필요가 있다.

위해를 규율하는 문제는 어떤 면에서 일반 법정에서 마주치는 문제들과 비슷하다. 법정에서는 불확실한 상황 속에서 어떻게든 판결을 내려야 한다. 그리고 과학적 정보도, 추상적으로는 확실하더라도, 다른 증거들과 마찬가지로 면밀한 식별을 거쳐야 한다. 재판관이 추호의 의심도 없는 진리처럼 판결을 내릴 것으로 기대하기는 힘들다. 재판에서는 억누를 수 없는 의구심이 공공연히 표명되도록 허용된다. 그러나 의문은 입증 책임이라는 맥락에서 제기되어야 하며, (서양의 전통에서) 피고는 유죄가 (실질적으로) 확정되기 전까지는 결백한 것으로 간주된다.

이 원칙은 과학적 실천에서도 그리 낯설지 않다. 특정 수준의 '신뢰 한도'와 관련해서 통계적 검증이 이루어질 때면, 암묵적으로 두 가지의 가능한 오류(위양성률과 위음성률) *가 초래할 수 있는 비용에 대한 상대 평가에 호소하게 된다. 규제정책을 둘러싼 논쟁으로 실험실에서 훈련받은 과학자와 환경운동가 사이에서 직접적인 갈등이 빚어질 때, 이 논쟁은 양측이 그들의 불확실성에 대해 적용하고 있는 입증 책임이라는 관점에서 이해될 수 있다.

간단하게 바꿔 말하면, 다음과 같은 물음이 된다. "이 과정은 위험이 밝혀질 때까지 안전하다고 간주되는가?"(이 물음의 역도 성립한다.) 입증의 책임이 서로 다르다는 점이 명료하고 확실해지면, 위험과 공해 문제에 대한 논쟁이 벌어질 때마다 그토록 빈번하게 나타나는 상호 몰이해를 넘어 최소한 왜 갈등이 벌어지는지 얼마간 이해할 수 있을 것이다.

뿐만 아니라 재판 과정에서 볼 수 있는 불확실성의 관리를 그대로 모방하지 않더라도, 우리는 증거의 복잡성과 연관해 또 다른 원리를 채택할 수 있다. 현장 과학자들은 자신들의 장비로 얻는 원자료가 자동으로 '사실'을 구성하지 않는다는 사실을 잘 알고 있다. 그 자료는 작업을 거쳐야 하며(가령 통계에 의해), 그런 다음 어떤 결론으로 이어지는 주장에서 근거로 활용되기 전에 이론적으로 해석되어야 한다. 이것은 '사실'로 간주될 만큼 충분한 신뢰성을 갖추도록 의도된 과정이다. 이 모든 과정은 대체로 비공식적으로 진행되며, 연관 동료 집단 속에서 이루어지는 합의에 의해 확립된다.

위해의 경우, 기초 데이터가 부족하고 모호하며, 어떤 증거도 결정적이지 않기 때문에 확실하게 훈련된 기법들이 큰 도움이 될 수

---

* 〔역주〕 +로 나오지 말아야 하는 부분에서 +로 판정되는 경우와, -로 나오지 말아야 하는 부분에서 -로 판정되는 경우의 오류를 가리킨다.

있다. 이러한 기법들은 확률 계산에 정성적(定性的)으로 이용되며, 정량적으로 확률을 추정하는 통계 기법을 보완한다. 새로운 생명공학의 규율에 대해 관심을 가진 사람들은 이미 이 작업을 위해 특별히 고안된 위해-평가법을 이용한 실험을 시작하였다.

영국에서는 GENHAZ*라는 기법으로 개발이 진행 중이다. 이것은 의도하지 않은 우발성이 초래할 수 있는 가장 폭넓은 범위들 중에서 가능한 결과들을 기록하는, 구조화된 위험평가 프로시저로 구성된다.[3] 이 기법은, 그렇지 않았다면 간과되었을 가능성들에 주의를 환기시키는 데 무척 유용하지만, 그 자체로 특정 시나리오가 기반으로 삼는 정보의 질을 평가할 수는 없다. 따라서 많은 유용한 연구가 이러한 기법으로 가용한 정보를 최대로 이용하고, 위해 평가에서 그 정보를 효율적인 증거로 전환할 수 있을 것이다.

정보 부족에 대한 대응

한 가지 심각한 문제는 적절한 정보가 부족하다는 것이다. 분류학과 미생물 생태학 분야는 생물학 연구에서 주류가 아니었고, 연구비의 상당 부분은 분자와 세포 수준의 연구에 몰렸다. 실제로 오늘

---

* 〔역주〕 영국 왕립환경오염위원회에서 1980년대 말에서 1990년대 초에 걸쳐 개발한 절차로, 처음에는 환경에 방출된 GMOs의 안전성을 관리하기 위한 방법으로 시작되었다. 일반적으로 '가능한 유전적 위해에 대한 체계적이고 구조화된 분석절차'를 뜻한다.

3) C. W. Suckling, "G EN HAZ: An Attempt To Apply HAZOP to the Identification of Hazards in the Release of Genetically Engineered Organisms", *Royal Commission on Environmental Pollution*, May 31, 1989.

날 미국에서 계통분류학이 가까운 미래에 고사할 위험에 직면해 있다는 사실은 공공연히 인정되고 있다.[4] 그 이유는 고령의 전문가들이 은퇴한 자리를 메울 훈련된 과학자들이 거의 없기 때문이다. 그러나 인기 있는 분야의 성공적 적용으로 초래되는 문제들은 이처럼 상대적으로 등한시되는 분야들을 통해서만 해결 가능하다.

이러한 불균형이 시정될 때까지, 이 분야의 교육이 늘어나려면 많은 시간이 걸릴 것이다. 그리고 위해(危害) 평자들은 일부 맥락에서 결정적으로 중요할 수도 있는 정보가 결여된 상태에서 평가를 수행하게 될 것이다. 이런 상황에서는, 명시적이지 않다면 암시적으로라도 입증의 책임이 작동해야 하고 개인의 편견이 중요한 역할을 하게 되는 것은 물론이다. 여기에서 유용한 과제는 이러한 종류의 불확실성을 훈련된 방식으로 관리할 수 있는 수단을 고안하는 것이다. 이 자리에서 그 작업을 시작할 수는 없지만, 그 절차에 포함되는 단계들 중 일부를 개략적으로 묘사할 수는 있을 것이다.

첫째, 필수불가결한 일부 정보를 얻을 수 없다는 사실이 밝혀지면 왜 그런지를 조사할 수 있다. 그 이유를 밝히는 작업이 늘 쉬운 것은 아니지만, 누군가가 그런 시도를 했지만 왜 연구비 지원이 거절되었는지 밝히는 정도는 가능할 것이다. 그 이유는 불확실한 실현가능성, 높은 비용 또는 낮은 우선순위 등이 조합된 무엇일 수도 있다. 따라서 어떤 프로젝트에 필요한 방법론을 찾는 것이 본질적으로 매우 어렵다 해도, 연구비 지원기관들은 자원을 그 프로젝트

4) S. Nash, "The Plight of Systematists: Are They an Endangered Species?" *Scientist*, October 16, 1989.

에 우선적으로 배분해야 하는 이유를 입증할 것을 요구할 수 있다.

지금까지 수행되지 않았지만 가능한 연구의 개요, 즉 우리의 무지를 나타내는 지도를 얻는 것은 그 자체로 많은 것을 밝힐 수 있으며 변화된 우선순위에 대한 지침을 제공할 수 있을 것이다.

둘째, 연구가 수행되었지만 일부 상업기업이나 정부기관의 기밀문서로 분류되어 있을 가능성이 있다. 국방과 연관된 생물학 연구의 경우처럼 국가 안보를 위해, 비밀 엄수가 필수 조건으로 인식되는 분야도 있다. 그러나 기밀로 분류되는 연구결과의 존재 자체가 기밀 항목인 경우에는 규율 프로그램은 심각한 방해에 직면한다.

마지막으로, 요구된 정보가 부재할 경우에는 만약 그 정보를 얻을 수 있었다면 규제 결정에 어떤 차이가 나타났을지 평가할 수 있을 것이다. 해당 사례가 상당수에 달하는, 이 마지막 절차는 어떤 후속연구가 가장 시급하게 요구되는지에 초점을 맞추는 데 도움을 줄 것이다.

어떤 사람들에게는 이 모든 것이, 결국 과학적 상식에 해당하는 문제에 도달하기 위한 지나치게 정교한 해결책으로 보일 수도 있다. 그러나 의도된 방출 기법들은 여러 가지 사회적 문제를 일으키기 때문에 그 위해를 분석하는 데 (실행가능성이라는 한계 내에서) 좀 더 면밀한 주의가 요구된다. 예를 들어, 의도된 방출 기법에는 이미 죽었거나 연구가 완료된 후 죽일 예정인 생물체가 포함될 수 있다. 이 경우, 평가는 간단하다. 왜냐하면 해당 생물의 생명이 극히 짧고 죽어가고 있다는 장벽을 넘어 (이 벽이 절대적이지는 않지만) 해로운 영향이 전파되어야 하기 때문이다. 그러나 때로는 그 생물체가 야생에서 최소한 일정 기간 생존하도록 의도되었을 수도 있다.

이때 규제 원칙의 문제는 기존의 근연 생물상을 대체시키지 않도록 보장할 것인지, 아니면 단순히 환경 교란을 야기하지 않는 정도로 (제한적 수준으로) 한정할 것인지의 여부이다. 전자의 경우 생물학적 미세조정 작업이 포함되기 때문에 그 생물체는 어느 정도 강해야 하지만 지나치게 강해서는 안 될 것이다. 또한 추가 작업이 필요하다. 그것은 유전공학 생물체가 실제로 요구된 특성을 갖게 될 것인지를 (앞에서 입증 책임에 대해 논했던 내용을 상기하기 바란다) 충분히 입증하는 것이다. 이러한 연구는 많은 경우 미생물 생태학의 우리 자원들을 남용할 수 있다. 그러나 적절한 수준으로 봉쇄가 보장된다면, 다른 대안을 찾기 힘들 것이다.

우리는 이러한 사례들에서 과학적 요소들이 확실치 않은 상태에서 많은 결정이 이루어지며, 공중이 인식하듯이, 이러한 결정을 내리는 사람들의 기량과 진전성이 중요하다고 믿는다. 우리가 유전공학 미생물의 위해 통제에서 불확실성을 가능한 한 분명하고 공개적으로 관리해야 한다고 주장하는 것은 바로 이런 이유 때문이다.

생태 평가의 원칙들

유전공학 생물체의 위해는 그 생물체와 환경 간의 의도치 않은 상호작용에서 기인한다. 그것은 우리에게 이로울 수도 있지만 해로울 수도 있다. 이러한 상호작용을 통제하려면, 그 생물체와 유전물질, 그리고 그와 연관된 생태적 측면들에 대해서 알아야 할 필요가 있다. 이미 앞에서 살펴보았듯이, 생물학에서 환경 연구는 생물체 자체에 대한 연구보다 훨씬 뒤떨어져 있다. 현장 과학은 새로운 연구자들을 끌어들일 만큼 과학적 흥분을 주지 못한다. 이 분야는 여러 측면에서 빅토리아 시대나 그 이전의 젠틀맨-아마추어 과학*의 유물과 흡사하다. 이 위기는 현재 주목을 끌고 있으며, 점차 많은 사람이 현재의 경향이 역전되지 않으면 이러한 불균형이 더욱 증폭되고 종국적으로 실험 과학이 야기하는 위해를 평가하는 데 필요한 현장 과학의 역량 있는 인적 자원이 극도로 부족한 사태가 발생할 것이라는 사실을 인정하고 있다.

이러한 불균형을 시정하기 위한 노력에도 불구하고, 생태학의 예측적 측면에는 여전히 심각한 불확실성이 남을 것이다. 어떤 사람들은 자연환경이 너무 복잡하고 그 속에 포함된 상호작용이 무척 많으며 다양하고, 복잡하게 상호 연결되어 있으므로 물리학이나 화학 또는 분자생물학에 대한 유비인 '예측 생태학'**은 아예 불가능하다고 주장한다. 그러나 다른 사람들은 생태학이 그런 능력을 가져야 하며 (따라서) 그렇게 될 수 있을 것이라고 말한다. 이 논쟁이 어떻게 귀결하든, 지금 우리에게는 규제 결정의 지침이 될 합리적 예측 능력이 요구된다. 과거의 경험을 통해 가이드라인을 설정하고, 평가에서 결정적 중요성을 가지는 환경 속 생물체의 여러 측면들에 대해 초점을 맞출 수 있을 것이다.

---

* 〔역주〕 전문화, 제도화되기 이전의 과학을 뜻한다. 당시 영국의 과학은 재력과 지식을 갖춘 상류계층이었던 젠틀맨의 아마추어리즘을 기반으로 삼았다. 스티븐 섀핀은 당시 영국에 3천~4천의 젠틀맨이 있었다고 말한다.

** 〔역주〕 지금까지의 생태학이 주로 기술적인 데 비해 예측력을 강조하는 생태학의 개념.

① 특이성

해충 구제를 위해 전통적 방법으로 육종된 생물체와 마찬가지로, 유전공학 생물체에 대해서도 폭넓은 표적을 대상으로 감시가 이루어져야 하고, 그 특이성이 확실히 밝혀진 뒤에만 방출해야 한다.

② 예측가능성

자연적 침입 이후에 예상치 못한 결과가 나타나는 일은 흔하지 않지만, 의도적 방출에 이어 예견하지 못한 결과가 발생할 가능성을 줄이고, 이러한 사태의 발발을 추적하고, 발생 이후 봉쇄하기 위해 모든 노력을 기울여야 한다.

③ 생식과 확산

여러 종류의 잡초에서 이미 드러났듯이, 높은 생식률과 이산율은 방출된 생물체의 통제에 상당한 어려움이 따른다는 것을 뜻한다.

④ 이용 규모

새로운 종의 수립 성공 여부는 어느 정도까지 그 종(種)이 환경에 퍼져 나가는 규모와 빈도에 따라 결정될 것이다.

⑤ 가역성

일부 과거의 침입은 (영국에서 있었던 북아메리카 사향쥐의 사례와 같은) 가역적이었다. 반면 미생물의 경우에는 방출을 되돌릴 가능성이 거의 없다. 따라서 생물체의 범위와 특이성에 대한 철저한 평가에 좀더 큰 신뢰성이 부여되어야 한다.

이러한 원칙들이 적용된다 해도, 그것이 특정 종의 도입에 아무런 문제가 없다는 보증이 되지는 않는다. 우리는 물론, 과학자들도 CFCs(염화불소 화합물)라는 단순한 화합물이 비활성이기 때문에 아무런 환경적 해악도 일으키지 않는다는 가장 권위 있는 과학적 조언을 받은 후에 널리 사용되었다는 사실을 잊어서는 안 된다. 앞으로 생물체가 일상적 상업 용도로 대량 이용될 것이라는 가능성을 고려하면, 이러한 신중함은 훨씬 더 적절할 것이다. 그렇게 되면 앞에서 언급한 기준들은 매우 다른 문제들을 제기한다. 이러한 차이가 여섯 번째 생태적 원리로 이어진다. 그것은 적용의 질적 보증이라는 문제이다. 우리는 이 원칙을 좀더 자세히 다룰 필요가 있다.

앞에서 우리는 전통적인 실험실 연구의 조건과 위해 통제 조건들 간의 차이에 대해 언급했다. 자연 재해와 산업 활동에 의해 일어나는 위해들 사이에도 유사한 차이가 있다. 이 차이는 생명공학의 규제를 둘러싼 첨예한 논쟁에서 분출되기 때문에 우리의 관심사와 특별히 연관된다. 브라이언 윈(Brian Wynne)[5] 이 기술한 사례는 유럽연합 집행위원회를 대표해 래밍위원회*가 조사한 쇠고기 산업에서 사용되는 5가지 호르몬에 대한 것이었다. 완전한 합성 호르몬이었던 두 가지 호르몬은 후속연구가 유예되었고, '자연 상태와 동일한' 3가지 호르몬은 특정 조건에서 사용이 허용될 수 있는 것으로 판정되었다. 이 위원회에 속한 전문가들은 이것을 과학적 승인으로 해석했고, 그것을 기반으로 사용 승인을 준비했다. 이런 방식으로 그들은 쇠고기 산업을 지원하면서 생명공학을 장려하려고 했다. 그러나 그 후 집요한 정치적 로비가 이루어졌고, 그 결과 각료회의는 전문가들의 조언을 물리치고 호르몬 사용을 중단했다.

위원회 측 전문가들은 당시 누군가가 '잘못된 정보에 근거한 감정

---

5) B. Wynne, "Building Public Concern into Risk Management", in *Environmental Threats*, J. Brown ed. (London: Belhaven, 1989).

* 〔역주〕 1980년대 중엽, 유럽연합 집행위원회가 호르몬의 안전성을 조사하기 위해 조직한 위원회로, 이 위원회를 주도했던 래밍 교수의 이름을 따서 래밍위원회라 불렀다.

적 대중주의 미신 파동'이라고 불렸던 공격에 몹시 분개했다. 그러나 문제의 본질은 래밍위원회가 설정한 조건에서 드러났다. 그 조건들에는 다음과 같은 내용이 포함되었다: 명시된 투여 용량 한계, 식용으로 사용할 수 없는 주사 부위, 가축에 대한 최대한의 관리감독, 도살된 고기가 시장에서 판매되기까지 최소한의 대기 시간 등이 그것이다. 이상적 상황에서라면 바람직한 낙농 관행으로 이러한 조건을 충분히 만족시킬 것이다. 그러나 현실은 이상과 다르다. 모든 농촌 지역에 철저한 감독이 부재한 상황에서 과연 이처럼 높은 기준이 지켜질 수 있는지 의문을 제기하는 것은 절대 불합리하지 않다. 농업 실천에서 이러한 질적 보증이 이루어지지 않는다면, 문제가 되는 호르몬의 위해는 무시할 만한 것으로 생각될 수 없다.

기술과 산업에 친숙한 사람들은 품질 보증이 당연시될 수 없다는 사실을 잘 알고 있다. 일본이 여러 분야에서 우위를 점할 수 있었던 주요 이유가 오래전부터, 품질보증연구로 높은 수준에 도달했기 때문이라는 것은 잘 알려진 이야기이다. 산업적 측면에서 질은 주로 성능의 신뢰성과 관련된다. 일반적으로 소비자에 대한 상품의 안전성이 최우선이라는 데에는 의문의 여지가 없다. 그러나 농업에서 위해 물질이 함유되었을 경우, 질은 신뢰성만큼이나 위험과 깊은 관계를 가진다. 그리고 위험에 처할 수 있는 대상이 소비자가 아니라 피고용자, 가축 또는 환경이기 때문에 질적 보증은 크게 문제가 될 수 있다. 이러한 상황으로 우리는 앞에서 언급한 생태 원칙에 또 하나의 원칙을 추가할 것을 제안한다.

⑥ 적용의 질적 보증

농업이나 상업적 적용의 전 측면에서 이루어지는 모든 위해 평가는 농업 관행과 규제 과정의 현실을 고려해야 한다.

우리는 정부 활동의 불완전함을 기반으로 주장을 펴는 것이 항상 쉬운 것이 아님을 알고 있다. 더구나 이러한 불완전성이 공식적으로 인정되지 않는 경우에는 특히 그러하다. 그러나 원자력 산업이 처음의 밝은 전망에서 현재의 불확실한 미래로 바뀌도록 한 파괴적 사고가 발생한 것은 질적 보증이 모든 측면에서 자동으로 유지될 것이라는 가정 때문이었다.

공중의 신뢰를 유지한다

위에서 언급한 원칙들은 이중으로 기능한다. 하나는 유전공학의 안전성이 지속되도록 보증하는 것이고, 다른 하나는 안전성이 유지되는 것처럼 보이도록 보증하는 것이다. 앞에서 우리는 실험실 과학자들 사이에서 나타나는 낙관론의 경향에 대해 평했다. 그것은 1970년대에 재조합 DNA 연구를 둘러싼 논쟁에서 잘 드러났다. 이제 환경문제에 대한 공중의 인식이 산업 활동과 기술 혁신의 주제가 된 지 20년이 넘었다. 초기의 논쟁에서 나타난 혼란과 극단론은 많이 누그러졌다. 둘 다 문제가 무엇인지 이해하면서 성숙해진 셈이다. 그러나 대중들의 반대는 여전히 잠재한다. 현재 독일의 유수한 제조회사들은 생명공학 연구센터를 자국이 아닌 미국에 건설하고 있다.[6)]

연관 대중집단이 실제로 각성하면 제안자와 규제자들은 가장 어려운 상황에 직면하게 된다. 그들이 원하지 않는 사태가 발생하지 않을 것임을 과학적으로 입증하기란 불가능하다. 아마도 항의자들이 원하는 것이 바로 이러한 점일 것이다. 마찬가지로 대중이 사람에 대한 고려는 물론 기술력까지 결여한 기관이 자신들에게 위험을 부과했다고 볼 때, 그 위험의 '수용가능성'을 정치적으로 입증하는 것 또한 불가능하다. 따라서 님비현상(*Not In My Back Yard*: NIMBY)이라는 새로운 정치가 모든 기술이나 산업 발전에서 중요한 요소가 되고 있다.

오늘날 유전 기술 위험관리 연구자들 사이에서 냉정하고 책임 있는 분위기가 지배적인 것은 분명하다. 따라서 한편으로 과학자와 규제 전문가, 그리고 다른 한편으로 일반 대중의 이해관계와 특수 우려집단 사이에서 새롭고 호혜적인 대화가 이루어질 수 있다. 오늘날 사람들이 대개 자신들에게 부과되는 위험을 정량적으로 평가하려 하기보다는 해당 위험을 야기하거나 규제할 책임이 있는 사람들을 평가한다는 것은 잘 알려진 사실이다.

그리고 이 과정에서 그들은 결코 비합리적으로 행동하지 않는다. 미국 사법체계의 일반 배심원(그리고 일반 재판관)과 마찬가지로 그들은 대부분 증언의 질을 토대로 증거를 평가한다. 물론 그들도 실수할 수 있다. 그러나 정책은 이론적으로나 실질적으로나 신중하고 효율적이다. 법정의 비유를 계속 들자면, 지금 우리에게 필요한 것은 안전이 존중되고, 또 존중되는 것으로 비쳐야 한다는 것이다. 그

---

6) R. Zeil, "History Feeds German Fears on Gene Technology", *New Science*, August 26, 1989, pp. 26-28.

래야만 대중의 신뢰 문제가 해결될 수 있다.

이러한 종류의 진정한 정책은 그 자체로도 규제와 통제에 대한 연구에 도움을 준다. 만약 책임자가 그것을 단지 겉치레, 즉 무지한 대중을 달래고 진정시키는 것쯤으로 생각한다면 이 연구는 결국 질이 떨어질 수밖에 없다. 모든 종류의 사고를 예방하려면 모든 수준에서, 특히 위에서 아래로, 헌신적 노력을 계속해야 한다. 우리 문화와 개인의 태도는 실제로 일어나지 않은 일로 평가되는 식의 성공과는 맞지 않는다. 아무리 훌륭하게 계획된 안전 체계도 정규적 관여가 이루어지지 않는다면 위축되고 부패하고 말 것이다. 훌륭한 안전 기록의 자연스런 결과는 자기만족적이다. 마찬가지로 자연스럽게, 좋은 기록을 망칠 수 있는 사고 은폐에서 잘 나타나듯이, 부패가 그 뒤를 따를 수 있다. 안전 프로그램 책임자들이 자신의 과학지식이나 개인적 진정성을 근거로 자신들의 체계가 위험에서 면제된다고 믿는다면 이러한 태도의 결과는 곧 밝혀질 것이고, 모든 사람이 우려하는 해악을 초래할 것이다.

따라서 과학적 겸양의 태도, 즉 안전체계 운영자들이 부분적으로 사실을 알지 못하거나 인간적 오류를 범할 가능성을 인정할 필요가 있다. 또한 우리는 바람직한 기준을 작성하는 과정에서 독립적인 관찰자나 나아가 비평가들까지도 일정한 역할을 수행한다는 것을 인식할 수 있다. 역으로 대중관련 업무에 경험이 있는 사람들은 자신들의 관점에서 진정으로 좋은 의도를 인식하고, 이 체계를 관리하고 규제하는 사람들의 특수한 능력을 인식한다. 그렇게 되면 파괴적이고 대립적인 논쟁이 아니라 건설적 대화가 (물론 늘 매끄럽게 진행되는 것은 아니지만) 가능해진다.

이미 1970년대부터 이러한 접근방식의 전례가 있었다. 그중 하나는 매사추세츠주 케임브리지에서 요란한 고함소리가 잦아든 후에 일어났다. 이 도시를 대표하는 시민들로 이루어진 위원회가 하버드 대학의 문제점을 심사했고, 결국 원래 제안되었던 내용을 부분적으로 수정한 규제안을 받아들였다.* 다른 하나는 종업원과 일반 대중의 이해관계를 대표하는 위원들이 과학자들과 동수의 인원으로 구성된 영국의 GMAG이다.** 이 위원회는 (닫혔지만 이야기가 새어 나오는 문 뒤에서) 규제 체계의 구성과 운영에 대해 매우 효율적이고 협력적인 대화를 했다.

적절한 태도가 효율적이라는 사실은 계획된 방출에 대한 최근의 경험을 통해 확인된다. 공중의 우려가 존중되는 곳에서는, 그런 나라에서 알 수 있듯이, 아무런 문제가 없었다. 그러나 다른 곳에서는 혼란스러운 기록이 나오고 있다. 이 경우에도, 공중의 우려는 진정으로 존중되어야 한다. 그렇지 않으면 곧 속임수임이 밝혀지고 모두에게 해로운 결과를 낳을 것이다.

앞에서 살펴보았듯이, 생물재해 관리는 그 원인인 과학활동과는 전혀 별개이다. 과학활동에서는 선택된 실험실 문제에 대한 연구를 통해 '공공 지식'을 만드는 데 성공했다. 여기에서 중요한 것은 우리

---

* 〔역주〕 케임브리지에서 DNA 재조합 연구가 대중적인 쟁점이 된 것은 하버드대학이 낡은 실험실을 개조해 3단계 수준의 DNA 재조합 연구시설을 만들기 시작하면서부터였다. 시 의회는 재조합 DNA 연구의 안전성을 조사할 기구로 과학자와 시민으로 구성된 재조합 DNA 실험 심사위원회를 만들었다. 이 경험은 이후 과학기술의 시민참여가 가능하다는 하나의 모형이 되었다.

** 〔역주〕 1976년 영국이 유전자 조작 기술의 안전성을 다루기 위해 만든 조직.

가 거둔 성공적인 실험실 연구로 우리에게 닥친 본질적인 환경문제의 불확실성에 대처하는 것이다. 이 보고서에서 다루었듯이, 위해와 그것을 통제하는 방법에 대한 우리의 지식은 유전공학기법에 대한 우리의 지식과 함께 발전하고 있다. 이것은 유전공학만큼이나 매력적인 새로운 유형의 과학이다. 그리고 그 성공 여부는 생명공학과 인간 복지의 진보에 달려 있다.

제 7 장

근원을 향한 여행•

생물학적 온전성과 농업

미리엄 테레세 맥길리스*

먼저 내가 이 책의 다른 저자들과 달리 일반인이라는 점부터 소개해야 할 것 같다. 나는 미술 분야에 종사한다. 나는 과학이나 농업에 대해서 공식 교육을 받은 적은 없지만, 생명공학 전반, 특히 농업생명공학에 대해 전면적으로 반대하는 견해를 가지고 있다. 이것은 나의 경험에서 나온 이야기이다.

나는 1970년대 초에 굶주림이 전 세계를 위협하자 충격을 받고 교사를 그만두었다. 같은 시기에 원유 수출금지 사건이 일어난 뒤,

• 저자의 허락을 얻어 다음 글에서 재수록하였다. J. F. Macdonald ed., *Agricultural Biotechnology: Novel Products and New Partnerships* (Ithaca, N. Y. : National Agricultural Biotechnology Council, 1995), 101-110.

* 〔역주〕 Miriam Therese MacGillis. 생태학습센터인 제네시스 농장의 설립자이자 환경과 생태주의 행동주의자.

지급 균형을 맞추기 위해 미국은 수출 농산물 가격을 4배로 인상했다. 그것은 세계시장체제의 불법성에 대한 대응이었다. 석유 제품과 식품에 대한 이 일방적 결정은 비산업 국가들의 절망적인 경제를 황폐화시켰다. 나는 미국 사육장의 소떼가 전 세계에서 굶주림에 허덕이는 사람들을 먹여 살리기에 충분한 양의 작물을 소비하고 있다는 사실을 알았을 때의 충격적 순간을 기억하고 있다. 그 사실이 내 인생의 진로를 결정했다. 그 이후 지금까지 나는 농업과 기아에 대한 분석에 몰두했다.

1977년에 나는 토마스 베리(Thomas Berry)의 논문에 대한 이야기를 들었다. 그가 설명한 전후 맥락 또한 내 인생의 방향을 정해주었고, 그 논문은 내가 우리 시대의 전 지구적 위기를 초래하는 주요 역기능의 더 깊은 뿌리가 무엇인지 밝히는 데 도움을 주었다.

토마스 베리는 세계문화를 연구한 유명한 역사가로, 《지구의 꿈》(*The Dream of the Earth*)과 《우주 이야기》(*The Universe Story*)라는 2권의 독창적인 저서를 냈다. 브라이언 스윔(Brian Swimme)과 공저로 발간한 이 책들에서 그는 우리가 직면한 위기의 근저에 서구 사상의 전체 흐름을 형성한 우주론이 있다고 주장한다. 나는 이 글에서 우주론은 생명공학의 세계를 떠받들고 있으며, 결함이 있고 위험한 것이라는 주장을 제기하려 한다. 또한 우주의 근원, 본질, 그리고 그 기능에 대한 오늘날의 과학적 이해 자체가 부적절한 세계관의 확장이며, 우리를 우주의 자연적인 운행과 반대 방향으로 이끌어 간다는 주장을 제기할 것이다.

다음의 표는 우리의 전통적 우주론에 내재한 일부 가정들을 모형으로 나타낸 나의 소박한 시도이다. 수천 년 전부터 지중해 세계에서 시작된 우리의 기원에 대한 이야기는 존재의 수수께끼에 대한 궁극적 물음에 답하려 했던 의미의 맥락을 제공했다. 요약건대 기원 논의는, 그것을 토대로 문화의 다양한 구조들이 형성되어, 일관된 의미 집합을 제공했다. 그중 일부는 다음과 같다.

신은 완벽하고 불변하기 때문에 우주에 대해 완전히 초월적이다.

인간은 신과 합일될 초월적 운명을 갖지만, 이 합일은 인간이 우주를 초월하는지에 달려 있다. 우주 자체는 이러한 영적인 초월적 운명을 갖지 않는다. 그것은 존재의 물리적·물질적 단계이고 본질적으로 어떤 영적 본질도 갖지 않는다.

인간은 자유롭게 물리적 세계를 탐구하고, 그 물리 에너지를 분석하며, 아담과 이브의 타락 이후 상실한 원래의 완전성의 일부를 되돌리기 위해 재설계할 수 있다. 따라서 이러한 세계관은 다음과 같은 단순 모형으로 기술할 수 있을 것이다.

에덴동산(지복) — 역사 — 천년왕국 시대(지복)*

이 세계관에서 생명의 일반적 조건은 일시적이고 비정상적인 무엇으로 인식된다. 토마스 베리는 이러한 인식이 서구의 정신 속에 병리적 격노(激怒)가 자랄 수 있는 무대를 제공했다고 주장한다. 이 격노는 생명이 우리에게 실질적으로 허용한 조건에 대한 것이다. 역사적으로 이 격노로 인해, 우리는 생명이라는 전체 직물 속에

* 〔역주〕 성경에서 주장하는 시대 구분에 나타나는 한 시기. 예수 재림 이후에 '사악한 시대'가 끝나고 천 년에 걸쳐 그동안의 악이 제거되고, 그 후 신의 의지가 실현되는 완전한 시대, 즉 지복(至福)의 시대가 이어진다고 한다.

서 창조적으로나 자비롭게 살아갈 내적 능력을 개발하는 것이 거의 불가능했다. 그 대신 우리는 언젠가 그로부터 자유로워질 징벌로서, 그리고 비정상적인 것으로서 우리에게 부과된 모든 한계에 저항했다. 우리의 내적 능력은 성장을 방해받아 왔고, 그동안 훌륭하게 진화한 생명의 직물에 대해 가히 총체적인 침탈을 자행했다.

따라서 유전공학에 대한 우리의 강박이 우리가 재설계에 몰두하면서 생명 자체의 총체적 파괴를 부를 수 있다는 주장은 진화 자체에 기반을 둔 과학적 이야기이다. 나는 진화 과정, 즉 우주의 내적 차원과 함께 외적 차원까지 총체적 진화 과정을 재검토할 것을 제안한다. 그럼으로써 농업생명공학이 추구하는 방향에 대한 본질적 수정이 가능할 것이다.

DNA 진화에 대한 개괄적 설명은 제네시스 농장*의 로렌스 에드워즈(Lawrence Edwards)** 박사가 제공한 것이다.

---

* 〔역주〕 genesis farm. 미국 뉴저지에 있는 지구과학에 대한 연구 및 영성과 생태적 삶을 위한 학습센터.

** 〔역주〕 물리화학자로 현재 제네시스 농장에 재직하고 있다.

DNA의 진화

약 150억 년 전

우주는 불타오르며 태어났다. 처음에는 모든 것이 대칭이었다. 1초의 수십억분의 1 정도가 지나자 대칭이 붕괴하였고 4가지 힘*이 창발(創發) 되었다. 이후에 나타난 모든 관계는 이 4가지의 기본력에 의해 지배될 것이다. 특히 전자기력의 본성이 수립되었다. 이 때 분자는 존재했지만 화학법칙은 없었다. 따라서 어떤 DNA도 존재하지 않았다. 나선구조를 지탱해 주는 수소결합의 힘이 형성되지 않았다.

1억 년 후

우주는 은하와 항성을 생성했다. 항성은 가장 기본적인 수소와 헬륨을 소비해서 새로운 물질을 융합하는 힘으로 유지되었다. 이 과정에서 리튬, 베릴륨, 산소에서 무거운 철에 이르기까지 모든 화학원소가 만들어졌다. 가장 큰 항성은 수소와 헬륨을 고갈하고 더는 스스로를 지탱하지 못하게 된다. 그들은 초신성(超新星) 폭발을 일으킨다. 그리고 이 대격변의 과정을 통해 더 무거운 화학원소들을 융합한다. 화학원소들이 풍부하게 들어 있는 이 파편들은 온 우주

* 〔역주〕 강한 핵력, 약한 핵력, 전자기력, 중력의 4가지 자연력. 우주가 탄생할 때에는 하나였지만 우주가 팽창하면서 분리된 것으로 알려졌다.

에 뿌려졌다.

수십억 년 후

그 후 화학적으로 풍부한 수소의 가스구름이 스스로 모여 융합해 항성의 후속 세대들이 탄생했고, 다시 초신성이 되어 더 많은 원소를 우주에 흩뿌렸다.

약 46억 년 전

우리 은하계의 이웃에 있는 거대한 항성이 초신성이 되었다.

약 1억 년 후

우리의 태양과 태양계가 이 초신성의 파편들로부터 형성되었다. 수백 년 동안 행성들이 그보다 작은 소행성들과 결합하면서, 흔히 격렬한 충돌을 일으키며 크기가 늘어났다. 이 기간 지구는 거의 용융(鎔融) 상태였다. 이 과정에서 항성과 초신성에서 태어난 화학원소들이 결합해 간단한 분자(가령 물과 같은)와 광물질(가령 암석, 돌과 같은)을 형성했다.

약 41억 년 전

엄청난 충격이 지나갔다. 태양계는 9개의 행성*으로 이루어진 현재의 구성을 갖출 채비를 마쳤다. 이제 지구는 충분히 냉각되어 증기가 응축될 수 있었다. 그 후 아주 오래도록 비가 쏟아져 바다를 이루었다.

약 40억 년 전

아마도 이 폭풍우가 계속되는 와중에 단순한 분자와 광물질로부터 최초의 복잡한 분자들이 합성되었을 것이다(그렇지만 누가 알겠는가. 이 과정에 대해서는 여러 가지 이론이 있다). 일단 탄생하자, 이 분자들은 스스로와 다른 분자들을 자기조직하여 창조적 가능성들을 열어 놓았다. 그리고 최소한 이러한 가능성 중 하나가 작동했다. 오랜 기간에 걸쳐 이 유기체의 가능성이 첫 생물을 탄생시켰다. 아마도 최초의 유전적 능력은 RNA를 통해 획득되었을 것이다. 그 후 DNA가 좀더 효율적이라는 사실이 명백히 입증되었고, 그러면서 RNA는 유전정보의 저장소가 아니라 DNA와 효소생산능력 사이의 전령으로 이용되었다(여기에서도 생명의 아득한 초기에 어떤 과정이 일어났는지 확실하게 아는 사람은 아무도 없다).

DNA는 4가지 핵산으로 이루어진 연쇄이다. DNA 언어의 '단어'는 이 중 3개 핵산의 특정 수열로 이루어진다. 따라서 DNA 언어에는 4×4×4, 즉 64개의 단어가 가능한 셈이다. 각 단어는 특정 아미노산을 '지칭한다'. 따라서 여러 단어로 이루어진 문장은 아미노산

---

* 〔역주〕 명왕성은 2006년 8월 24일 체코 프라하에서 열린 국제천문연맹 회의에서 행성으로의 자격을 상실하고 왜행성으로 강등되었다. 따라서 행성의 숫자는 8개로 줄었다.

의 순서를 나타낸다. 이 순서가 단백질이다(효소는 단백질이다). 모든 생명형태에서 DNA 단어들과 특정 아미노산은 똑같이 대응한다(많은 경우 특정 아미노산에 대해 1개 이상의 단어가 있을 수 있다).

이 모든 과정이 40억 년 전에 이루어졌다!

수억 년 후

단순한 박테리아가 태어났다. 박테리아는 자신을 에워싼 세포막을 가지고 있으며, 그 속에 원형질을 포함하고 있다. 이것은 박테리아의 유지관리를 지시하는 DNA의 벌거벗은 가닥들을 포함하는 유기분자들의 복잡한 혼합물이다. 따라서 DNA는 새로운 세포를 어떻게 만들고, 어떻게 그 존재를 유지하는지 기억할 뿐만 아니라 그 과정을 지시한다.

약 20억 년 전

산소의 위협에 대한 대응으로 새로운 형태가 창발되었다. 그것은 진핵세포, 즉 핵을 가진 세포이다(물론 박테리아는 핵 없이 살아가고 번성한다). 세포질의 DNA가 모여 핵 속에 이중(二重) 나선(螺線) 구조로 저장되었다. 이 나선은 생식 과정에서 지퍼가 열리듯 풀리고, 각각의 가닥은 딸세포들에 의해 스스로 복제된다. DNA의 두 가닥이 풀릴 때에는 손상을 입기 쉽다. 대개 이 시기에 돌연변이가 가장 많이 일어난다. 손상을 입을 확률은 이 정도가 적정한 것 같다. 그 가능성이 더 높아지면 딸세포들의 사망률이 높아질 것이고, 낮다면 적응력이 떨어질 것이다(그 후 세포들은 오류를 찾아내 교정하기 위해, DNA 이중나선을 따라 '탐색하는' 분자들을 발전시켰다).

지난 20억 년 동안

DNA는 생명의 과정을 배우고, 기억하고, 지시했다. 특정 종의 DNA에서 일어나는 변화는, 지구 시간으로 볼 때, 천천히 진행되었다. 그리고 가속된 변화가 일어난 시기가 여러 차례 있었다. 그러나 이 시기도 사람의 시간으로 보면 수백 년이나 수천 년의 오랜 기간이었다. 모든 변화는 그 생물체의 생태계 속에서의 적합성을 놓고 가혹한 검증을 받았다.

1만 5천 년 전

인류가 원예와 가축화를 통해 의도적으로 다른 생물의 DNA를 변화시키기 시작했다. 이 변화는 정상적 진화 과정에 비해 훨씬 빨리 이루어졌지만 여전히 여러 세대에 걸쳐 나타났다. 변화된 생물체에 대한 엄격한 검증과정이 없었기 때문에 여러 가지 문제가 발생했다. 가령 외래종이 생태계를 점령하는 사태가 빚어졌다. 변화된 생물체들이 독립적으로 생존하지 못하고 반드시 사람의 도움을 받아야 하는 경우도 종종 나타났다. 그러나 전반적으로 이런 변화는 크지 않았다. 예를 들어, 종(種) 사이의 유전자 혼합은 한 번도 일어나지 않았다.

현재

사람들은 DNA 언어의 단어와 문장에 대해 많은 것을 알았다. 그것은 유전자의 염기서열을 변화시키는 수단이자 염기서열을 한 생물체에서 다른 종으로 이동시킬 가능성이다. 이제 급격한 진화적 변화가 즉시 발생하게 되었다. 따라서 새로운 생물을 철저히 시험할 시간도, 그럴 만한 동기도 없다.

심지어는 이처럼 알려지지 않은 생물체를 검사할 지식도 없다. 이러한 조작의 상당 부분은 여러 유전병과 쇠약증 치료처럼 감탄할 만하다. 그러나 대부분의 동기는 상업적 목적이다. 일정 부분 인구의 건강을 향상시키기 위해서 위험을 감수할 수 있다고 생각하는 사람들도 있을 것이다. 우리는 과거에도 이런 활동을 했다. 수돗물 불소화와 예방주사가 그런 예이다. 그러나 이런 활동에는 종종 예측 불가능한 불이익이 따랐다. 어쨌든 오늘날 이루어지는 유전자 조작의 상당 부분은 이윤추구가 그 목적이다. 무르지 않는 토마토처럼 보다 효과적인 산물을 제외하고는, 설령 있다고 해도, 그 결점을 벌충하는 장점을 가진 경우는 거의 없다.

우리는 유전자 조작의 결과가 어떤 것인지 알지 못한다. 그런데도 우리는 장기적 영향에 대해 거의 알지 못하면서 우리 자신을 대상으로 또 다른 대규모 실험을 시작하고 있다.

결론

나는 전체와의 합일(合一)이라는 제약 속에서 살기를 거부하는 우리의 태도가 우리 신화의 어두운 연장이라고 주장한다. 그 합일은 생명의 아름다운 기적이 전개될 수 있도록 하는 무엇이다. 생명공학은 신화에 대한 몰입이다. 지복(至福)의 세계라는 우리의 전망에 대한 맹목적인 집착에 함축된 미신을 거부함으로써, 우리는 생명 자체가 회복될 수 없을지도 모르는 혼돈 속으로 더 깊이 빠져 들어간다.

제 8 장

유전자 침입의 3가지 개념

리처드 셔록*

생물체의 유전자 조작을 둘러싼 논쟁에서 가장 흔히 사용되는 말 중 하나는 인간이 '신의 놀이'를 한다는 것이다. 신이 창조자나 창조주로 간주되는 서구의 종교적 전통에서 이 말이 수사적인 인기를 누리는 것은 분명하지만, 그것만으로 그런 표현을 사용하는 것은 부적절한 대응이다. 또한 신이 유전자 조작 문제에서 무엇을 원하고, 허용하며, 금하는지 알지 못하지 않느냐는 응수 또한 부적절하기는 마찬가지이다.[1] 이것은 서구의 특정 일신론 버전에서 발견되는 것

* 〔역주〕 Richard Sherlock. 유타대학 철학과 교수로, 주요 관심분야는 의료윤리, 초기 근대 철학, 철학적 신학, 생명공학의 윤리 등이다.

1) 이 개념에 긍정적 의미를 부여하는 사람들, 즉 이 방향으로 생명공학을 진흥시키려는 사람들은 다음 문헌을 보라. Ted Peters, *Playing God* (Routledge, 1997).

보다 훨씬 넓은 중요성을 가지는 유신론 버전에 대한 간단한 대응이다. 존 해리스의 "당신들은 신의 놀이를 하고 있다"라든가 그것은 "일고의 가치도 없는 생각"이라는 식의 주장은 도덕적 논변으로는 옳다. 그러나 그 주장은 너무 많은 논점을 회피하고, 수많은 반론에 노출되어 있다.[2)]

그러나 나는 유전공학, 특히 형질전환에 대한 급진적 비판의 많은 부분에서 구조적으로 유사한 논변이 개진된다는 이야기를 하고자 한다. 이 논변은 간단히 기각할 수 없으며, 관심을 가지고 신중하게 분석할 만한 가치가 있다. 그것은 서구의 유신론이나 동양 종교의 버전들, 그리고 중요하게는 비유신론적 자연주의의 맥락에서 제기될 수 있다. 이 주장의 결정적으로 중요한 버전을 얻기 위해, 나는 급진적 비평가들의 말을 빌려 '유전자 침입'(*genetic trespassing*)*이라는 문제를 다룰 것이다.

매완 호는 "형질전환 기술이 종의 온전성을 해치고 종 사이의 경계를 넘어 형질전환 생물체의 생리뿐 아니라 생물다양성이 의존하는 균형 잡힌 생태적 관계에도 예측할 수 없는 체계적 영향을 미치고 있다"고 썼다.[3)] 이 논문은 이러한 주장의 주된 유형을 분류하고,

---

2) John Harris, *Clones, Genes, and Immortality* (Oxford, 1998).

* 〔역주〕 'trespassing'은 침입, 침해 등으로 번역될 수 있으나, 이 글에서는 공간적 유비로 사용되기 때문에 침입으로 번역했다.

3) 이 글은 매완 호와 베아트릭스 트래피서(Beatrix Trapeser)의 글 "Transgenic Transgression of Species Boundaries and Species Integrity"에서 인용한 것이다. 연관된 문헌들은 매우 방대하다. 몇 가지 제목을 언급하면 다음과 같다. John Fagan, *Genetic Engineering: The Hazards, Vedic Engineering: The Solutions* (Maharishi International University Press, 1995);

그 주장이 옳은지 살펴보려는 시도이다. 그렇지만 생물학이나 생태학적 온전성 또는 그 침입이라는 개념과 연관된 모든 주제를 해결하려는 것은 아니다. 진짜 문제가 침입이라는 주제의 언저리 어디쯤에 있는지 가늠해보려는 것이 나의 바람이다.

넓은 의미에서 그것은 종(種)이나 속을 나누는 고정된 유전적 장벽이 있다는 생각이다. 이 선을 넘는 것은 사유지의 경계선 침범과 마찬가지로 잘못이다. 그 과정에서 누군가가 침입, 즉 넘어서는 안 될 선을 넘은 것이다. 따라서 종종 '침입'이라는 말은 이미 도덕적 잘못의 의미를 내포하는 '살인'과 비슷하게 사용되곤 한다. 기존에 합의된 무언가에 대한 위배의 개념인 침입의 표준적 사례로는 재산권 경계가 가장 확실한 후보이지만, 그것이 어떤 종류의 잘못인지는 논쟁의 대상이다.

서구의 유신론적 버전에서는 신이 서로 분리된 채 있어야 하는 특정한 '종'들을 창조했다고 한다. 다른 버전들은 어떤 고정된 선이 생물학적 종을 분리하고 있으며 그 선들은 결코 넘어서는 안 된다는 믿음을 뒷받침하기 위해 진화생물학, 생태학, 힌두교 또는 이신론의 개념들에 의존한다. 이러한 주장의 의미를 곱씹어볼 수 있도록, 이 흐름에서 가장 흥미로운 저자의 글을 충분히 길게 인용하겠다.

Martha Crouch, "Biotechnology Is Not Compatible with Sustainable Agriculture", *Journal of Agriculture and Environmental Ethics* 8(1992): 98-111; Miriam MacGillis, "Journey to the Origin: Biotechnology and Agriculture", *Agricultural Biotechnology: Novel Products and New Partnerships*, J. F Macdonald ed(National Agricultural Biotechnology Council, 1995): 101-105; Mira Foung, "Genetic Trespassing and Environmental Ethics"(SFSU. ED/~RONE/GE).

교잡(交雜)은 자연적 생식 메커니즘을 이용한다. 이러한 메커니즘은 같은 종이거나 근연(近緣) 간 종에서 얻은 유전물질만을 결합할 수 있다. 예를 들어, 꽃양배추는 브로콜리와 교잡할 수 있지만, 서양호박과는 불가능하다. 나아가 자연적 생식 메커니즘은 매우 정확하고 체계적 방식으로 결합한다. 이 과정은 한 생물의 DNA가 다른 생물의 DNA로 삽입되는 과정에서 임의적인 선택을 허용하지 않는다. 가령 아이의 DNA는 아버지의 DNA 한 가닥과 어머니로부터 받은 한 가닥을 결합한다. 그것은 부모의 한쪽으로부터 받은 몇 개의 유전자를 다른 쪽 부모의 DNA에 임의로 삽입하는 과정이 아니다.

교잡에 의한 유전자 혼합은 매우 분명한 규칙들에 따라 이루어진다 — 유연관계가 없는 종의 유전자를 섞을 수 없고, 하나의 유전자만을 독립적으로 넣을 수 없으며, DNA의 전체 패키지를 취해야만 한다. 규칙이 있는 곳에 경계가 있다. 예를 들어, 당나귀와 암말의 교배로 태어난 잡종인 노새는 불임이 된다. 자연이 노새의 유전자가 더는 전파되는 것을 막기 때문이다. 자연 법칙이 경계를 설정한 것이다.[4]

이 글은 급진적 반생명공학의 논변을 검토하기에 유용한 출발점이지만, '유전적 침입'이라는 개념은 두 가지 측면에서 모호하다. 첫째, 개념적 측면에서 고정된 유전적 경계는 재산권 경계와 어떤 면에서 비슷한가? 둘째, 왜 유전자 변형이 나쁜지는 급진적 문헌들에서 충분히 논의되지 않고 있다. 유전적 침입 논변의 핵심은 의도적으로 변형된 유전적 실체보다 바람직하고, 그와 구분되는 유전적 실체의 '자연적인' 방식이 있다는 것이다. 그렇지만 그 경계를 의

---

4) Laura Ticciati and Robin Ticciati, *Genetically Engineered Foods: Are They Safe?* (NTC Publishing, 1998), pp. 2-3.

도적으로 넘는 것이 왜 나쁜지는 확실하지 않다.

비판적 문헌들을 세심히 검토하면 이 '자연적 방식'과 경계를 넘는 것이 잘못이라는 주장에 3가지 유형이 있음을 알 수 있다. 그중에서 두 가지는 침입과 같은 공간적 유비를 통해 이해할 수 있다. 세 번째 유형은 다른 방식으로 가장 잘 이해되지만, 수사적 측면에서는 여전히 자연 혹은 비자연의 이분법과 연관되어 있다. 앞에서 인용한 티차티의 관점에 따르면, 우리는 유전적 경계를 넘는 것이 불가능하다고 주장할 수 없다. 오히려 그 경계를 넘어서는 안 된다고 주장해야 할 것이다. 이 결론에 따르면 주장에 대한 3가지 유형은 다음과 같다.

강한 침입 주장

첫 번째 답은 그것이 그 자체로 나쁘고 이성적인 사람이라면 누구나 잘못이라고 간주하는 것이다. 대부분의 사상가가 인정하듯 도덕적 주장이란 '아동학대는 나쁜 것이다'와 같이 널리 공유된 신념에서 출발해야 하며, 그로부터 좀더 일반적 원칙들을 도출할 수 있다. 이 일반 원리야말로 아동학대에 관한 구체적 확신에 구현된 도덕적 감수성을 가장 잘 설명할 수 있다.[5] 그러나 '유전적 침입'이 이처럼 널리

5) 강한 직관주의가 효력을 갖기는 하겠지만, 이 입장의 핵심을 받아들이기 위해서 반드시 '강한 직관주의자'가 될 필요는 없다. 다음 문헌을 참조하라. Baruch Brody, "Intuitions and Objective Moral Knowledge", *The Monist* 62(1979): 446-456.

공유된 도덕적 확신인가? 그 문제가 상당한 논란을 빚고 있다는 사실 자체가 실제로 그렇지 않음을 시사한다. 예를 들어, 우리는 아동학대의 도덕성에 대해 논쟁하지 않는다. 그러나 농업 생산성이나 그 밖의 이용을 증대하기 위한 동물이나 식물 유전공학의 도덕성에 대해서는 많은 논란이 있다.

이 주장은 자연에 고정된 '종'(種)이 있다는 생각을 전제로 한다는 점에서 — 일반적으로 그것을 '본질'이라고 부른다 — '본질주의'이다. 물론 한 종에도(가령 말과 같은) 여러 변종이 있다. 그러나 모든 말은 말의 본질을 공유하며 따라서 통상적으로 그들을 하나로 분류하는 것은 적절하다. 그러나 본질주의 그 자체는 도덕적 결론을 갖지 않는다. 방금 언급했던 형질전환에 대한 논쟁은 우리가 윤리학의 몇 가지 핵심 주제들보다 형질전환에서 유래한 도덕적 함축에 대해 확신을 갖지 못한다는 것을 시사한다.[6]

그러나 본질주의의 주장은, 만약 우리가 얼마간의 과학지식을 가지고 있다면, 적절한 숙고를 거쳐 형질전환이 나쁘다는 결론에 도달하게 되고, 그래야 한다는 주장으로 바뀔 수 있다. '강한' 침입 논변(論辨)이라 부르게 될 주장의 구조를 이해하기 위해서 다음과 같은 전제들을 살펴보기로 하자.

---

6) 자연종에 대한 보편적 실재론자의 입장에 대한 가장 강력한 주장은 다음 문헌에서 찾아볼 수 있다. David Wiggins, *Sameness and Substance* (Harvard, 1980). 유전적 변이를 고려한다면, 종에 대해 생각하는 하나의 방식은 다음 문헌에 기술되었듯이 '클러스터 개념'(*cluster concept*)이다. R. Bambrough, "Universals and Family Resemblances", *Proceedings of the Aristotelian Society* 61(1960): 207-221.

① 자연적 경계는 존재한다.
② 자연적 경계는 유전적이다.
③ 자연적 경계는 종을 구분한다.
④ 형질전환은 한 종과 다른 종의 유전자를 의도적으로 혼합한다.
⑤ 따라서 형질전환은 종의 온전성을 침입한다.
⑥ 그러므로 이러한 형질전환은 나쁘다.

전제 4번과 5번은 같지 않다. 그리고 5번은 앞의 1~4번 중 어느 것으로부터도 도출되지 않는다. 전제 4번은 형질전환이 종 사이의 선을 넘는다는 것을 지적할 뿐이다. 이것은 부분적으로 사실이지만 사소한 것이다. 전제 5번은 종의 핵심적 유전형, 즉 유전적 측면에서 그 생물을 특징짓는 유전자 집합이 형질전환에 의해 훼손된다고 주장한다.

생물계에 자연종이 있는지는 논쟁의 여지가 다분한 문제이다. 여기에서는 이 주제를 다루지 않을 것이다. 설령 그러한 종이 있다는 견해를 받아들인다 해도, 유전적 침입에 대한 강한 주장이 정당화될 수 있을지는 여전히 의문이다. 만약 그러한 종류가 있다면, 나아가 그러한 종류가 유전적 차이에 의해 부분적으로 구분된다면, 종을 이루는 모든 구성원의 유전자가 일치한다고 볼 수 없다. 유전자 본질주의에 대해 확고한 견해를 가지고 있더라도, 같은 종에 속하는 두 생물은 유전적 특성의 절대적 핵심만이 비슷할 뿐이라고 결론지어야 할 것이다.

그러면 유전자 본질주의의 매우 중요한 버전을 살펴보자. 그것은 종을 '보호된 유전자 풀'로 보는 마이어의 관점이다.[7] 저명한 진화 이론가였던 마이어는 종이 진화하고 변화한다고 말했다. 변이는 분화와 같지 않으며, 유전적 변이는 그 자체로 '종의 온전성'을 위협하지 않는다. 따라서 종을 유전적인 '자연종'으로 보는 가장 설득력 있는 관점의 두 가지 특징이 나타난다. 첫째, 종은 시간이라는 측면에서 고정되지 않는다. 그 존립이 지속되기 위해서 '자연종'이 있을 수 있지만 변화는 불가피하다.[8] 둘째, 유전적 경계가 존재한다고 가정하더라도 유전적 변화가 종간 경계를 넘지 않는다.

따라서 여러 형태의 유전공학은 단지 방에 가구를 들여놓거나 빼는 정도에 불과할 수 있다. 방, 즉 살아 있는 생물체는 여전히 그 종류의 구성원에 속한다. 다른 한편, 충분한 유전적 변화가 일어나면 새로운 종류로 귀결한다. 후자가 전제 5번의 주장이다. 형질전환은 그 종의 핵심적 온전성을 침해하고 새로운 종을 창조함으로써 새로운 집을 짓는다는 것이다. 현재 이루어지는 대부분의 형질전환은 아직 이러한 지점에 접근하지 않았다. 게다가 전제 4번에서 함축된 변화들은 지구상에 생명이 시작된 이래 계속 일어났다. 그리고 전제 5번은 진화적 변화를 위해선 필수적이다. 일단 이러한 진화의 자연사(自然史)를 받아들인다면, 결코 넘어서는 안 될 고정된 유전적 경계가 존재한다는 견고한 견해를 계속 지키기 어려울 것이다.

---

7) Ernst Mayr, *Animal Species and Evolution* (Harvard, 1963).

8) 종의 지위에 대한 물음을 둘러싼 많은 논란이 있다. 그중 일부 분석으로는 다음 문헌을 참조하라. Larry Arnhardt, *Darwinian Natural Right* (SUNY Press, 1998), 232-238; Michael Ruse, "Biological Species: Natural Kinds, Individuals, or What?" *British Journal for the Philosophy of Science* 38 (1987): 227-245; David Hull, "A Matter of Individuality", *Philosophy of Science* 45 (1978): 335-360; A. L. Caplin, "Have Species Become Declasse?" *PSA* 1 (1980): 71-82.

따라서 전제 4, 5번은 시간적으로 너무 짧고 공간적으로는 지나치게 넓다. 유전자의 부가(附加)나 삭제는 종의 경계선을 넘거나 그 '온전성을 침해'하는 것과 동일하지 않다. 온전성은 동일성과 일치될 수 없다. 시간적으로 4, 5번은 시간의 흐름에 따른 유전적 경계의 고정성을 과장하고 있다.

마지막으로 나는 '나쁘다'라는 말을 사용하는 도덕적 결론이 전제 1~5번과 같은 사실적 전제들의 집합으로부터 도출될 수 없다는 것을 지적하고자 한다. 설령 그 전제들에 가장 강한 형태를 부여한다 해도 말이다. 자연사는 전제 5번이 진화적 발전을 위해 필수적이라는 것을 보여 준다. 따라서 의도적 형질전환이 자연을 거스르기 때문에 나쁘다는 주장은 핵심적인 개념적 문제를 포함한다. 우리는 전제 5번이 지구의 자연사에서 필수적 부분이라는 사실을 알고 있다. 따라서 그것이 비자연적이라는 주장은 자명한 모순이다.

유전적인 '잘못된 길'

내가 '유전적 침입'이라고 지칭하는 것에 대해 개탄해 마지않는 많은 저자들은 자연종과 고정된 경계선에 대한 순수한 본질주의적 주장에서 출발해 이러한 침입의 잠재적 위험에 대한 좀더 풍부하고 설득력 있는 주장으로 나아간다. 따라서 그들은 강한 침입 주장의 핵심적 문제점을 해결하려고 시도한다. 그 문제란 '형질전환은 나쁘다' 또는 '형질전환은 중단되어야 한다'는 결론을 정당화하기 힘들다는 것이다. 심각한 위험성에 대한 설득력 있는 주장은 최소한 이러한 결론에 대해 적절한 근거를 제공할 것이다. 이러한 주장에서 동방 종교 연구자이자 철학자인 론 엡스테인의 주장은 꽤 선동적이다.

> 이 행성의 생명체에 유전공학이 가하는 미증유의 치명적 위험은 대체로 알아차리지 못한 채 넘어간다. 빠른 시일 내에 국제 정책에 중요한 변화가 일어나지 않는다면, 생물권을 떠받치는 주요 생태계가 돌이킬 수 없이 붕괴되고, 유전공학으로 탄생한 바이러스들이 거의 모든 인간 생명에 종말을 불러올 가능성이 매우 높다.[9]

만약 우리가 처한 상황이 정말 그렇다면 형질전환은 중단되어야 할 것이다.

그러나 침입은 비평가들이 원하는 만큼 적절한 비유가 아닐 수 있다. 가령 당신이 휴가를 떠났을 때, 내가 문이 열려 있는 당신의 뒤뜰을 가로질러 갔다고 큰 피해를 주었다고 보기는 힘들 것이다. 엄격히 말하면 침입이지만 단지 극미한 피해를 줬을 뿐이다. 그 이상의 문제가 없다면 내가 한 일은 위험하거나 다른 누구에게 위험을 가했다고 기술될 수 없다. 나를 비롯해 다른 사람들이 빈번히 당신의 잔디밭을 가로질렀다면 잔디 위로 길이 생기는 것과 같은 해를 주었을 것이다. 또한 사람들이 여러 잔디밭을 이런 식으로 가로지른다면 위험할 수 있다. 왜냐하면 일부 주택이 점유하고 일부 잔디밭에 있는 물질들, 가령 잔디에 뿌리는 화학물질이나 애완동물 등이 해를 줄 수 있기 때문이다. 예를 들어, 그곳에 '개 조심'이나 '들어가지 마

9) Ron Epstein, "Redesigning the World: Genetic Engineering and Its Dangers", 다음 웹사이트를 참조하라. FU.EDU/~RONE/GE.

시오. 잔디에 화학비료를 뿌렸습니다'라는 팻말이 붙어 있었다고 하자. 이 표시는 그 잔디밭을 피할 근거를 제공할 수 있다. 따라서 잔디밭을 가로지르는 행위는 누군가의 목적지로 가는 '잘못된 길'이 될 것이다.

문헌을 통해 형질전환의 잠재적인 해에 대한 비판적 주장의 두 가지 유형을 찾을 수 있다. 그것들은 '침입'에 대한 표준적 설명보다 다른 은유의 도움을 받아 이해될 것이다. 첫 번째 유형은 '강한 침입' 주장의 결론을 받아들이려고 시도한다. 이 입장에 따르면 의도적 형질전환을 중단시켜야 한다. 우리는 자동차 운전에서 빌린 '잘못된 길'이라는 은유로 그 본질적 성격을 설명할 수 있다. 엡스테인과 같은 일부 비평가들은 단지 연구의 일시중지나 위험에 대한 좀더 사려 깊은 분석을 원하는 데에서 그치지 않는다. 오히려 형질전환 기술 자체에 대해 반대한다. 그들이 형질전환에 반대하는 이유는 그 기술이 너무 위험해 전면적으로 중단되어야 한다고 보기 때문이다. '잘못된 길'의 은유는 이 주장을 받아들인다.

역주행 방향의 도로에 안전속도란 없다. 영국에 가본 사람이라면 누구나 알 수 있듯이, 누군가가 차를 몰고 가는 방향은 '존재의 대사슬'*처럼 그 본성상 고정된 것이 아니다. 그러나 일단 어느 한쪽이 선택되면 여러분은 그 방향으로 차를 몰고 간다. 그리고 반대 방향으로 가는 길에는 안전속도가 없다.

* 〔역주〕 인간을 비롯한 모든 생물과 이를 둘러싼 무생물에는 저마다 주어진 자리가 있으며, 광물계에서 식물, 동물, 인간, 천사 그리고 최고의 지위를 차지하는 신에 이르기까지 일련의 위계체계에 그 지위가 주어져 있다는 플라톤 이래 서구의 오래된 개념이다.

이 주장은 자연종이나 경계라는 개념을 기반으로 하지 않는다. 운전 규칙은 선택되는 것이지 주어진 것이 아니다. 그러나 일단 선택된 일부 행동은 규칙에 의거해 볼 때 너무 위험하기 때문에 결코 해서는 안 된다. 급진적 비평가들에게 의도적 형질전환은 이러한 행동에 해당한다. 이 주장은 다음과 같은 형식으로 요약할 수 있다.

① 모든 종(種)은 생명이 시작된 이래 변화하는 환경과 경쟁에 저마다 독특한 방식으로 성공적으로 적응했다.
② 성공적 적응이 지속되려면 유전적 격리가 요구된다.
③ 생명의 미래 성공은 진화적 적응을 요구한다.
④ 의도적 형질전환은 격리를 무너뜨린다.
⑤ 따라서 유전자 전이는 지구상의 생명체를 위협한다(2, 3, 4번으로).
⑥ 5번에 따르면 유전자 전이는 중단되어야 한다.

다시 말해, 유전적 발생이나 고립이 일어나는 형식은 처음부터 고정되거나 예정된 것이 아니다. 그러나 일단 유전적 온전성이 특정한 방식으로 발생하면, 격리를 통해 온전성을 유지하는 것이 성공적 적응의 안정성을 위해 필수적이다.

이런 식으로 분석을 계속하면, 급진적 비평가들의 주장과 관련된 문제를 분명히 밝힐 수 있다. 가장 큰 어려움은 전제 2, 4번과 연결되어 있다. 전제 2번에서 언급된 성공적 적응은 지속을 요구한다. 마이어는 이것을 '생식적 격리'라고 불렀다. 그는 이렇게 말했다.

"종의 생식적 격리는 잘 통합되고, 상호적응된 유전 체계의 파괴를 막는 방어장치이다."[10]

그러나 종(種)은 한편으로 지속되면서 다른 한편으로 창발된다.

종이 탄생하려면 유전적 계통의 진화적 경계넘기가 필요하다(즉, 완전한 격리가 무너진다). 새로운 종은 낡은 종의 변형으로 태어나며, 거기에는 부분적으로 유전적 변화가 포함된다. 돌연변이와 같은 일부의 경우, 이러한 변화는 갑작스러울 수 있다. 대부분의 경우에는 작은 변화가 오랜 기간 발생한다. 그러나 변화와 지속은 함께 진행된다. 따라서 전제 2번은 안정성과 변화라는 두 가지 진화적 원칙을 모두 포괄하지 못하기 때문에 부정확하다.

전제 4번도 마찬가지 이유로 부정확하다. 유전자 전이는 유전적 격리를 붕괴시키지 않는다. 그러나 형질전환만이 격리를 무너뜨리는 것은 아니다. 수평적 유전자 전이와 같은 다른 사건들도 같은 결과를 가져올 수 있다. 그뿐 아니라 유전적 격리가 미래의 생명에 대한 유일한 위협은 아니다. 변화하는 환경과 종 사이의 경쟁에 적응하지 못하는 것 역시 위협이 된다. 그러나 장구한 시간적 틀에서 적응은 형질전환 기술이 포함하는 것과 똑같은 변화들을 포함할 수도 있다.

이 분석결과, 우리는 전제 5번이 전제 2, 4번에서 유래된 지나치게 강한 결론이라는 사실을 알 수 있다. 만약 전제 5번의 근거가 불충분하다면, 전제 6번의 결론은 도출할 수 없을 것이다. 특히 이처럼 강한 형태로는 말이다.

나아가 나는 동물의 형질전환을 '비자연적'이라고 비판하는 동일 저자들 중 상당수가 유전공학 미생물의 의도적인 농업적 이용에 대해서도, 열린 환경에서 미시 수준으로 다른 생물체에 대한 수평적

10) Mayr, *Populations, Species, and Evolution*, p. 20.

유전자 전이가 일어날 수 있다는 우려 때문에, 똑같이 비판적이라는 사실을 지적하고자 한다. 그들은 격리가 토양 속의 미생물들 사이에서 안정적이지 않다고 우려했다. 비평가들에 따르면 이러한 자연적 유전자 전이가 일어나기 때문에 형질전환이 위험할 수 있다고 한다. 따라서 최고의 비평가들 중 상당수는 고립 그리고 그와 함께 '잘못된 길' 논변이 이야기의 전부가 아닐 수 있다는 점을 인정한다.[11)]

수평적 유전자 전이가 일어난다는 사실을 인정함으로써 그리고 이 사실을 둘러싼 주장을 수정함으로써 비평가들은, 아마도 영원히, 입장을 바꾸었다. 아이러니하게도 그들은 더 옳고, 덜 절대적인 입장으로 방향을 바꾸었다.

유전적 가속

덜 급진적인 비평가들은 약간 다르고 좀더 실질적인 주장을 제기한다. 이 논변 역시 자동차 운전의 비유로 쉽게 이해할 수 있다. 그들은 형질전환 기술이 너무 빠른 속도로 유전적 장벽을 무너뜨린다고 주장한다. 진화적 시간 척도에서 이러한 변화는 아주 느리게 일어

---

11) 이 주제에 대한 토론은 벌써 20년 이상 계속되었다. 수평적 유전자 전이라고 알려진 현상은 토양의 미시 수준에서 훌륭하게 정립되어 있다. 이와 연관된 전문적 문헌은 많다. 비전문가를 위해 쓰인 문헌으로는 다음을 참조하라. Mae-Wan Ho, *Genetic Engineering, Dream or Nightmare: The Brave New World of Bad Science and Big Business* (Gateway Books, 1998).

났고 완성되었다. 반면 우리는 수백 년에서 수천 년에 걸쳐 완만하게 일어났을 자연적 변화를 단 한 세대에 수행하고 있다. 이것은 유전자 변형 농업과 생식계열 유전공학을 일시적으로 중단하라는 요구의 본질에 해당한다. 또한 그것은 유전자 변형 농업에 적용되기 때문에 '사전예방원칙' 논의의 핵심이기도 하다.[12] 여기에서 가장 중요한 권고는 연구자와 기업들이 우리가 하고 있는 일의 결과에 대해 더 많은 것을 알게 될 때까지 그 속도를 늦춰야 한다는 것이다.

게다가 오랜 기간에 걸쳐 진행되는 공진화(共進化)는 유전자 변형과 새로운 종이 그를 둘러싼 자연계의 다른 구성원들과 공존하며 번성할 수 있는 생태적 지위*를 찾을 수 있는 여유를 준다. 표준적 설명에 따르면, 이러한 성장은 혼돈스럽고, 많은 변형은 지속가능한 지위를 획득하는 데 실패했다. 그러나 오랜 기간 진행된 공진화는 살아남은 변형이 지속가능하며 유용했음을 확인해 주었다.

가속 논변도 다음과 같은 일련의 단계들을 통해 이해할 수 있다.

① 생명은 연속적인 진화적 변화를 통해 발전했다.
② 생명이 지속되려면 성공적 적응이 요구된다.

---

12) 사전예방원칙에 대한 문헌은 매우 포괄적이며 그 질도 들쭉날쭉하다. 예를 들어, 다음 문헌들을 참조하라. C. Raffensperger and J. Ticknor eds., *Protecting Public Health and the Environment: Implementing the Precautionary Principle* (Island Press, 1999); J. Morris ed., *Rethinking Risk and the Precautionary Principle* (Butterworth, 2000); I. Golkany, *Applying the Precautionary Principle to Genetically Modified Crops* (Washington University, 2000).

* 〔역주〕 한 개체가 생태계 내에서 차지하는 지위. 이 지위를 획득하는 과정은 그 생물이 생존하는 데 필수적이다.

③ 성공적이고 이로운 적응에는 생물종의 공진화와 종들의 경쟁적 환경 또는 선택압이 필요하다.
④ 의도적 형질전환은 공진화를 우회한다.
⑤ 따라서 의도적 형질전환은 위험한 진화의 가속이다.
⑥ 그러므로 우리는 하루빨리 그 속도를 줄여야 한다.

여기에서 잘 나타나듯, 이런 종류의 논변에는 3가지 결함이 있다.

첫째, 진화는 이 결론이 함축하는 것처럼 항상 느리게 진행되지 않았다. 대량 멸종과 '단속'(斷續) *이라 불리는 매우 빠른 변화는 다른 가능성을 시사한다.

둘째, 가속이 항상 나쁘거나 위험한 것은 아니다. 때로는 가속이 위험을 증대시키지 않는다. 가령 실제 속도제한이 65마일이지만 한 주와 다른 주를 이어주는 직선도로에서는 시속 70마일로 달리는 것이 그런 예에 해당한다. 몇몇 경우에는 (의료적 응급사태와 같은) 속도를 내야 할 의무가 있다. 그러나 병원 근처의 주거지에서 속도를 내려면 이를 입증해야 할 책임을 져야 한다. 가령 '내 아내가 분만 중이다'와 같은 이유라면 충분할 것이다.

이러한 관찰은 '가속' 논변에 대한 세 번째 비판으로 이어진다. 앞의 결론에서 언급된 가속의 '위험성'은 상당히 맥락의존적이다. 방금 지적했듯이 시속 70마일로 가속할 수 있다. 그러나 결론은 다른 의미, 즉 가속이 위험하다는 것을 시사한다. 그 이유는 우리가 진화

* 〔역주〕 단속평형설이란 진화가 누적돼 일어난 것이 아니라 오랜 기간 평형 상태가 지속되다가 갑작스럽게 평형이 단속(斷續) 하는 과정을 거친다는 것이다.

유전학의 맥락에서 제한된 배경지식을 가지고 있다는 점을 감안할 때, 상황이 너무 빠르게 진전되기 때문이다.

따라서 유전적 가속 개념에서 가장 그럴듯한 종류는 반드시 추가 전제를 포함해야 한다. 즉, 유전자 전이 기술의 맥락에 대한 우리의 불완전한 지식을 감안할 때, 일반적인 공진화 과정에 비해 우리가 더 빠른 속도로 나아가고 있다는 것이다. 기존의 조건에서 볼 때, 이것은 가속에 해당한다. 이렇게 개정된 논변은 다음과 같을 것이다.

① 생명은 연속적인 진화적 변화 속에서 발생한다.
② 생명이 지속하려면 성공적 적응이 필요하다.
③ 성공적이고 이로운 적응에는 공진화와 선택압이 필요하다.
④ 의도적인 유전자 전이는 공진화를 우회한다.
⑤ 공진화의 대체는 자연에 대한 폭넓은 지식을 제공할 것이며, 그 지식으로 우리는 안정적이고 이로운 생태적 지위를 찾을 수 있게 된다.
⑥ 이러한 지식이 없는 한, 형질전환은 진화의 위험한 가속이다.

스티븐 팰럼비(Steven Palumbi)는 새로 발간한 저서에서 이것을 생물체의 다음 세대에서 특정 형질을 얻는 것을 목적으로 변이를 극적으로 축소시키는 '유전공학의 폭력'이라고 불렀다. 그는 이렇게 주장한다.

"유전공학의 폭력은 대로변에 총을 떨어뜨려 놓는 것과 같다. 공학자들은 생물체에 어떤 특성을 떨어뜨려 놓는다. 잠재적 영향을 장전시킨 채 말이다. 그리고 모든 사람은 최선을 기대한다."[13]

---

13) Steven Palumbi, *The Evolution Explosion* (New York: Norton, 2001),

새로 개정된 가속 논변에서 다루어지는 근본 문제는 종들이 자신들의 지속가능한 생태적 지위를 찾는 문제이다. 생태적 지위 문제를 해결하는 두 가지 기본적 접근방식이 있다. 그것은 ① 설계, ② 임의성과 선택이다. 설계 이론은 장인으로서의 설계자가 복잡한 체계의 퍼즐 조각을 잘라 놓았기 때문에 그 조각들이 서로 잘 맞게끔 되어 있다는 것이다. 생태적 지위에 대한 이 해결책에서 우리는 그 조각이 잘리거나 만들어지게 된 계획에 관해 잘 알지 못하는 상황에서 퍼즐 조각을 변화시키려는 조급한 시도를 하고 있다.

임의성과 선택 모형은 표준적인 생물학적 패러다임이다. 진화 과정에서 문자 그대로 수백만 개의 조각들이 던져졌다. 대부분은 서로 잘 맞아 복잡한 퍼즐을 만든다. 그리고 몇몇은 생태적 지위를 찾는다. 그러나 생물계는 생태적 지위가 느리게 발전하거나 변화하는 극도로 복잡한 실체이다.

형질전환이 위험한 이유는 그것이 진화보다 빠르게, 임의성보다 좁게, 그리고 장인 설계자, 즉 신보다 덜 완전한 인식적 지위에서 그 생태적 지위를 찾아야 하기 때문이라고 가속 논변은 주장한다.

가속 논변의 개정판이 동물의 형질전환에 적용되었을 때 여전히 두 가지의 문제가 있다. 그 주장은 형질전환이 공진화를 교란시킬 것이라고 가정한다. 현재와 가까운 미래에 실험실에서 이루어지는 형질전환은 이러한 문제를 야기하지 않는다. 둘째, 좀더 중요한 점은 현재 우리가 침입이나 잘못된 길로의 진입과 같은 명백한 잘못에서 가능한 해악으로 나아갔다는 것이다. 그러나 지식이 많아지면

---

p. 79.

해악은 크게 줄거나 사라질 수 있다.

다시 말해, 이 논변은 사고가 제한되거나 억제될 수 있고 체계의 성격이 신중하게 제어될 수 있는 일반적 실험실에서 이루어지는 연구보다는 농업생명공학이라는 열린계와 더 관련이 있다. 이 비유를 사용하면, 실험실에서 연구자들은 자신들이 하는 일에 대해 완벽하거나 거의 완전한 통제를 가하면서 신처럼 행동할 수 있다.

가속 비유는 고려할 만한 여러 가지 유용한 지점들을 제공하지만, 보다 근본적인 몇 가지 의문과 맞닥뜨린다. 길을 전혀 모른다면 속도와 관계없이 운전 자체가 안전하지 않다. 그러나 이 결론은 정당화될 수 없다. 자연은 끊임없이 유전형을 변화시킨다. 가속 논변은 유전적 변화의 자연적 속도가 기준이며, 그 기준으로 진행이 너무 빠른지 측정할 수 있다고 가정한다. 변화의 자연적 속도는 0이 아니다. 그러나 도덕적이고 정책적인 질문에 대해 '과학적' 또는 '기술적'인 답을 찾으려는 이 시도는 실패이다. 지질학적 과거에 일어난 대량 멸종이 대량이라는 이유로 유독 끔찍하다고 생각되는 것 이상으로, 빠른 유전적 변화가 단지 빠르다는 이유만으로 비판받을 수 있는가?

어쩌면 우리가 내려야 하는 결론은 형질전환이 나쁜 이유가 파괴적인 탓은 아닐지도 모른다. 그것이 문제시되는 까닭은 사람에게 직접적이든 간접적이든 해로울 수 있기 때문이다. 그것이 문제가 되는 것은 우리가 우리의 제도에 분별 있게 적응하는 데 필요한 시간을 주지 않고 있다는 점에서이다. 어쩌면 가속 논변의 핵심은, 열린계에서 형질전환이 충분할 정도로 천천히 이루어져야 하며, 심각하게 파괴적인 사건이 일어나거나 그럴 가능성이 있으면 더 심각한 해악이 나타나기 전에 우리 스스로 중지할 수 있어야 한다는 것인지도 모른다.

마지막으로 우리는 이 논의가 '신 놀이하기'와 그 비유신론적 버전인 '유전적 침입'이라는 쌍둥이 개념과 연관된다는 것을 지적할 수 있다. 우리는 이 두 가지 개념에서 이 글을 시작했다.

첫째, 그렇기 때문에 '신 놀이하기'에 대한 가장 그럴듯한 비난은 존재론이 아니라 인식론적 주장으로 가장 잘 이해된다. 그것은 신이 세운 규칙을 위반하는 문제가 아니며, 사람이 결코 가져서는 안 될 힘을 가정하지도 않는다. 그것은 다른 피조물의 창조에 대한 신의 인식적 지위에 오르지 않으면서 신처럼 행동하는 문제에 대한 것이다. 신이 아무런 해를 주지 않으면서 자신의 힘을 행사할 수 있는 토대는 그가 가진 지식이다. 나는 이 점에 대해 더는 논의하지 않을 것이다. 다만 이런 유형의 '신 놀이하기' 주장이 생명공학에 대해 낙관적인 사람들의 몇 가지 반박을 피할 수 있다는 점만 지적하고자 한다.

둘째, 침입 문제와 연관해 '잘못'에 대한 3가지 견해가 나타난다.

① 침입은 어떤 사람이 경계선을 넘어 재산 소유자의 권리를 침해할 수 있으므로 잘못이 될 수 있다. 이것이 내가 언급한 '강한 침입' 주장이다.
② 침입은 매우 위험하거나 위해를 초래할 수 있다. 가령 사유지 경계선을 넘거나 '개 조심'과 같은 팻말을 무시하는 경우가 그러하다. 이것은 경계선을 절대 넘어서는 안 되는 이유가 될 것이다. 왜냐하면 거기에 위해의 성격이 포함되기 때문이다. 이것은 형질전환 기술에 대한 '잘못된 길' 논변에 해당할 것이다.
③ 침입은 위험할 수 있다. 이것은 사유지의 경계를 넘어 야기될 수 있는

해악을 알지 못하는 문제이다. 이때 느리게 걸으면, 나타날 수 있는 해를 피할 시간을 얻을 수 있다. 이것이 내가 제기한 가속 논변이다.

결론

침입 논변의 가장 그럴듯한 유형은 일부가 원하는 절대적 결론에 도달하지 않는다. 심각한 해는 항상 피해야 하지만, 위험은 그렇지 않다. 위험은 합리적으로 수용될 수 있다. 그러나 그러기 위해서 우리는 발생할 수 있는 해악의 가능성과 그 크기, 그리고 특정 기술에 의해 충족되는 요구의 크기를 충분히 이해할 필요가 있다. 특히 농업 생명공학이 심각한 요구를 충족시키기 위해 필요한지는 다른 논문을 통해 충분히 검토되어야 할 것이다.

제 9 장

개발도상국에서 생명공학이 중요한 10가지 이유•

마티나 맥글로린*

생명공학 회사들과 국제농업개발연구 자문기구(Consultative Group on International Agriculture Research: CGIAR)**를 비롯한 국내 또는 국제기구들, 그리고 많은 학자들(가령 Ruttan, 1999)은 전 세계의 인구 증가로 인해 곧 닥쳐올 식량 수요에 부응해서 원활한 공급이 가능하도록 농업 생산성을 증대할 필요성에 대해 논의해 왔다. 알티에리와 로제('제 10장')의 주장에도 불구하고 인구 밀도는 그 쟁점이 아니다. 주목할 만한 생산성 증가가 없거나 한계 농지(예, 삼

• 이 글은 저자의 허락을 얻어 다음 문헌에서 재수록하였다. *AgBioforum*, Fall 1999, pp. 9-21.

* 〔역주〕 Martina McGloughlin. 캘리포니아대학 생물학 교수로 생명공학의 사회적 영향 분야의 권위자로 인정받는다.

** 〔역주〕 천연자원의 환경친화적 관리를 기반으로 지속가능한 농업개발을 장려하는 국제적 연구협의체.

림)로 농업을 확대하지 않는 한, 추정되는 수준의 인구를 먹여 살리기에 충분한 식량을 확보하지 못할 것이다. 이 단순한 현실은 소득 분배나 인구 집단의 위치와 무관하다. 그리고 알티에리와 로제를 비롯한 그 누구라도 인구 예측의 프래그머티즘에 대해 논란을 벌이기는 힘들 것이다. 따라서 바람직한 대안이 없는 한 — 그리고 녹색혁명으로 생산성 증가가 둔화되고 있음이 입증된 현실에 직면하여 — 생명공학은 선택의 여지가 없는 최선의 대응책이며 미래 식량 수요를 충족시키기 위해 생산을 늘릴 수 있는 유일한 방도이다.

이 글의 목적은 생명공학에 대해 종종 제기되는 잘못된 생각에 이의를 제기하는 것이다. 이런 맥락에서 대체로 기존의 과학적 증거로 뒷받침되지 않는 알티에리와 로제의 주장 대부분에 대해 반론을 펼 것이다. 이후 서술에서 조목조목 비교하기 쉽도록 그들의 주장에 번호를 매기겠다.

① 기아가 식량을 재배하거나 구매할 자원의 결핍과 결합된 복합적인 사회경제적 현상이라는 주장은 옳다.

현재의 식량 공급으로 세계 인구를 충분히 먹일 수 있다는 주장도 맞다. 그러나 식량과 다른 자원(예를 들어, 토지와 자본)이 개인과 지역, 국가 사이에서 어떻게 배분되고 있는가는 세계를 둘러싼 시장의 힘과 제도의 복합적 상호작용에 의해 결정된다. 시민사회가 현재보다 더 공평하고 효율적으로 자원을 배분하는 경제 체제로 신속히 전환되지 못한다면, 앞으로 50년간 우리는 훨씬 더 큰 도전에 직면할 것이다. 열량의 측면에서, 약 90억까지 증가할 것으로 추정되는 인구를 먹여 살리기에 충분한 식량은 없을 것이다. 구매력과 부가 선진국에 집중되고 추정 인구 성장의 90% 이상이 개발도상국에 집중된 점을 볼 때, 식량 부족이 어느 지역에서 발생할지 예측하기는 어렵지 않다. 가만히 앉아서 굶어 죽거나 공원과 아마존 강 유역을 갈아엎어 경작지로 만드는 것을 용인하지 않는다면, 바람직한 대안은 오직 하나밖에 없다. 즉, 기존 자원들로부터 식량 생산을 증대할 길을 찾는 것이다. 근본적으로 알티에리와 로제는 서구식 자본주의와 시장 제도에 반하는 주장을 펴고 싶은지도 모른다 — 그러나 그런 주장은 생명공학의 쟁점과는 아무런 관련이 없다.

② 생명공학에서 이루어지는 기술 혁신의 대부분이 수요에서 온 것이 아니라는 주장은 틀렸다.

다음은 시급한 요구를 해결하기 위한 생명공학의 기술혁신 필요성을 충분히 입증해 줄 몇 가지 예이다.

- 평소 섭취하는 음식에 비타민 A가 부족한 수백만 어린이들의 실명(失明)을 예방할 수 있는 벼 품종의 개발

  비타민 A는 인체에 필수적인 미량 영양소인데, 쌀을 주식으로 삼는 아시아 국가들의 음식 섭취에서 두루 나타나는 이 비타민 결핍현상은 비극적인 요인을 내포하고 있다. 매년 동남아시아에서만 500만 명의 어린이가 안구건조증이라는 안질환에 걸리고 그중 5만 명이 실명한다. 충분한 영양분 섭취로 이러한 심각한 건강문제를 완화할 수 있다. 국제연합아동기금에 따르면, 비타민 A가 부족하면 설사와 홍역에 걸리기 쉬우므로 비타민 A의 공급으로 200만 명에 이르는 유아 사망을 예방할 수 있다고 한다. 스위스 연방기술연구소의 잉고 포트리쿠스(Ingo Potrykus)가 이끄는 연구팀은 독일 프라이부르크대학 과학자들

과 공동 연구를 통해 이 비타민의 전구체인 베타카로틴을 쌀에서 생산하는 데 성공했다(Potrykus, 1999).

- 철 함유량을 증가하고 항영양소 성분을 줄인 벼 품종 개발

세계 인구의 약 30%가 철분 결핍으로 고통받고 있으며, 특히 개발도상국에서 이런 현상이 심하다. 헤모글로빈 수치가 낮은 것이 특징인 빈혈은 철분 결핍 증상으로 가장 널리 알려졌지만, 그 외에도 어린이들의 학습능력 저하, 전염병 감염률 증가, 작업능력 감소와 같은 심각한 문제들이 있다. 출생 후 2년간은 급속한 신체 성장으로 인해 적절한 철분 공급이 필수적이다. 그러나 신체는 섭취된 철분의 20% 이하만을 사용할 수 있다. 토양에서 발견되는 철분은 대부분 제 1철 형태로 전환되기 전에는 이용할 수 없는, 이온 형태의 제 2철 상태이다. 그렇지만 사람에게는 전환에 필요한 효소가 부족하다. 사람들의 철분 결핍을 치유하는 방안 중 하나는 더 많은 철분을 함유한 식물 개발이다. 이를 위해 철이 풍부한 콩의 저장 단백질인 페리틴 유전자를 배유-특정 촉진자의 통제로 벼에 삽입했다. 형질전환 벼에서 나온 쌀은 일반 쌀보다 철분이 3배 이상 들어 있다. 생명공학에 의해 무기질의 생물학적 이용도도 증가하였다. 씨앗에는 피테이트 형태로 발아에 필요한 인이 저장되었다. 피테이트는 철, 칼슘, 아연, 2가의 무기질 이온을 킬레이트 화합물로 만들어서 흡수 시 이용할 수 없게 만드는 항영양소이다. 베타카로틴 쌀을 만든 스위스 연구팀은 피테이트를 파괴하는 효소인 피타아제를 암호화한 유전자를 삽입하여 이 문제를 해결하는 형질전환 벼 품종을 개발하였다. 또한 유황을 함유한 단백질이 철의 재흡수를 높이므로, 포트리쿠스는 철의 재흡수를 촉진하기 위해 시스테인이 풍부한 메티오닌 같은 단백질의 유전자를 벼에 삽입했다(Goto et al., 1999; Potrykus, 1999).

- 이익이 되는 유전자를 직접 유지 계통이나 복원 계통에 도입하는 방식의 잡종 벼 개량.

뿌리혹 특이 단백질 유전자로 벼를 변형한 초기의 연구결과는 대기에

서 질소를 고정하는 박테리아에 의해 이러한 물질이 벼에 이식될 수 있다는 것을 보여 주었다. 그렇게 되면 화학비료 없이도 생산성이 향상될 것이다. 화학비료는 개발도상국의 자원이 부족한 농민들이 이용할 수 없는 대표적 상품이다(Dowling, 1998).

- 토착 작물에서 얻은 식용가능한 백신은 적십자나 선교사, 유엔 합동 특별 위원회보다 적은 비용으로 더 많은 질병을 몰아낼 수 있다(Arakawa et al., Tacket et al., Hag et al.,).

이런 기술과 그 밖의 많은 기술은 자원이 빈약한 농민이나 지역을 초점으로 추진되고 있다. 즉, 생명공학은 자원이 부족한 농민이나 지역을 초점으로 개발되고 있다. 알티에리와 로제는 식량을 안전하게 확보하고 인류의 영양과 삶의 질을 개선하기 위한 실질적 기술공급 경로와 전 세계의 수많은 과학자가 기울이고 있는 노력을 무시하고 있다. 그들은 널리 상품화된 초기 생명공학 산물인 Bt와 라운드업 레디 기술에만 초점을 맞추고 있다. 또한 알티에리와 로제의 주장은 시장 경제와 기술 혁신의 동력에 대한 기본적 이해조차 결여하고 있다.

시장 중심 경제에서 욕구와 이윤은 깊이 관련된다. 크든 작든 모든 기업은 욕구를 불러일으켜 사람들이 기꺼이 돈을 지급하게 만드는 상품과 서비스를 제공할 때에만 이윤을 낸다. Bt와 라운드업 레디 기술은 역사상 그 어떤 농업기술 혁신보다 빠르게 채택되었다(Kalaitzandonakes, 1999). 농민들은 '거두어서 이듬해에 다시 심는 오랜 권리'를 행사할 수 있는 재래식 종자가 풍부하게 공급됨에도 불구하고* 새로운 종자를 받아들였다. 물론, 이러한 신속한 채택이 일어난 이유는 농민들이 그 기술을 사용하면서 화학약품 살포의 감소, 생산력 향상, 노동력 절약, 경작지 축소 체제로의 전환, 기타 이점들로 이익을 얻었기 때문이다(Maagd et al., 1999; Abelson and Hines, 1999). 이 기술로 발생한 모든 경제적 이익의 절반 이상이 농민에게 돌아갔으며, 그것은 생명공학과 종자회사연합이 전유한 것보다 훨씬 많았다(Traxler and Falk-Zepeda, 1999; Falk-Zepeda, Traxler and Nelson, in press).

③ 화학살충제와 종자를 병행 사용하면 농민에게 돌아갈 이익이 낮아질 것이라는 주장은 틀렸다.

자신들의 주장을 뒷받침하기 위해 알티에리와 로제는 순이익은 증가하고 화학적 부담은 줄었음을 지적한 설득력 있는 여러 연구를 무시한 채, 모호한 문헌을 참고하고 있다(Rice, 1999; Klotz-Ingram et al., 1999; Falk-Zepeda, Traxler and Nelson, in press, Gianessi, 1999; Abelson and Hines, 1999; USDA/ERS, 1999a; USDA/ERS, 1999b).

향상된 생산 경제로 인해 Bt와 제초제 내성작물의 도입은 제초제와 살충제 시장에 엄청난 경쟁을 불러왔다. 생명공학으로 개발한 종자와 화학물질이라는 해결책으로 경제성이 향상되자 이와 경쟁하기 위해 제초제와 살충제 가격이 50% 이상 대폭 인하되었다. 이러한 가격하락으로 인해 잡초와 해충 억제 프로그램도 대폭 비용이 줄었고, 그 덕분에 생명공학 작물을 채택하지 않은 농민들까지 혜택

* 〔역주〕 이것은 터미네이터 기술로, 이 기술에 반대하는 행동주의자와 농민들은 '가을에 거둔 종자를 이듬해 봄에 다시 심는' 오랜 농사 전통이 파괴되었다고 비판했다. 필자는 이러한 비판을 염두에 두고 반론을 제기한다.

을 보게 되었다. 생명공학 작물을 이용하면서 화학살충제의 가격이 인하되었고 사용량도 감소했기 때문에 농약 분야는 지난 2~3년간 큰 재정적 손실을 보게 되었다.

"종자 산업과 화학 산업의 통합으로 보다 낮은 산출은 예정된 것이다"라는 알티에리와 로제의 주장이 틀렸음을 제시하는 충분한 증거가 있다. 그러나 놀라운 사실은 그들이 농업 경제와 의사결정에 대한 기본적인 이해마저 결여하고 있다는 점이다. 재래식 종자와 살충제는 손쉽게 이용할 수 있고 가격도 생명공학 작물이 도입되기 전보다 저렴해졌는데 생명공학 작물을 사용하면 매년 손해를 보게 된다면, 왜 수많은 농민들이 그 기술을 받아들이겠는가?

④ "유전공학으로 만든 종자는 작물 산출량을 증가시키지 못한다"라는 주장은 오해이다.

일반적으로 제조체 내성기술이 비용 절감과 사용량 감소를 가져올 것이라고 예상하듯이 Bt 관련 기술도 산출량 증가를 가져올 것이라고 기대한다. 재래 종자에 적용된 전통적인 잡초 억제 프로그램은 제초제 내성 작물만큼이나 잡초 억제에 효과적일 수 있으며, 소출 증대도 기대할 수 있다. 그러나 종전의 잡초 퇴치 프로그램은 일반적으로 비용이 더 들고 화학살충제 이용도 늘어날 것으로 예상된다. 반면 제초제 내성 작물은 훨씬 독성이 강한 제초제를 발아 전에 살포할 필요가 없다. 그리고 Bt 작물은 화학살충제가 살포되는 재래 작물관련 해충을 억제하는 데 큰 어려움이 없다. 그 결과, 해충이 일정 한계를 넘어서면 Bt 작물의 산출량이 더 높아질 것으로 예상된다. 해충의 압력과 잡초의 출현이 가변적이듯 Bt 작물의 효과도 지역마다 그리고 해에 따라 가변적일 수 있다.

생명공학의 산출량 및 비용 효과를 효율적으로 측정하기 위해서는 다른 변수들(예, 전년 대비 기후 및 해충 발생 변화, 파종 비율 변화, 농업 체계 변화 등)을 통제해야 한다. 최근 몇몇 연구들이 적절한 통계적 통제하에 산출량 효과를 측정했다. 이 연구를 통해 잡초 및 해충 저항성 기술 채택이 대체로 산출량 증가 및 다양한 이익 증대와 관련이 있다는 사실이 밝혀졌다(Klotz et al, 1999; Falk-Zepeda, Traxler and Nelson, in press, Magged et al, 1999; Abelson and Hines, 1999).

⑤ "(생명공학) 식품 섭취에 잠재적 위험이 따른다"는 주장은 기우에 불과하다.

알티에리와 로제는 명확히 밝히지 않은 '최근의 증거'를 거론하며, 생명공학적 방법과 그 제품을 사용함으로써 초래되는 위험이 다른 유전적 방법과 제품으로 야기되는 위험과 별반 차이가 없다는 광범위한 과학적 증거들을 인정하지 않고 있다. 미국 식품의약품국은 생명공학으로 생성되어 현재 상업용 식품에 함유된 모든 단백질에 대한 기술적 증거를 검토했다. 생명공학으로 식품에 함유되어 현재 시장에서 유통되는 모든 단백질은 독성이 없고, 열과 산, 효소에 민감하여 소화가 잘 되며, 알레르기를 유발한다고 알려진 단백질과 구조적 유사성이 없다(Tompson, 2000).

예외가 있기는 하지만, FDA가 감시구조의 측면에서 신생 식물의 변종부터 시장 출시 전 검사나 광범위한 과학적 안전성 검사에 이르기까지 일상적으로 식품을 검사하는 것은 아니다. FDA는 화학적·시각적 분석과 풍미 검사와 같은, 식물 재배업자가 통상적으로 사용하는 안정성과 품질관리방법이 대체로 식품의 안전성을 확인하는 데 적합하다고 판단하였다. 그러나 사용, 조성, 특성 등 생산자의 과거 경력에 문제가 있으면 부가적 검사가 수행된다.

마찬가지로 새로운 DNA의 삽입으로 동식물의 물질대사가 변화되어 새로운 알레르기 유발물질이나 독성이 발생할 수 있다는 것은 거짓 주장이다. 첫째, 이런 종류의 변화는 자연적 변이나 특정 유형의 식물 변형에 의해 (가령 전통적 육종이나 생명공학을 통해) 발생할 수 있다. 둘째, 새로 개발된 식물(전통적인 육종이나 생명공학의 결과)은 정상적으로 자라는지 그리고 예상되는 수준의 영양분과 독성을 함유하는지를 증명하는 광범위한 검사를 받게 되어 있다. 광범위한 과학적 증거는 생명공학 식물이 식품안전성에 아무런 문제가 없다는 것을 시사한다(위의 문헌을 참조하라). 식품 공급에 완전히 새로운 물질이 존재하거나 일반적이지 않거나 예상치 못한 방식(예를 들어, 땅콩 단백질이 감자로 전이되는 식으로)으로 알레르기 유발물질이 나타난다면, FDA는 좀더 정밀한 검사를 실시한다.

이처럼 FDA가 식물이 유전적으로 조작되는 방식보다 안전 관련 특성에 초점을 두는 것은 '동일한 물리적·생물적 법칙이 현대의 분자세포 방법에 의해 변형된 생물체의 반응과 전통적 방법으로 생산된 생물체의 반응을 지배하며', 따라서 '어떠한 개념적 차이도 존재하지 않는다'는 과학적 합의를 반영하는 것이다(National Research Council, 1989).

마지막으로, 알티에리와 로제는 '라운드업 레디 콩'이 항암 인자로 알려진 이소플라본(*isoflavon*)*의 양이 적기 때문에 영양분이 떨어진다고 주장한다. 그러나 수분, 빛, 광물질, 해충, 그리고 생식질 공급에 이르는 다양한 변수들을 적절하게 통제한 연구는 지금까지 하나도 없었다. 두 사람이 이소플라본 함유량에 변형 형질이 영향을 미친다고 평가한 것과 마찬가지로 앞에서 열거한 그 모든 요소가 콩의 이소플라본 함유량에 영향을 주는 것으로 알려졌다(예를 들어, 다음 문헌을 보라. Taylor and Hefle, 1999).

오랫동안 생명공학을 연구한 과학자들은 자기 자신과 일반 대중을 위해 사용된 유전자와 기술이 소비자와 환경에 대해 안전하다는 것을 확실히 하기 위해, 엄격한 과학적 원칙을 견지하고 철저한 분석을 실시했다. 우리가 요구할 수 있는 최대한은 생산방법과 상관없이 모든 식품에 대해 동일한 수준의 평가를 하는 것이다. 수백만 명이 이미 유전공학의 산물을 소비했지만 지금까지 그 어떤 해로운 영향도 보고되거나 나타나지 않았다. 과학자들은 식품 공급을 관리 및 규제하는 체제의 유효성을 신뢰하고 있다.

⑥ 생명공학으로 등장한 새로운 변종은 병해충 종합관리(IPM)** 의 기본 원칙을 어기는 것이며, 해충들이 이러한 변종이 생성한 자연적인 Bt 독성에 대해 내성을 키우게 되기 때문에 결국 실패할 것이라는 주장은 잘못된 결론이다.

해충들은 생명공학기술이나 화학살충제 그리고 알티에리와 로제

---

* 〔역주〕 항암 효과를 비롯해 인체에 이로운 효과가 알려져 미국 식품의약품국은 하루 일정량 섭취를 권장하기도 한다.

** 〔역주〕 비용, 건강과 환경위험을 최소화하는 면에서 생물적·재배적·물리적·화학적 방법을 결합해 해충을 관리하는 지속가능한 접근방식을 뜻한다.

가 제안한 더욱 광범위하게 통합된 접근법을 비롯한 어떠한 통제 메커니즘도 종종 뛰어넘곤 한다. 생물학에서 항구적 해결책이란 없다. 어떤 개체군에 선택압이 가해지면, 그 개체군은 저항 생물체로서 풍부하고 효율적인 능력을 갖추게 된다. 다면적 접근법의 개발이 반드시 필요한 이유가 바로 이 때문이다. 생명공학으로 작물 윤작과 생태를 통합하는 것은 실행가능할 뿐 아니라 발전을 위한 논리적 방법이기도 하다. 실제로 에코겐(Ecogen)과 아그라퀘스트(AgraQuest)와 같은 생명공학 회사들은 해충을 없애는 자연의 포식자를 찾아내고 그 수를 증가시키기 위해 생명공학기술을 사용한다.

그러나 생명공학은 한 가지 방어양식을 더 제공한다. 가령, 오늘날 수많은 Bt 유전자의 변종이나 조합이 해충의 선택압을 최소화하는 방향으로 생산된다. 알티에리와 로제가 '1 해충 -1 살충제'의 패러다임으로 대비시키려는 의도라면 그것은 잘못이다. 생명공학은 '1 해충 -다(多) 유전자'의 패러다임을 위해 노력하고 있다. 분자생물학자들은 해충과 병원체를 억제하여 선택압을 감소시키기 위한 다종다양한 메커니즘의 연구와 그 적용 필요성을 인정한다. 여러 종류의 저항 유전자를 동시에 또는 연속적으로 배치하는 것은 작물 윤작과 동일한 근거를 가진다. 병원체의 진화는 변화하는 환경이나 여러 저항 유전자들의 배열로 살아남기 힘들게 된 환경을 이길 수 없다.

저항 유전자의 원천은 자연에서 발견되는 것 외에도 많다. 유전자의 조합과 재조합이 사용될 수도 있고, 완전 합성한 유전자가 개발될 수도 있다. 예를 들어, 통제 관리된 진화(진화의 자연적 과정을 모방하여 분자생물학과 전통적 육종 모두에 발전을 가져오는 기술)를 통해 미묘한 차이가 있는 일련의 유전자 제품을 생산하거나, 표적이 되는 해충이 자연에서 한 번도 접한 적이 없는 합성 유전자를 만들어내면, 저항을 향한 선택은 크게 감소한다. 유전적 산물이 활동하는 다양한 메커니즘 또한 유전자 집적(*gene pyramiding*)이라는 기술을 통해 선택압을 줄일 수 있다. 이 기술은 키티나아제(*chitinase*), 먹이 억제자, 성숙 억제자 등과 같이 매우 다양한 행동양식을 지닌 유전자를 조합하는 방법이다. 이러한 다양한 전략을 모두 극복하는 생물체가 존재할 가능성은 극히 드물다.

마지막으로 생명공학 작물과 함께 그 옆에 재래 작물을 심는 피난처를 이용하면 해충의 선택압을 감소할 수 있다. 미국 환경보호국이 최근에 도입한 피난처 법규는 해충의 선택과 발생을 장기적으로 막는 것을 목표로 삼고 있다. 결론적으로 생명공학은 여타의 생태적 해충관리방법과 통합될 수 있을 뿐 아니라 새로운 행동 양식도 제공하므로 병해충종합관리의 질을 높여 준다.

⑦ 생명공학 작물이 적절한 검사 없이 시장에 출시되어 인류의 건강과 환경을 위협하고 있다는 주장은 틀렸다.

생명공학 작물과 식품은 수년간 환경보호국, FDA, 미국 농무부-동식물위생검사청(APHIS-USDA)의 감독하에 실험실과 통제된 자연환경에서 대규모로 검사를 받았다. 지난 15여 년간 4천 회 이상의 현장시험이 미국 전역 1만 8천여 곳에서 실시되어 환경 방출 시의 유효성, 적응성, 적합성을 검사하였다. 이와 유사한 현장시험이 다른 국가에서도 수천 회 이상 실시되었다. 생명공학식품의 안전성에 관한 수많은 자료도 나왔는데, 그 어디에도 위에서 지적한 안전을 위협할 만큼 위험이 있다는 증거는 없었다.

현장시험과 식품안전성 평가에 대한 유효한 절차는 심사숙고하여 개발되었으며 과학적 기준을 따르고 있다〔실례는 다음을 참조하라. National Research Council, 1989; Report of a Joint Food & Africulture Organization/World Health Organization(FAO/WHO) Consultation, 1991; Organization for Economic and Cooperation on Development(OECD), 1993〕.

알티에리와 로제는 FDA, 환경보호국, APHIS-USDA와 대부분의 과학자 사회가 지난 20여 년간 생물 안전성 주장에 대해 광범위한 평가를 수행하는 과정에서 어떤 식으로 태만을 저질렀는지에 관해 정확히 설명하는 데 실패했다. 더 중요한 점은 이들이 자신들의 주장을 뒷받침하려면 더 강력한 증거를 제시해야 한다는 것이다. 구체적으로 다음과 같은 문제점을 지적할 수 있다.

- 생명공학 작물의 채택은 '유전적 획일성을 일으켜' 새로운 종류의 병원체에 취약하게 만든다는 주장은 틀렸다.

  형질전환 유전자는 국부적으로 채택된 기존 생식질에 통합돼, 이식된 변종의 유전적 변화에 본질적으로 어떤 영향도 주지 않는다. 예를 들어, 미국에서만 재배되는 콩의 제초제 내성 변종은 1천 가지 이상이나 된다. 그러므로 생명공학 작물의 채택으로 같은 종류든 다른 종류든 병원체에 대한 생식질의 취약성이 증가되지 않으며 유전적 침입도 일어나지 않는다. 오히려 정반대이다. 생명공학적 방법은 재래의 변종을 소생하고 보호하며 새로운 유전적 변이를 발생시킨다(이 주제에 대해서는 다음 문헌을 참조하라. Woodward et al.).
- 제초제 내성작물이 '농생물학적 다양성을 감소한다'는 주장은 틀렸다.

  특정 윤작(예를 들어, 제초제 내성 옥수수를 기른 후에 제초제 내성 콩을 경작하는 식으로)에 최소한의 제약은 있지만, 마찬가지로 최소한의 계획으로 그러한 제약을 손쉽게 피해갈 수 있다. 실제로 제초제 내성 작물은 무경간 농법을 장려해 농업생물학적 다양성을 개선한다. 땅을 갈고 일구는 것으로 잡초의 성장을 억제하는 전통적 경작과 달리, 이 농법은 잡초를 제거하기 위해 선택적 제초제에 의존한다. 그 결과로 생긴 잡초 퇴적물은 작물의 싹이 저항력이 가장 약할 때 이를 보호해 준다. 토양 침식도 감소한다. 잡초 퇴적물에서 익충은 보호된다. 그리고 장비, 연료, 비료의 양을 줄여 주며, 특히 작물을 돌보는 데 필요한 시간을 줄여준다. 또한 토양응결체 성상*과 토양 내 미생물 활동, 수분 침투 및 저장 능력을 향상시킨다.

- 제초제 내성 작물이 유전자 이동을 통해 '슈퍼 잡초'를 탄생시킬 것이라는 주장은 오해이며 기우에 불과하다.

  유전자 이동은 작물과 야생 근연종 사이에서 일어나는 유전정보의 교환이다. 꽃가루 전파를 통한 유전자의 이동은 이론상 유전공학 작물에서 '벗어나' 인근에서 자라는 근연종 잡초로 퍼져 나가려는 외래 유전자에 작동 기제를 제공한다. 관련 특성이 어떤 형태로든 생태적 이득을 주었을 때 유전자 이동은 환경문제가 된다. 가령, 제초제 내성 유전자의 저항성이 통제하기 훨씬 어려운 잡초의 근연종으로 이동하는 경우가 특히 우려되는 대목이다.

유전자 이동의 위험은 생명공학에만 국한되지 않는다. 전통 육종기술로 개발된 제초제 내성 작물에도 적용된다(가령 STS** 콩이 그런 경우이다). 더욱이 유전자 이동은, 자신들의 밭으로 원하지 않는 유전자가 흘러 들어오는 것을 걱정하는 작물 재배자가 늘 염려하는

* 〔역주〕 여러 개의 토양 입자가 뭉쳐져 이루어진 토양 덩어리.

** 〔역주〕 오늘날 사용되는 제초제 내성 콩 선조에 해당한다.

문제이다. '슈퍼 잡초' 개념이 과장되었다는 것은 널리 인정되고 있다. 특정 제초제에 대한 저항성이 나타나는 것은 효과적인 통제를 위해 다른 제초제의 사용이 필요하다는 것을 함축한다. 현재, 경제적으로 가장 문제가 되는 잡초에 대해 효과적인 대안이 될 수 있는 화학제품이 존재한다.

이런 주장들을 차치해도, 유전자 이동이 가능하며 특정 화학제품이 비효과적이라는 생각이 들 수 있다. 그 경우, 문제는 이 유전자 이동이 어떻게 가능하며 잠재적 위험을 처리하는 데 사용될 대안적인 전략은 무엇인지가 될 것이다.

어떤 형질전환 유전자가 (핵이나 생식질을) 확산하려면 유성생식적으로 교배 가능한 작물과 그것을 받아들이는 종 사이에 성공적인 잡종이 나타나야 한다는 사실을 반드시 기억해야 한다. 동시에 이 두 종은 꽃을 피워야 하며, (곤충 수분을 한다면) 곤충 수분자가 같아야 하고, 꽃가루 이동이 가능할 정도로 가까워야 한다. 따라서 형질전환 유전자의 전이는 그 잡종 후손의 생식적 번식력에 따라, 그리고 다음 세대의 생장력과 번식력, 형질전환 유전자를 가진 생물체에 가해지는 선택압에 따라 좌우될 것이다.

형질전환 작물에서 유전자 이동의 위험은 적지만, 그마저 줄일 수 있는 전략도 있다. 한 가지 가능성은 불임의 웅체(수컷) 식물을 사용하는 것인데, 이것은 효과가 좋지만 몇몇 종에 한정된 방법이다. 엽록체가 엄격히 모계로 유전되는, 즉 꽃가루를 통해 유전되지 않는 많은 작물의 경우, 엽록체 유전체의 변형을 통해 외래 유전자를 함유할 효과적 방법이 제공된다. 오번대학의 헨리 다니엘(Henry Daniel)과 그 동료들은 제초제 내성 유전자를 담배에 삽입하여 엽록체 유전체에서 안정적으로 통합되는 것을 보여 주어 형질전환 작물이 변형된 엽록체만 포함하고 있다는 것을 증명하였다. 이 결과는 엽록체 변형이 유전자 이동의 위험성을 관리하는 효과적 전략이 될 수 있다는 잠재력을 높여 주었다(Danie et al., 1998).

엽록체 변형을 통해 삽입된 잡초 저항성 유전자의 유전자 이동 이론을 시험하기 위해 스콧(Scott)과 윌킨슨(Wilkinson)은 영국 템스강 인근 34킬로미터에 이르는 지역을 연구하였다(1999). 그 지역에서는 유지종자 유채(*oilseed rape*)가 토착 자생 잡초인 유채가 자라는 부근에서 재배되고 있었다. 서양 유채(*brassica napus*)의 재배종인 유지종자 유채와 야생의 유채는 생존가능한 잡종을 만들어낼 꽃가루 교환이 가능하다. 이 연구는 유지종자의 엽록체가 야생 유채에 전이될 수 있는지, 그 잡종과 모계인 유지종자 식물은 얼마나 오랫동안 야생에서 생존할 수 있는지를 확인할 수 있도록 설계되었다. 엽록체를 식별하기 위해 이들은 엽록체의 DNA 암호가 없는 영역에 프라이머(*primer*)를* 설정했다. 중합효소 연쇄반응(PCR)** 실험에서 유지종자 엽록체는 단 한 번 600bp 증폭의 생성물을 만든 반면, 야생의 유채는 650bp의 생성물을 만들었다. 모든 경우에서 잡종의 엽록체는 꽃가루에서 전이된 것이 아님을 나타내는 모계의 PCR 생성물을 함유하고 있었다.

이들은 3년간 잡종형성의 빈도 및 유지종자와 잡종의 비경작지에

---

* 〔역주〕 같은 종류의 분자가 복제될 때 기초가 되는 분자.

** 〔역주〕 *polymerase chain reaction*. 특정 DNA 부위를 반복적으로 합성해 대량으로 증폭하는 방법.

서의 생존 능력에 대해 연구하였다. 이들의 연구는 유지종자가 경작지 외에서는 생존율이 매우 낮다는 것을 보여 주었다. 평균적으로 유지종자의 12~19%만이 발육기에 생존하였다. 동시에 매우 낮은 수준의 자연적 잡종화가 관찰되었다(0.4~1.5%). 이 모두를 취합한 결과, 모계의 야생 개체군에 형질전환 유전자가 이동할 가능성은 매우 낮다는 것을 보여 준다. 게다가 야생에서 모계가 지속되는 것은 한정된 기간일 것이다.

비표적 곤충*에 대한 Bt 작물의 영향에 관한 주장은 잘못되었다. '모나크 나비'나 다른 나비류에 대해 Bt콘 잡종이 영향을 줄 가능성에 관한 보고서는 새로운 것이 아니다. 적어도 1986년 이후로 과학문헌과 규제 평가 문헌에서 이 사실이 계속 보고되었다. 환경보호국은 수년간 Bt 꽃가루가 비표적 종에 영향을 줄 잠재성에 관한 자료를 제공했다. 이들의 분석에 따르면 수많은 요인과 비교할 때, Bt 꽃가루의 영향은 무시해도 괜찮을 수준이라고 한다. 대중적인 믿음에도 불구하고 로제이 등(Losey et al., 1999)은 '모나크 나비' 애벌레에 먹이를 제공하는 꽃가루가 화학살충제만큼 위험하지 않다는 것 외에는 새로운 사실이 더는 밝혀지지 않았다는 것을 증명했다.

실제로 Bt콘의 이용이 생물학적 다양성에 긍정적 영향을 줄 수도 있다. Bt콘 회사들이 이 옥수수를 도입한 이후 계속해서 현장을 감시한 결과, 화학살충제가 살포된 밭보다 Bt콘 밭에서 곤충의 생물학적 다양성과 개체 밀도가 훨씬 높게 나타났음을 밝혀냈다. Bt콘

* 〔역주〕 원래 Bt 작물을 개발할 때 그 작물에 해를 입히는 해충을 '표적'이라 한다. 비표적 곤충은 특정 해충 외, 모든 종류의 곤충이 포함된다.

이 살충제 살포로 생존의 위협을 받는 익충의 개체수를 늘리는 데 도움이 될 수 있다. 이것은 곤충을 잡아먹는 새나 작은 포유류와 같은 다른 생물에게도 이로울 것이다.

비표적 곤충에 대한 영향을 최소화하려는 전략도 개발되고 있다. 예를 들어, Bt콘의 현세대는 옥수숫대를 먹는 '유럽조명충나방' 같은 유럽에서 들어온 해충으로 인한 작물 손실을 감소시키는 데 그 목적이 있다. Bt나 그와 유사한 다른 유전자가 옥수숫대에만 효과가 있고 다른 부분(예, 잎이나 꽃가루)에는 효과가 없는 옥수수 변종들이 이미 개발되고 있다. 마찬가지로 앞에서 기술한 엽록체 변형이 꽃가루의 발현을 억제할 것이다. 그러한 옥수수 변종들 또한 꽃가루를 함유한 Bt에서 초래될 수 있는, 비표적 생물체에 대한 위험을 완전히 제거할 것이다.

벡터 재조합과 신종 바이러스 생성의 문제는 과학자들이 개인적으로 연구하거나 학술 포럼에서 공동으로 다루어지고 있다. 예를 들어, APHIS-USDA와 미국 생물학연구소는 1995년에 워크숍을 개최하여, 바이러스 내성을 부여하는 바이러스 유전자가 발현되는 형질전환 식물에서 새로운 식물 바이러스가 발생할 가능성과 관련된 위험 문제를 다루었다. 워크숍 참가자 대다수는 오늘날 실험실과 현장에서 얻은 자료가 재조합을 통한 새로운 식물 바이러스의 발생과 관련된 위험은 최소이며, 이 위험이 바이러스 형질전환 유전자를 발현하는 형질전환 작물의 대규모 현장시험이나 상업화를 제한하는 요인이 되어서는 안 된다는 것을 보여 준다고 믿었다. 형질전환 작물이 생성한 외피 단백질과 함께 전이된 유전체 바이러스 RNA는 그 영향이 장기적으로 지속되면 안 된다. 그것은 감염 바이러스의 유전체가 변형되지 않았기 때문이다. 마찬가지로 감염 바이러스와 바이러스 형질전환 유전자 간의 상승작용이 농업 생산에 장기적 영향을 주어서도 안 된다. 그럼에도 불구하고 시간과 기회가 주어진다면 모든 바이러스의 재조합이 가능하다는 것이 중론이다. 형질전환 작물을 사용하든 그렇지 않든 간에 주의를 요하는 새로운 식물 바이러스는 발생할 것이다. 그러므로 추가 연구가 필요한 분야가 바로 여기이다.

⑧ 알티에리와 로제가 말한 '형질전환 작물의 영향과 관련해 답변되지 않은 생태적 문제들'의 대부분이 정말 그런 것은 아니다.

실상은 전반적 적합성을 증명하는 생명공학 작물 및 식품의 환경과 식품안전성에 대한 중요한 지식 및 자료가 있다. 그렇다고 해서 생명공학으로 탄생한 작물의 환경과 여타의 영향에 대한 평가가 확장되면 안 된다는 뜻은 아니다. 실제로 기존의 경험적 증거를 늘리고 확장하여 그동안 해답이 나오지 않은 문제들에 관한 해결책을 구하고 생명공학 작물과 식품의 손익에 대해 올바른 시각을 가질 수 있도록 더 많은 영향평가 연구가 필요하다. 이러한 필요성은 평가 연구에 최우선을 둔 랜드그랜트대학과 순회교육센터의 태스크포스팀의 최근 보고서에서 분명히 인식되고 있다(ESCOP/ECOP Report, 2000).

⑨ 알티에리와 로제는 CGIAR(국제농업개발연구 자문기구)의 입장과 이들의 연구방향을 잘못 인식했다.

실제로 CGIAR 의장인 이스마일 세라겔딘(Ismail Serageldin)은 생명공학이 개발도상국의 소규모 자작농을 기반으로 지속가능한 농업을 장려함으로써 식량 안보에 기여할 수 있다는 사실을 지적했다. 또한 그들은 '윤작, 간작, 그리고 생물학적 통제 인자들'을 마치 환경친화적이고 생산적인 농법의 유일한 해결책인 것처럼 오해하고 있다. 알티에리와 로제가 이러한 방법의 극적인 효과를 반복적으로 확인해주었다는 과학적 증거를 간접적으로 인용하고 있음에도 불구하고, 발간된 문헌에 나타난 증거는 여전히 부족하다.

윤작(輪作)은 중세의 장원(莊園) 체계 이래 계속 사용되었다. 이에 대한 규제나 기술적 장벽이 전혀 없었음에도 불구하고, 농업 생산자들은 이 방법을 제한적으로 채택했다. 그 이유는 이 방법이 자원 관리에 제약을 가하고, 경제성에 한계가 있기 때문이다. 이 사실만으로는 윤작이 날로 증가하는 식량 수요 문제에 대한 유일한 해결책이라는 것을 증명하지 못했다.

작물 생산에서 생물학적 살충제의 사용과 그 상업화는 공적인 부문과 사적인 부문 모두에서 수십 년간 연구가 진행되었지만 제한적이었다. 시바, 뒤퐁, 아메리칸 시안아미드(American Cyanamide)와 같은 기존 기업들과 마이코젠과 같은 신생업체들이 생물학적 살충제와 생물학적 방제제(*biological agent*)* 등의 연구에 수백만 달러를 투자하고 있지만, 결국 경제성이 없다는 결론에 도달했다. 심지어는 생물학적 살충제와 생물 농약 생산을 전문으로 하는 에코젠

* 〔역주〕 1970년대부터 미생물 제재 등의 이름으로 사용되었다. 기존의 화학 제초제를 대체하기 위해 주로 미생물을 이용하며, 곰팡이를 이용해 만든 수십 종이 개발되어 사용되고 있다.

이나 아그라퀘스트와 같은 업체들도 가장 유망한 시장인 새로운 화학살충제 대안에 우선적으로 집중하고 있는 실정이다.

그러나 알티에리와 로제가 가장 크게 오해하는 것은 그들이 생명공학과 농업생태학을 인위적인 이분법으로 구분하고 있다는 점이다. 이미 앞에서 충분히 논의했지만, 생명공학과 농업생태학적 접근은 상승작용을 일으킬 수 있으며 상호결합으로 우리의 농업과 식량체계의 지속가능성을 높일 수 있다. 알티에리와 로제는 그 밑에 깔려 있는 주제를 가리기 위해 작위적인 이분법을 사용하고 있다. 그것은 'WTO에 있는 재산권과 특허권에 대해 도전해야 하는 급박한 필요성이 있다'는 것이다. 궁극적으로 알티에리와 로제는 생명공학과 아무런 관계도 없는 시장과 정치 제도를 좇고 있다.

⑩ 알티에리와 로제는 자신의 인위적 이분법을 더욱 밀고 나가 우리의 농업이 어떤 종류가 되어야 하는지에 대한 판단을 내리고 있다.

'농생태적 접근방식과 적은 자본을 투입하는 소규모 농업', 즉 좀더 환경친화적이고 사회적으로 책임 있는 방식의 농업이 우리가 가야 할 길이라는 것이다. 여기에서도 소규모 농업과 대규모 농업 사이의 이분법을 정당화할 수 있는 본질적 요소는 생명공학에는 없다. 생명공학은 농업 규모에 대해 중립적이며, 작은 규모의 자작농이든 대규모의 상업 농업 기업가이든 모두에게 이익을 줄 수 있다. 케냐에 있는 농업생명공학 응용을 위한 국제서비스(ISAAA) 소장인 왐부구(Florence Wambugu)는 아프리카에서 생명공학이 농업을 증진시킬 수 있는 가장 큰 잠재력은 '씨앗 속에 꾸려진 기술'이라고 말했다. 그 기술은 지역이나 문화의 차이 없이 혜택을 준다. 좀더 넓은 맥락에서도 알티에리와 로제의 주장에 의문을 제기해야 한다. 그들이 말하듯이 사회적·환경적·경제적 이익이 존재한다면 왜 소규모 농업생태적 생산체계가 지배적 방식이 되지 못하는 것인가?

환경에 미치는 영향을 줄이려는 의도는 칭찬할 만하지만, 알티에리와 로제의 철학은 상당 부분 잘못된 생각에 기초하고 있다. 그들은 다양한 토양에서 생산되는 평균 소출이 집약적 농법의 절반 가까이에 불과한 형태의 농업을 지지한다(Avery, 1999; Evans, 1998; Tillman, 1998). 인구가 증가하면 비효율적 농업은 더 많은 면적의 미개척지를 파괴하고, 농업이 침입하면서 그곳에 서식하는 상당수의 야생생물을 죽게 할 것이다.

결론적 논평

알티에리와 로제의 주장은 과학적으로 뒷받침되지도 않았고 실제 생명공학을 대상으로 삼는 것도 아니다. 그들의 주장은 일차적으로 서구식 자본주의 그리고 그와 연관된 제도를 대상으로 한다(예를 들어, 지적 재산권이나 WTO). 그들의 주장에서 생명공학은 트로이의 목마(木馬)로 사용되고 있다. 그들은 과학적으로 입증된 생명공학의 잠재력을 인정하지 않으며, 생명공학이 환경적 지속가능성과 식량 안보에 기여할 수 있는 방법도 받아들이지 않는다. 개발도상국과 선진국들은 금세기에 다양한 방식으로 생명공학을 필요로 하고 이용할 것이다. 정치적 싸움을 하는 사람들이라면 싸우기에 더 적절한 다른 토론장을 이용하는 편이 나을지도 모른다.

■ 참고문헌

Abelson, P. A. and Hines, P. J. (1999), *The Plant Revolution*, Science 285: 367-368.

Arakawa, T. et al. (1998), *Efficacy of a Food Plant-Based Oral Cholera Toxin B Subunit Vaccine*, Nature Biotechnology 16: 292-297.

Avery, D. (1999), *In Fearing Food* edited by J. Morris and R. Bate, 3-18, Oxford: Butterworth-Heinemann.

Daniell, H., Datta, R., Varma, S., Gray, S., and Lee, S. (1998), *Containment of Herbicide Resistance Through Genetic Engineering of the Chloroplast Genome*, Nature Biotechnology 16: 345-347.

Dowling, N., Greenfield, S. M., and Fischer, K. S. eds. (1998), *Sustainability of Rice in the Global Food System*, Philippines: International Rice Research Institute.

ESCOP/ECOP Task Force (2000), *Agricultural Biotechnology: Critical Issues and Recommended Responses from Land Grant Universities*, Report to the Experiment Station Committee on Organization and Policy (ESCOP)/Extension Committee on Organization and Policy (ECOP).

Evans, L. T. (1998), *Feeding the Ten Billion*, Cambridge: Cambridge University Press.

Falk-Zepeda, J. B., Traxler, G., and Nelson, R. (In press), "Surplus distribution from the introduction of a biotechnology innovation", *American Journal of Agricultural Economics*.

FAO/WHO (1991), Strategies for Assessing the Safety of Foods Produced by Biotechnology Consultation, Geneva, Switzerland: World Health Organization.

Gianessi, L. (1999), *Agricultural Biotechnology: Insect Control Benefits*, Washington, D. C.: National Center for Food and Agricultural Policy.

Goto, F., Yoshihara, T., Shigemoto, N., Toki, S., and Takaiwa, F. (1999), "Iron fortification of rice seed by the soybean ferritin gene", *Nature Biotechnology*, 17: 282-286.

Haq, T., Mason, H. S., Clements, J. D., and Amtzen, C. J. (1995), "Oral immunization with a recombinant bacterial antigen produced in transgenic plants", *Science*, 268: 714-716.

Kalaitzandonakes, N. (1999), "A farm-level perspective on agrobiotechnology: How much value and for whom?", *AgBioForum* 2, 1: 61-64, Available on the World Wide Web: www. agbioforum. missouri. edu.

Klotz-Ingram, C., Jans, S., Femandez-Comejo, J., and McBride, W. (1999), "Farm-level production effects related to the adoption of genetically modified cotton for pest management", *AgBioForum* 2, 2: 73-84, Available on the World Wide Web: www. agbiofor um. missouri. edu.

Losey, J. E., Rayor, L. S., and Carter, M. E. (1999), "Transgenic pollen harms monarch larvae", *Nature*, 399: 214.

Maagd, R. A. et al. (1999), "Bacillus thuringiensis toxin-mediated insect resistance in plants", *Trends in Plant Science*, 4: 9-13.

National Research Council (1989), *Field Testing Genetically Modified Organisms: Framework for Decisions*, Washington, D. C.: National Academy Press.

Organization for Economic Cooperation and Development (OECD) (1993), *Safety Evaluation of Foods Derived by Modern Biotechnology*, Paris: OECD.

Potrykus, I. (1999), "Vitamin-A and iron-enriched rices may hold key to combating blindness and malnutrition: A biotechnology advance", *Nature Biotechnology*, 17: 37.

Rice, M. (1999), *Farmers Reduce Insecticide Use with Bt Corn*, Iowa: Iowa State University.

Ruttan, V. W. (1999), "Biotechnology and agriculture: A skeptical perspective", *AgBio Forum* 2, 1: 54-60, Available on the World Wide Web: www. agbioforum. missouri. edu.

Scott, S. and Wilkinson, M. J. (1999), "Low probability of chloroplast movement from oil seed rape(Brassica napus) into wild Brassica rapa", *Nature Biotechnology*, 17: 390-392.

Serageldin, I. (1999), "Biotechnology and food security in the 21st century", *Science*, 285: 387-389.

Tacket, C. O., Mason, H., Losonsky, S. G., Clements, J. D., Levine, M. M., and Amtzen, C. J. (1998), "Immunogenicity of a recombinant bacterial antigen delivered in a transgenic potato", *Nature Medicine*, 4: 607-609.

Taylor, S. L. and Hefle, S. L. (1999), "Seeking clarity in the debate over the safety of GM foods", *Nature*, 402: 575.

Thompson, L. (2000), "Are bioengineered foods safe?", *FDA Consumer 34*, 1: 1-5, Available on the World Wide Web: www. fda. gov. fdac/features, 2000/100 bio. html.

Tilman, D. (1998), "The greening of the green revolution", *Nature*, 396: 211-212.

Traxler, G. and Falck-Zepeda, J. (1999), "The distribution of benefits from the introduction of transgenic cotton varieties", *AgBio-Forum 2*, 2: 94-98, Available from the World Wide Web: www. agbioforum. missouri. ed.

USDA/ERS(1999a), *Impacts of Adopting Genetically Engineered Crops in the U. S.: Preliminary Results*, Washington, D. C.: United States Department of Agriculture(USDA), Economic Research Service.

______(1999b), *Genetically Engineered Crops for Pest Management*, Agricultural Resource Management Study(ARMS). Washington, D. C.: USDA/ERS.

Wambugu, F. (1999), "Why Africa needs agricultural biotech", *Nature* 400: 15-16.

Ye, X., Al-Babili, S., Kloti, A., Zhang, J., Lucca, P., Beyer, P., and Potrykus, I. (2000), "Engineering the provitamin A(beta-carotene) biosynthetic pathway into(carotenoid-free) rice endosperm", *Science* 287: 303-305.

생명공학이 식량안보를 확보하고, 환경을 보호하며, 개발도상국의 빈곤을 줄일 수 없는 10가지 이유•

미구엘 A. 알티에리 · 피터 로제*

이 글의 목적은 마치 생명공학이 오늘날 농업의 모든 문제점을 일거에 해결할 수 있는 마법의 탄환이라는 식의 생각을 반박하는 것이다. 그를 위해 우리는 그 밑에 내재하는 여러 가지 가정들의 오해가 무엇인지 밝히는 방법을 사용할 것이다.

① 특정 국가에 팽배한 빈곤과 인구 간에는 아무런 연관도 없다.

방글라데시나 아이티처럼 인구가 과밀한 빈곤국도 있지만, 브라질이나 인도네시아처럼 인구가 조밀하지 않으면서 가난한 나라도 있다. 오늘날 세계적으로 과거 어느 때보다 많은 식량이 생산되고

• 이 글은 *AgBioforum*, Fall 1999, 1-8의 허가로 재수록되었다.

* 〔역주〕 Miguel A. Altieri. 미국 캘리포니아대학(버클리) 농업생태학 교수. Peter Rosset. 미국 캘리포니아에 있는 식량과 개발정책 연구소 소장.

있다. 한 사람당 매일 4.3파운드 이상의 충분한 식량이 산출되는 셈이다. 기아의 진정한 이유는 빈곤, 불평등, 그리고 식량과 토지에 대한 접근의 제약이다. 식량은 많지만 (분배가 제대로 이루어지지 않아) 너무도 많은 사람이 가난해서 살 수 없거나 스스로 곡식을 재배할 땅이나 자원을 갖지 못한다(Lappe, Collins and Rosset, 1998).

② 농업생명공학에서 이루어진 대부분의 혁신은 수요-동기보다 이윤-동기에서 비롯되었다.

유전공학 산업의 진정한 추동력은 제3세계 농업 생산성을 높이기 위한 것이 아니라 이윤을 창출하기 위함이다(Busch et al., 1990). 이러한 사실은 오늘날 시장에 나온 핵심 기술들을 살펴보면 분명하게 드러난다. 첫째, 몬산토의 제초제 라운드업 레디에 대해 내성을 가지는 '라운드업 레디 콩'과 같은 제초제 내성 작물, 둘째, 유전공학으로 스스로 살충제 성분을 생성하는 Bt 작물이 그런 예이다. 첫 번째 사례에서 제초제 내성 작물을 개발한 목적은 자신들이 독점하는 제초제의 시장 점유율을 높이기 위한 것이다. 두 번째 경우는 살충제의 강력한 대안으로, 유기 농가를 포함한 대다수의 농민들이 의존하는 주요 해충 구제 상품(Bt를 기반으로 한 미생물 살충제)의 유용성을 희생시키면서 종자 판매량을 증대시키는 것이다.

이러한 기술들은 이른바 지적 재산권에 의해 보호되는 씨앗에 대한 농민들의 의존성을 높이려는 생명공학 기업들의 요구에 부응한다. 그리고 종자에 대한 지적 재산권은 수천 년 동안 씨앗을 거둬 다시 뿌리고, 함께 나누며 저장한 농부들의 오랜 권리와 충돌을 빚는다(Hobbelink, 1991). 기업들은 가능하면 언제든 농민들에게 자사

상표의 제품을 구매하도록 요구하고, 농부들이 씨앗을 보관 및 판매하지 못하도록 금지할 것이다. 판매를 위해 종자의 생식질을 통제하고 농민들이 부풀려진 가격으로 종자-화학 패키지를 사도록 강요하는 방식으로, 기업들은 자신들의 투자에서 최대의 이익을 뽑아내기로 작정했다(Krimsky and Wrubel, 1996).

③ 종자회사와 화학기업의 통합으로 인해 에이커당 종자와 화학비료 소요 경비의 가속적 증가는 이미 예정되어 있었다.

반면 경작자들에게 돌아가는 보상은 크게 줄어들었다. 제초제 내성 작물을 개발하는 기업들은 에이커당 제초제 비용을 종잣값과 기술료를 통해 씨앗으로 전가하려고 시도하고 있다. 따라서 제초제 감소로 인한 비용절감 효과는 경작자들의 기술 패키지 구입으로 제한될 것이다. 일리노이주의 경우, 제초제 내성작물의 채택은 현대 역사상 가장 값비싼 콩 종자-플러스-잡초 방제 체계를 낳았다. 여기에는 기술료에 따라 에이커당 40~60달러, 잡초로 인한 압박, 그 밖의 비용이 포함된다. 그에 비해 3년 전 일리노이주 농가의 평균적인 종자-플러스-잡초 방제 비용은 에이커당 26달러에 불과했다. 이것은 가변비용*의 23%에 해당하며, 오늘날에는 35~40%까지 늘어났다(Benbrook, 1999). 많은 농부가 새로운 잡초 방제체계의 간편함과 강력함 때문에 기꺼이 비용을 지급하고 있지만, 그 이익은 그로 인해 발생하는 생태적 문제에 비해 단기적일 수 있다.

* 〔역주〕 고정 비용에 대응하는 비용으로 생산량에 따라 비례해 변화하는 비용을 말한다.

④ 최근의 실험적 시도들은 유전공학으로 만들어진 종자가 작물의 소출을 증가시키지 않는다는 것을 입증했다.

미국 농무부 경제연구국의 최근 연구결과에 따르면 1998년의 전체 산출량에서 유전공학 작물과 일반 작물 간의 차이가 18개 작물/지역 조합 중 12곳에서 크게 나타나지 않았다. Bt 작물이나 제초제 내성 작물이 더 높은 산출량을 기록한 6곳은 5~30% 사이의 소출 증가를 나타냈다. 글리포스테이트(*glyphosphate*)* — 내성 면화는 조사가 진행된 어느 지역에서도 산출량이 크게 늘지 않았다. 이 사실은 8천 곳 이상의 현장시험을 한 다른 연구에서도 마찬가지로 확인되었다. 이 연구는 '라운드업 레디 내성 콩'이 그와 비슷하게 전통적 방식으로 육종된 품종에 비해 오히려 소출이 적었다는 사실을 확인해주었다(USDA, 1999).

⑤ 많은 과학자는 유전공학식품의 섭취가 인체에 무해하다고 주장한다. 그러나 최근 밝혀진 증거에 따르면, 이런 식품을 먹었을 때, 잠재적인 위험이 있다는 사실이 밝혀졌다.

그 이유는 이러한 식품에서 생성된 새로운 단백질이 ⓐ 그 자체가 알레르기 발생 원인이나 독소로 작용할 수 있고, ⓑ 이러한 식품의 원료가 되는 식물이나 동물의 물질대사를 변화시켜 새로운 알레르기원이나 독소를 생성하게 할 수 있으며, ⓒ 영양가나 질을 떨어뜨릴 수 있기 때문이다. ⓒ의 경우, 제초제 내성 콩은 콩에 함유되어

---

* 〔역주〕 비선택적 제초제로 잡초, 풀, 관목 등을 제거하는 용도로 폭넓게 사용된다.

있는 중요한 식물성 에스트로겐, 즉 여성을 여러 종류의 암으로부터 보호해준다고 생각되는 물질을 덜 포함할 수 있다.

현재 개발도상국들은 미국, 아르헨티나, 그리고 브라질로부터 콩과 옥수수를 수입하고 있다. 유전공학식품은 이들 농산물 수입국의 시장으로 물밀 듯 밀려들고 있는 실정이다. 그러나 자신들이 유전공학식품을 먹고 있다는 사실을 전혀 알지 못하는 소비자들의 건강에 이들 식품이 어떤 영향을 줄지 예측할 수 있는 사람은 아무도 없다.

유전공학식품 표시제가 실시되지 않고 있으므로, 소비자들은 유전공학식품과 비유전공학식품을 구분할 수 없다. 따라서 건강상의 심각한 문제가 발생하더라도 그 원인이 무엇인지 추적하기가 극히 어려워질 것이다. 또한 표시제 미실시는 잠재적으로 책임이 있는 기업들이 책임을 면하도록 은폐하는 데 기여할 수 있다(Lappe and Bailey, 1998).

⑥ 스스로 독소를 분비하는 형질전환 식물은, 농약에 대한 내성 때문에 그 자체가 빠른 속도로 실패하고 있는, 일반 농약의 패러다임을 바짝 뒤쫓고 있다.

이미 유전공학은 실패한 '1 해충 -1 화학물질' 모형 대신 '1 해충 -1 유전자'의 접근방식을 강조한다. 실험실 시험이 실패를 거듭하고 있다는 사실에서 입증되듯, 해충종은 식물이 분비하는 살충제에 빠른 속도로 적응하며 내성을 키워가고 있다(Alstad and Andow, 1995). 이 새로운 변종은 이른바 자연발생적 내성방지 체계에도 불구하고(Mallet and Porter, 1992), 단기를 넘어 중기로 접어들면 실패하게 될 뿐 아니라, 그 과정에서 유기농이나 그밖에 화학살충제의 사용을 줄이려는 재배자들이 의존하는 천연 Bt 살충제까지 무용지물로 만들 것이다. Bt 작물은 널리 받아들여지고 있는 병해충 종합관리 원칙에 위배된다. 이 방식은 단일해충방제기술에 의존하게 되면, 해충종의 변화와 하나 또는 그 이상의 메커니즘을 통한 저항성의 진화를 촉발하는 경향이 있다는 것이다(NRC, 1996). 일반적으로 시간과 공간에 걸친 선택압이 커질수록, 해충의 진화적 대응은 더 빠르고 깊어진다.

이 원칙을 채택하는 명백한 이유는 그것이 해충의 살충제 노출을 줄여 내성의 진화를 지체시킨다는 사실이다. 그러나 살충제가 유전공학으로 식물 자체에 내포되면 과거의 비연속적이고 소량에 그쳤던 해충의 살충제 노출이 연속적 대량 노출로 바뀌면서 저항성을 극적으로 가속하게 된다(Gould, 1994). Bt는 신종 종자의 특성으로나 단조로운 농약 살포에서 벗어나길 원하는 농민들이 필요로 하는 대체물로나 급속히 그 용도는 사라질 것이다(Pimentel et al., 1989).

⑦ 시장점유율을 둘러싼 전 지구적 다툼으로 주요 기업들은 사람과 생태계의 건강에 미치는 장단기적 영향에 대한 적절한 사전 검사도 하지 않은 채, 형질전환 작물을 재배하고 있다(1998년에 3천만 헥타르 이상).

미국의 경우, 사적 부문의 압력으로 백악관은 변형 종자와 일반 종자 사이에 '실질적으로 아무런 차이도 없다'는 포고를 내려 미국 식품의약품국과 환경보호국에서 시행하는 검사를 교묘히 피해갔다. 계속되는 집단 소송으로 공개된 기밀문서 내용은 FDA 소속 과학자들이 이러한 결정에 동의하지 않았다는 사실을 밝혀냈다. 한 가지 이유는 많은 과학자가 형질전환 작물의 대규모 재배가 농업의 지속가능성을 위협하는 일련의 심각한 위험을 야기하는 사태를 우려했기 때문이다(Goldberg, 1992; Paoletti and Pimentel, 1996; Snow and Moran, 1997; Rissler and Mellon, 1996; Kendall et al., 1997; Royal Society, 1998). 여기에서 거론된 위험은 다음과 같다.

- 단일 작물에 대한 광범위한 국제시장을 창출하려는 경향으로 인해 작물체계가 단순화되고, 농촌 지역에 유전적 균일화가 나타날 가능성이 있다. 역사적으로 단일품종 작물이 재배되는 넓은 경작지가 그에 상응하는 새로운 해충이나 병원체 계통에 극히 취약하다는 사실이 입증되었다. 나아가 그동안 개발도상국의 많은 농부가 경작하던 토착 품종이 새로운 종자로 대체되면서 균일한 형질전환 품종의 폭넓은 이용은 불가피하게 '유전적 침식'* 으로 이어지게 될 것이다(Robinson, 1996).
- 제초제 내성작물의 경작은 작물 다양화의 가능성을 해쳐, 결과적으로 시간과 공간 양 측면에서 농생물 다양성이 줄어들게 된다(Altieri, 1994).
- 제초제 내성작물에서 야생종 또는 준(準)-순화된 친척종으로의 유전자 이동을 통한 전이 가능성은 슈퍼 잡초의 탄생으로 이어질 수 있다(Lutman, 1999).
- 제초제 내성품종은 다른 작물에 많은 피해를 주는 잡초가 될 잠재적 가능성이 있다(Duke, 1996; Holt & Le Baron, 1990).
- Bt 작물의 대량이용은 비표적 생물이나 그 생태적 과정에도 영향을 준

* 〔역주〕 집단 또는 집단 간 유전적 다양성이 인간의 개입이나 환경 변화로 인해 소실, 축소되는 현상. 특히 최근에는 전 세계에 걸쳐 비교적 적은 수의 최신 품종으로 농부들이 많은 재래 품종을 외면하는 현상이 발생하면서 작물의 유전적 다양성이 급격히 감소한 현상이 주목을 받았다.

다. 최근 밝혀진 증거에 따르면, Bt 독소는 Bt 작물에 서식하는 해충을 먹이로 삼는 이로운 천적에도 영향을 미친다는 사실이 입증되었다(Hilbeck et al., 1998). 게다가 바람에 날라 온 Bt 작물의 꽃가루가 형질전환 경작지 주변의 자연산 채소에서도 발견되었다. 이 꽃가루는 '모나크 나비'와 같은 비표적 곤충들까지 죽일 수 있다(Losey et al., 1999). 또한 Bt 독소는 수확이 끝난 후 쟁기질로 밭을 갈아엎는 과정에서 작물의 잎에 남아 있던 독소가 토양 콜로이드에 최고 3달 동안 점착할 수 있으며, 그 결과 토양의 유기질을 분해하고 그 밖의 생태적 역할을 담당하는 토양 무척추동물에게 부정적 영향을 미친다(Donnegan et al., 1995; Palm et al., 1996).

- 벡터 재조합은 바이러스의 새로운 악성 계통을 낳을 가능성이 있다. 특히 유전공학으로 바이러스 유전자로 바이러스에 대해 저항성을 갖도록 형질전환된 식물의 경우가 그러하다. 외피 단백질 유전자를 가지는 식물의 경우, 이러한 유전자가 식물을 감염시키는 유연관계가 없는 바이러스에 의해 받아들여질 가능성이 있다. 이 경우, 외래 유전자는 그 바이러스의 외피 구조를 변화시키고 식물 사이의 변화된 전송방식과 같은 새로운 특성을 부여할 것이다. 두 번째 잠재적 위험은 형질전환 작물 내부의 바이러스 RNA와 RNA 바이러스 사이의 재조합이 좀더 심각한 질병으로 이어지는 새로운 병원체를 생성할 수 있다는 것이다. 일부 연구자들은 형질전환 식물에서 재조합이 일어나고, 특정 조건에서는 숙주 범위가 변화된 새로운 바이러스 계통을 생성한다는 사실을 입증했다(Steinbrecher, 1996).

생태이론은 형질전환 작물의 대량 경작으로 인한 균일화가 단작농업으로 인해 이미 발생한 생태적 문제들을 더욱 악화시킬 것이라고 예상한다. 따라서 아무런 문제 인식 없이 이러한 기술을 개발도상국에 확산하는 것은 현명하지 못하거나 바람직하지 않다. 상당수의 개발도상국은 아직 농업 다양성이 저항성을 갖추고 있다. 특히 그러한 활동의 결과가 심각한 사회적·환경적 문제로 귀결할 경우, 대규모의 단일재배가 이들 나라의 농업 다양성을 억압하거나 감소시키지 않도록 해야 한다(Altieri, 1996).

생태적 위험이라는 주제가 정부와 국제기구, 그리고 과학계에서 어느 정도 논의의 대상이 되고 있음에도 불구하고, 흔히 이러한 논의는 좁은 관점으로 국한돼 위험의 심각성을 과소평가하곤 한다(Kendall et al., 1997; Royal Society, 1998). 실제로 형질전환 작물에 대한 위험영향평가 방법들은 충분히 개발되지 않았고(Kjellsson and Simmsen, 1994), 현재 농지에서 이루어지는 생물안전성 검사가 상업적 규모의 형질전환 작물 생산과 연관된 잠재적 환경위험에 대해 거의 아무것도 말해 주지 않는다는 우려가 있으며, 이는 타당하다. 주된 우려는 시장과 이윤을 얻어야 한다는 국제적 압력으로 인해 기업들이 인체와 생태계에 미치는 장기적 영향에 대한 적절한 고려 없이 형질전환 작물을 너무 성급하게 방출하고 있다는 점이다.

⑧ 아직 형질전환 작물의 영향에 대한 생태학적 물음은 많은 부분에서 해답을 얻지 못했다.

여러 환경단체들은, 환경위험을 상쇄하고 유전공학과 연관된 생태적 문제들에 대한 보다 향상된 이해와 평가를 요구하기 위해, 형질전환 작물의 검사와 방출을 조정할 적절한 규제 조치를 마련할 것을 주장했다. 이 점은 매우 중요하다. 왜냐하면 방출된 형질전환 작물이 환경에 미치는 영향에서 밝혀진 많은 결과들을 통해, 내성작물 개발에서 표적 곤충이나 잡초에 미치는 직접적 영향뿐 아니라 식물에 대한 간접적 영향까지 검사할 필요가 있다는 사실이 드러났기 때문이다. 식물의 성장, 양분 함유량, 신진대사 변화, 그리고 토양과 비표적 생물체에 대한 영향 등 모든 사항을 반드시 검토해야 한다. 그러나 안타깝게도, 환경위험평가연구에 할당되는 연구비는 지극히 한정되어 있다.

예를 들어, 미국 농무부는 전체 생명공학연구 연구비 중에서 고작 1%인 연간 100만~200만 달러를 위험영향평가에 지출하고 있다. 현재 유전공학 식물들이 경작되는 면적을 고려한다면, 이 정도의 자원은 '빙산의 일각'을 찾기에도 부족한 정도이다. 수백만 헥타르가 넘는 농토에 적절한 생물안전성 기준도 없이 이런 작물을 경작하고 있다는 사실은 곧 닥칠 비극의 예고편이다. 그 면적은 1998년에 크게 늘어나서 형질전환 면화는 630만 에이커, 형질전환 옥수수는 208만 에이커, 그리고 형질전환 콩은 3,630만 에이커에 달한다. 이러한 팽창은 기업과 시장 경영자들 사이에서 맺어진 마케팅과 유통 협정에 의해(가령 시바 시즈와 그로우마크*의 협정, 그리고 마이코젠 플렌트 사이언스**와 카길 사이의 협정이 그런 예에 해당한다) 그리고 개발도상국에 아무런 규제 장치가 없다는 사실에 의해 한층 가속되었다. 유전자 오염은, 원유 유출과는 달리, 그 주위에 오일펜스를 설치하는 식으로 막을 수 없다.

⑨ 새로운 생명공학기술의 진전에서 사적 부문이 날로 주도적 역

---

* 〔역주〕 약 3천 명의 농민으로 이루어진 미국의 협동조합.

** 〔역주〕 미국 농업생명공학 회사인 마이코젠의 자회사.

할을 하는 상황에서, 공적 부문은 한정된 자원에서 점차 많은 부분을 CGIAR을 비롯한 공공연구소들이 생명공학에 대응하는 능력을 향상하고, 사적 부문의 기술이 기존의 농업 체계에 통합됨으로써 발생하는 위험을 평가하며 그에 대응할 수 있는 능력을 증진시키는 데 투자해야 한다.

이러한 기금은 생태학을 기반으로 한 농업 연구에 대한 지원을 확대하는 데 훨씬 유용하게 사용될 것이다. 생명공학이 목표로 삼는 모든 생물학적 문제들은 농생태적인 접근방식*으로만 해결될 수 있기 때문이다. 윤작과 간작, 그리고 해충 퇴치를 위한 생물학적 방제제의 이용이 작물의 건강과 생산성에 미치는 극적인 효과는 과학 연구를 통해 누차 검증되어 왔다. 문제는 공공연구소에서 이루어지는 연구가 점점 연구비를 지원하는 사기업의 이해관계를 반영하면서 생물학적 방제, 유기농 체계, 통합 농업생태기법 등의 공익적 연구를 배제하고 있다는 점이다. 시민사회는 대학과 그 밖의 공공연구소에서 생명공학에 대한 대안에 대해 더 많은 연구를 해야 한다고 요구해야 한다(Krimsky and Wrubel, 1996).

또한 세계무역기구(WTO)의 본질인 특허제도와 지적 재산권에 대해 도전해야 할 급박한 필요성이 있다. 이 기구는 유전자원을 독점하고 특허를 얻을 권리를 다국적 기업들에 부여할 뿐 아니라, 이미 시장의 힘이 유전적으로 균일한 형질전환 품종의 단작을 촉구하는 속도를 더욱 가속시키고 있다. 역사와 생태 이론을 토대로, 이러

* 〔역주〕 농업을 증산문제로만 인식하는 기존의 과잉 대량생산체제를 반성하며 지속가능한 농업을 추구하는 친환경 농업방식의 하나이다.

한 환경적 획일화가 현대 농업의 건강성에 부정적 영향을 미칠 것이라고 예측하기는 어렵지 않다(Altieri, 1996).

⑩ 필요한 식량의 많은 부분은 농생태기법으로 전 세계의 소규모 농부들이 생산할 수 있다(Uphoff and Altieri, 1999).

실제로 전 세계의 농부와 비정부기구들이 선봉에 서서 추진하는 새로운 농촌 개발방식과 저투입 농법은 이미 아프리카, 아시아, 그리고 라틴 아메리카의 가정, 국가, 그리고 지역 수준에서 식량을 확보하는 데 크게 기여하고 있다. 산출량 증대는 다양성, 공동작업, 재활용과 통합적 접근을 강조하는 농생태적 원리 그리고 공동체의 참여와 능력 부여를 강조하는 사회적 과정에 의해 달성되고 있다(Rosset, 1999). 이러한 특징들이 최대한 활용되면, 생산량 증가와 생산 안정성이 획득될 뿐 아니라 생물다양성 보전, 토양과 수질 복원 및 보전, 향상된 자연적 해충방제 메커니즘 등 일련의 생태적 유익함도 얻을 수 있다(Altieri et al., 1998).

이러한 결과는 개발도상국에서 식량확보와 환경보전을 달성하는 획기적 방안이다. 그러나 그 가능성과 이후의 확산은 투자, 정책, 제도적 뒷받침, 그리고 정책 입안자들과 과학자 사회, 특히 한계 환경에서 살아가는 3억 2천만 명의 가난한 농민들을 위해 자신들의 노력 상당 부분을 투여해야 할 CGIAR의 태도 변화에 달려 있다. 연구비와 전문성이 생명공학으로 집중되는 현상으로 이러한 사람-중심적 농업 연구와 개발을 추진하는 데 실패한다면, 경제적으로 실행가능하고, 환경친화적이며, 사회적으로 향상이 가능한 방식으로 농업 생산성을 증가할 역사적 기회를 저버리게 될 것이다.

■ 참고문헌

Alstad, D. N. and Andow, D. A. (1995), "Managing the evolution of insect resistance to transgenic plants", *Science*, 268: 1894-1896.

Altieri, M. A. (1994), *Biodiversity and Pest Management in Agroecosystems*, New York: Haworth.

______(1996), *Agroecology: The Science of Sustainable Agriculture*, Boulder: Westview.

Altieri, M. A., Rosset, P., and Thrupp, L. A. (1998), *The Potential of Agroecology to Combat Hunger in the Developing World*, 2020 Brief no. 55, International Food Policy Research Institute, Washington, D. C..

Benbrook, C. (1999), "World Food System Challenges and Opportunities: GMOs, Biodiversity and Lessons from America's Heartland", Unpublished manuscript.

Busch, L., Lacey, W. B., Burkhardt, J., and Lacey, L. (1990), *Plants, Power, and Profit*, Oxford: Basil Blackwell.

Casper, R. and Landsmann, J. (1992), "The Biosafety Results of Field Tests of Genetically Modified Plants and Microorganisms", in *Proceedings of the Second International Symposium Goslar* edited by P K. Landers, 89-97, Germany.

Donnegan, K. K., Palm, C. J., Fieland, V. J., Porteous, L. A., Ganis, L. M., Scheller, D. L., and Seidler, R. J. (1995), "Changes in Levels, Species, and DNA Fingerprints of Soil Micro Organisms Associated with Cotton Expressing the Bacillus thuringiensis Var. Kurstaki Endotoxin", *Applied Soil Ecology*, 2: 111-124.

Duke, S. O. (1996), *Herbicide Resistant Crops: Agricultural, Environmental, Economic, Regulatory, and Technical Aspects*, Boca Raton: Lewis.

Goldberg, R. J. (1992), "Environmental Concerns with the Development of HerbicideTolerant Plants", *Weed Technology*, 6: 647-652.

Gould, F. (1994), "Potential and Problems with High-Dose Strategies for Pesticidal Engineered Crops", *Biocontrol Science and Technology*, 4: 451-461.

Hilbeck, A., Baumgartner, M., Fried, P M., and Bigler, F. (1998), "Effects of Transgenic Bacillus thuringiensis Corn Fed Prey on Mortality and Development Time of Immature Chrysoperia Camea Neuroptera: Chrysopidae", *Environmental Entomology*, 27: 460-487.

Hobbelink, H. (1991), *Biotechnology and the Future of World Agriculture*, London: Zed.

Holt, J. S. and Le Baron, H. M. (1990), "Significance and Distribution of Herbicide Resistance", *Weed Technology*, 4: 141-149.

James, C. (1997), Global status of transgenic crops in 1997 (ISAAA Briefs No. 5), Ithaca, N. Y.: International Service for the Acquisition of Agri-Biotech Application (ISAAA). www. isaaa. org.

Kendall, H. W., Beachy, R., Eismer, T., Gould, F., Herdt, R., Rayon, P H., Schell, J., and Swaminathan, M. S. (1997), *Bioengineering of Crops*, Report of the World Bank Panel on Transgenic Crops, 1-30, Washington, D. C.: World Bank.

Kennedy, G. G. and Whalon, M. E. (1995). Managing Pest Resistance to Bacillus thuringiensis Endotoxins: Constraints and Incentives to Implementation, *Journal of Economic Entomology*, 88: 454-460.

Kjellsson, G. and Simonsen, V. (1994), *Methods for Risk Assessment of Transgenic Plants, Basil*, Germany: Birkhauser Verlag.

Krimsky, S. and Wrubel, R. P. (1996), *Agricultural Biotechnology and the Environment: Science, Policy, and Social Issues*, Urbana: University of Illinois Press.

Lappe, M. and Bailey, B. (1998), *Against the Grain: Biotechnology and the Corporate Takeover of Food*, Monroe, Me.: Common Courage Press.

Lappe, F. M., Collins, J., and Rosset, P. (1998), *World Hunger: Twelve Myths*, New York: Grove.

Liu, Y. B., Tabashnik, B. E., Dennehy, T. J., Patin, A. L., and Bartlett, A. C. (1999), "Development Time and Resistance to Bt Crops", *Nature*, 400: 519.

Losey, J. J. E., Rayor, L. S., and Carter, M. E. (1999), "Transgenic Pollen Harms Monarch Larvae", *Nature*, 399: 214.

Lutman, P. J. W. ed. (1999), "Gene Flow and Agriculture: Relevance for Transgenic Crops", *British Crop Protection Council Symposium Proceedings*, 72: 43-64.

Mallet, J. and Porter, P. (1992), "Preventing Insect Adaptations to Insect Resistant Crops: Are Seed Mixtures or Refugia the Best Strategy?", *Proceedings of the Royal Society of London Series B Biology Science*, 250: 165-169.

National Research Council(NRC) (1996), *Ecologically Based Pest Management*, Washington, D. C.: National Academy of Sciences.

Palm, C. J., Schaller, D. L., Donegan, K. K., and Seidler, R. J. (1996), "Persistence in Soil of Transgenic Plant Produced Bacillus thuringiensis Var. Kustaki-Endotoxin", *Canadian Journal of Microbiology*, 42: 1258-1262.

Paoletti, M. G. and Pimentel, D. (1996), "Genetic Engineering in Agriculture and the Environment: Assessing Risks and Benefits", *BioScience*, 46: 665-671.

Pimentel, D., Hunter, M. S., LaGro, J. A., Efroymson, R. A., Landers, J. C., Mervis, F. T., McCarthy, C. A., and Boyd, A. E. (1989), "Benefits and Risks of Genetic Engineering in Agriculture", *BioScience*, 39: 606-614.

Pretty, J. (1995), *Regenerating Agriculture: Policies and Practices for Sustainability and Self-Reliance*, London: Earthscan.

Rissler, J. and Mellon, M. (1996), *The Ecological Risks of Engineered Crops*, Cambridge: MIT Press.

Robinson, R. A. (1996), *Return to Resistance: Breeding Crops to Reduce Pesticide Resistance*, Davis, Calif. : AgAccess.

Rosset, P. (1999), *The Multiple Functions and Benefits of Small Farm Agriculture in the Context of Global Trade Negotiations*, IFDP Food First Policy Brief no. 4, Washington, D. C. : Institute for Food and Development Policy.

Royal Society (1998), *Genetically Modified Plants for Food Use*, Statement 2/98, London: Royal Society.

Snow, A. A. and Moran, P. (1997), "Commercialization of Transgenic Plants: Potential Ecological Risks", *BioScience*, 47: 86-96.

Steinbrecher, R. A. (1996), "From Green to Gene Revolution: The Environmental Risks of Genetically Engineered Crops", *Ecologist*, 26: 273-282.

United States Department of Agriculture (USDA) (1999), *Genetically Engineered Crops for Pest Management*, Washington, D. C. : USDA Economic Research Service.

Uphoff, N. and Altieri, M. A. (1999), *Alternatives to Conventional Modern Agriculture for Meeting World Food Needs in the Next Century*, Report of a Bellagio Conference. Ithaca, N. Y. : Cornell International Institute for Food, Agriculture, and Development.

찾아보기

국문

ㄱ

ㅁ

ㅂ

ㅅ

ㅇ

ㅈ

ㅊ

ㅋ

ㅌ

ㅍ

ㅎ

기타

영문

리처드 셔록 (Richard Sherlock)

리처드 셔록은 유타 주립대학 철학 교수이다. 유타 주립대학으로 오기 이전에 그는 테네시 의과대학과 맥길대학에서 의료윤리를 가르쳤고, 뉴욕에 있는 포드햄대학에서 도덕 신학을 강의하기도 했다. 그의 주된 관심분야는 의료윤리, 초기 근대 철학, 철학적 신학, 생명공학의 윤리 등을 두루 포괄한다. 논문 및 저서로 "Preserving Life: Public Policy and the Life Not Worth Living"(1987), *Families and the Gravely Ill: Roles, Rules, and Rights*(1988) 등이 있다.

존 모레이 (John D. Morrey)

존 모레이 역시 유타 주립대학에 재직하는 교수이자 연구과학자이다. 그의 주된 관심분야는 바이러스 감염을 치료하기 위한 약품 개발, 사람의 바이러스 감염의 모델이 되는 실험실 동물 유전공학, 젖을 통해 사람에게 유용한 단백질을 생산할 수 있는 낙농 동물 유전공학, 그리고 동물 복제 등이다. 또한 그는 새로운 생물학과 생명공학의 윤리에 대해서도 여러 강좌와 워크숍 등을 통해 강의했다. 1996년에 처음 시작된 1회 형식의 강좌는 유전공학을 대상으로 한 것이었고 상당한 성공을 거두었다. 성공에 힘입어 이 강좌는 유타 주립대학에서 여름 워크숍과 심화 강좌로까지 이어졌다. 유타 주립대학에 오기 전에는 NIH(National Institutes of Health)의 연구원으로 근무했다. 그는 바이러스학, 약품개발, 동물 유전공학, 그리고 윤리학 등의 분야에서 45편 이상의 논문을 발표했다.

옮긴이 약력

김동광

고려대 독문학과를 졸업하고 동대학 대학원 과학기술학 협동과정에서 과학기술사회학을 공부했다. 과학기술의 인문학, 과학기술과 사회, 과학커뮤니케이션 등을 주제로 연구하고 글을 쓰고 번역하고 있다. 한국과학기술학회 회장을 지냈고, 현재 고려대학교 과학기술학연구소 연구원이다. 고려대, 가톨릭대 생명대학원을 비롯하여 여러 대학에서 강의하고 있다. 지은 책으로는《사회 생물학 대논쟁》(공저),《과학에 대한 새로운 관점-과학혁명의 구조》 등이 있고, 옮긴 책으로《인간에 대한 오해》,《부정한 동맹》,《급진과학으로 본 유전자, 세포, 뇌》(공역) 등이 있다.